大数据平台架构

李昉 著

電子工業出版社
Publishing House of Electronics Industry
北京•BEIJING

内 容 简 介

对于企业而言，大数据的重要性不言而喻，如何构建、实施和应用大数据系统是很复杂的。

本书将为大家全面而深入地介绍Hadoop、Spark和NoSQL平台的构建，深入浅出地讲解Hadoop、Spark和NoSQL的基础知识、架构方案与实战技巧等。通过阅读本书，读者可以对大数据平台架构有一个明确、清晰的认识，掌握Hadoop、Spark、NoSQL平台的使用技巧，从而搭建一个安全可靠的大数据集群平台，来满足企业的实际需求。

本书共15章，可分为五大部分。第一部分（第1章）为大数据平台架构概述，讲述大数据平台的基本概念与实际应用；第二部分（第2章～第6章）主要讲解Hadoop的基本使用方法，以及Hadoop生态圈的其他组件；第三部分（第7章）主要介绍NoSQL；第四部分（第8章～第10章）主要介绍Spark生态圈与Spark实战案例；第五部分（第11章～第15章）讲解如何构建大数据平台，阐述大数据平台的几个核心模块，以及大数据平台的未来发展趋势。

本书可作为各类IT企业和研发机构的大数据工程师、架构师、软件设计师、程序员，以及相关专业在校学生的参考书。

图书在版编目（CIP）数据

大数据平台架构 / 李昉著. —北京：电子工业出版社，2022.4

ISBN 978-7-121-43067-1

Ⅰ. ①大… Ⅱ. ①李… Ⅲ. ①数据处理软件②关系数据库系统 Ⅳ. ①TP274②TP311.132.3

中国版本图书馆CIP数据核字（2022）第044313号

责任编辑：张月萍　　特约编辑：田学清
印　　刷：北京天宇星印刷厂
装　　订：北京天宇星印刷厂
出版发行：电子工业出版社
　　　　　北京市海淀区万寿路173信箱　　邮编：100036
开　　本：787×1092　1/16　印张：20　字数：416千字
版　　次：2022年4月第1版
印　　次：2023年8月第3次印刷
定　　价：89.00元

凡所购买电子工业出版社图书有缺损问题，请向购买书店调换。若书店售缺，请与本社发行部联系，联系及邮购电话：（010）88254888，88258888。

质量投诉请发邮件至zlts@phei.com.cn，盗版侵权举报请发邮件至dbqq@phei.com.cn。

本书咨询联系方式：010-51260888-819，faq@phei.com.cn。

前言

“大数据”这一概念最早由美国高性能计算公司 SGI 的首席科学家约翰·马西（John Mashey）于 1998 年提出，2012 年得到广泛使用。2014 年，大数据概念体系逐渐成形，大数据相关技术、产品、应用和标准不断发展，形成了由数据基础设施、数据平台、数据架构、数据分析、数据应用等构成的大数据生态系统。

大数据为人类提供了全新的思维方式和探知客观规律的方法，使得数据从幕后慢慢走向前台。通过数据驱动产品设计、业务运营慢慢成为信息行业的共识。

大数据所涉及的领域十分广泛，很多初次进入相关领域的朋友会不知所措，因此，资深的工作在大数据平台构建、大数据产品建设一线的工程师，从自身经验出发，将以 Lambda 和 Kappa 为代表的数据计算框架架构方法、以 Hadoop 和 Spark 为主的数据平台建设方法作为本书的主线，并对 MongoDB、Neo4j 等其他大数据开源产品进行介绍，尽量全面体现大数据领域的架构方法、技术路线。

感谢新开普电子股份有限公司提供的运行本书中实验代码的大数据实验平台，以及炼数成金、电子工业出版社各位老师的全力支持。

目 录

第 1 章 大数据平台架构概述

大数据是什么？本章将为你简单讲述大数据平台的产生与应用、大数据平台架构，以及大数据处理系统经典架构。

1.1 大数据平台的产生与应用

近年来“大数据”成了人们经常谈及的话题，但这个词过于抽象，我们先了解一下大数据产生的背景，以及它的应用。

1.1.1 大数据平台的产生

随着互联网的发展，线上数据呈爆炸式增长。如何对这些数据进行存储、分析及应用，成了一个难点。

处理大批量数据一般有两种方式：一种方式是横向扩展，可以理解为蚂蚁搬大象，即让一群蚂蚁分工明确地搬动大象；另一种方式是纵向扩展，可以理解为蚂蚁换大象，即蚂蚁搬不动大象直接换成大象搬大象。

技术的突破往往源于社会的发展，以及人们的实际需求。随着使用 Google 应用的用户越来越多，数据量呈现爆炸式增长，这为 Google 带来丰厚利润的同时，也为 Google 带来了很大的性能挑战。为了满足业务方面的支撑，Google 通过提升硬件性能的纵向扩展方式进行大批量数据处理的成本越来越高。于是 Google 在大数据处理方面进行了深入研究，并取得了丰硕的成果。Google 于 2003 年公开发表了 *Google File System MapReduce*（主要阐述了一个面向大规模数据密集型应用的、可伸缩的分布式文件系统——GFS)，2004 年公开发表了 *Google MapReduce* [用于大规模数据集（大于 1TB）的并行运算]，2007 年公开发表了 *BigTable*（一个分布式的结构化数据存储系统，用于处理海量数据）。这三篇论文影响深远，为人们提供了解决大数据问题的思路，也正式拉开了大数据平台建设的新纪元。

2006 年 2 月，Hadoop 项目正式启动，“大数据之父”Doug Cutting（道格 · 卡丁）把对 Google 文件系统和 MapReduce 的实现从爬虫项目 Nutch 里独立出来，用于支持 MapReduce 和 HDFS 的独立发展。基于 Hadoop 生态系统，雅虎贡献了 Pig；Facebook 贡献了 Hive；LinkedIn 贡献了 Kafka；Twitter 贡献了 Storm。

如今除 Hadoop 外，主流的分布式系统主要有两个，一个是微软自己研发的 Azure Cosmos DB，中文名为宇宙；另一个是阿里的 ODPS（Open Data Processing Service），现在已更名为 MaxCompute。

1.1.2 大数据平台的应用

随着时代的发展，各行各业利用大数据平台开发的应用愈加丰富，既满足了对业务的支撑，也为用户带来了更好的体验。

下面大致介绍一些大数据平台在行业中的应用。

1. 医疗大数据

大数据平台在医疗行业中的主要应用领域有：健康管理、辅助决策（全科辅助决策、影像病例辅助诊断等）、医疗智能化等。对于辅助诊断功能，因为医生的诊断书、病例报告、病例治愈方案等各种材料保存较为完整，格式也相对统一，所以可以获取大量相关数据。存储这些文本数据后，对非结构化或半结构化数据进行标注和实体识别，挖掘出疾病名称、症状特点、用药情况等各种需要的特征，利用机器学习或深度学习，快速找出病因，为医生提供辅助性帮助。如今越来越多科技巨头（如 IBM、阿里、腾讯、百度等）涌入其中，并提供了一些自己平台的产品。

应用介绍：

百度推出的医疗健康大数据平台的疾病预测功能，是百度针对每个城市分别建立疾控模型后结合后台数据开发的功能。该功能可以使得最终的产品端提供多个地级市和区县的疾病态势。用户可以更直观地了解自己所在地区的相关疾病风险，以提前预防。

IBM 推出的沃森健康系统中的沃森肿瘤（Watson for Oncology），自 2011 年起在美国纪念斯隆凯特琳肿瘤中心（MSKCC）（被《美国新闻与世界报道》评为 2014—2015 年度排名美国第一的肿瘤医院）接受严格训练，学习了 300 多种医学期刊、250 多本医学图书及 1500 多万页临床研究资料。目前，沃森肿瘤给出的诊疗方案与 MSKCC 顶级专家团队给出的诊疗方案的符合度达到 90%以上。

2. 金融大数据

金融行业对大数据的应用范围很广。例如，精准营销：通过分析大量用户数据，找出用户的兴趣点，进行个性化推荐；风险管控：通过分析用户的消费行为、账户流水等各种信息构建用户价值体系，或者筛选欺诈用户等。

应用介绍：

腾讯发布的灵鲲大数据金融安全平台，是腾讯通过近几十年的 QQ 黑产打击经验，利用自主研发的全球最大的黑产知识图谱，采用基于金融犯罪样本挖掘金融风险的方式，建立的从监测、分析、模型拟定、欺诈定型的全流程管理的平台。该平台搭建了从数据源管理到风险展示的系统架构，实现了智能监管和智能风控，有效解决了目前金融监管过程中的识别与定性难、风险预警难、风险平台处置难等难题，对于非法集资、金融传销等涉众型金融犯罪“打早打小”识别覆盖达到 99.99%以上。

华为提供的金融大数据解决方案，可以为金融机构快速构建海量数据信息处理系统，通过对各类海量数据信息进行实时和非实时分析和挖掘，帮助银行从海量数据信息中提取真正有价值的信息，及时洞察机会及规避风险。其主要提供涵盖风险控制、反洗钱、数据治理及数据存储等方面的支持。

3. 交通大数据

交通大数据的应用场景很多。例如，利用打车、公交刷卡等数据了解用户出行轨迹，汇总时段、路段等实时交通数据信息，为避免出行拥挤规划行车路线等。交通部门可以通过在道路上预埋或预设物联网传感器，获取车流量、客流量信息，然后结合各种道路监控设施及交警指挥控制系统数据，对事故救援实现快速处理，在提高管理部门效率的同时降低工作量。

应用介绍：高德地图的实时拥堵路段功能通过对路段的各种 GPS 数据的捕捉，获取路段拥堵情况，并实时展示给用户；未来一周道路交通预测功能通过对历史数据进行机器学习，实现对未来一周路段拥堵情况的预测。

1.2 大数据平台架构

如图 1-1 所示，大数据平台架构设计沿袭了分层设计的思想，其将平台需要提供的服务按照功能划分成不同层，每一层只与上层或下层的模块进行交互（通过层次边界的接口），避免了跨层交互。

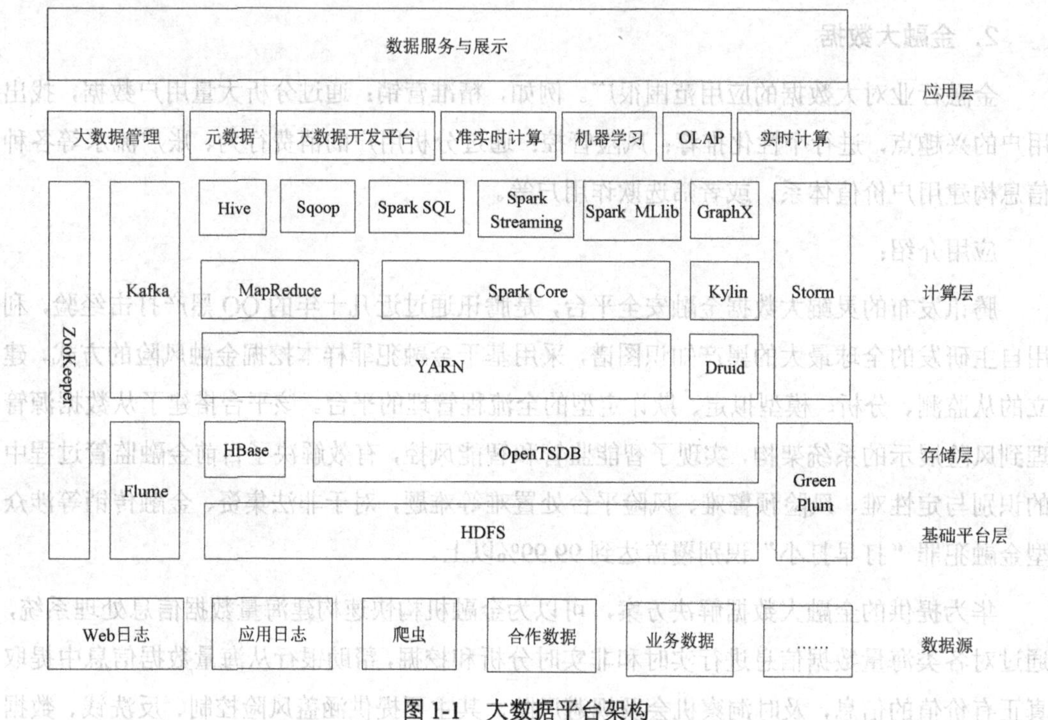

图 1-1 大数据平台架构

这种架构的优点是各模块是高内聚的，而模块与模块间是松耦合的，有利于实现平台的高可靠性、高扩展性及易维护性。

整个架构可划分为基础平台层、存储层、计算层、应用层。

1. 基础平台层

基础平台层主要由 ZooKeeper 和 Hadoop 组成。

1）ZooKeeper 是什么？

ZooKeeper 是一个开放源码的分布式应用程序协调服务，是 Google 的 Chubby 的一个开源实现，是集群的管理者，监视着集群中各个节点的状态，其根据节点提交的反馈进行下一步合理操作，最终将简单易用的接口及性能高效、功能稳定的系统提供给用户。

2）ZooKeeper 和 Hadoop 结合能为大数据平台架构带来什么？

Hadoop 里 HDFS 的 HA 功能，通过配置 ActiveNameNode、StandbyNameNode 实现在集群中对 NameNode 的热备，从而解决单点故障（A Single Point of Failure，SPOF）。如果出现故障，如机器崩溃或机器需要升级维护，可通过这种方式将 NameNode 快速切换到另一台机器。

在一个典型的 HDFS 集群中，将两台单独的机器配置为 NameNode。在任何时间点，确保 NameNode 中只有一个处于 Active 状态，其他的处在 Standby 状态。其中 ActiveNameNode 负责集群中的所有客户端操作，StandbyNameNode 仅仅充当备机，保证当 ActiveNameNode 出现问题时能够快速切换。

为了实时同步 ActiveNameNode 和 StandbyNameNode 的元数据信息（也就是 Edit 日志文件），需提供一个共享存储系统，我们使用的是 ZooKeeper，也可以是 NFS、QJM（Quorum Journal Manager）。ActiveNameNode 将数据写入 ZooKeeper，而 StandbyNameNode 监听该系统，一旦发现有新数据写入，就读取这些数据，并加载到自己的内存中，以保证自己内存的状态与 ActiveNameNode 保持基本一致，这样，在紧急情况下 StandbyNameNode 便可快速切换为 ActiveNameNode。为了实现快速切换，StandbyNameNode 获取集群的最新文件块信息是很有必要的。为了实现这一目标，DataNode 需要配置 NameNode 的位置，同时向它们发送文件块信息及心跳检测。

2. 存储层

存储层可根据不同的业务需求选用不同的组件。这里主要介绍 HBase 和 Hive。

当需要对大量数据进行聚合、分组等操作时，可以使用 Hive 通过类 SQL 借助 Hadoop 的 MapReduce 执行任务。因为 Hadoop 系统是分布式批处理系统，所以数据处理存在延时。HBase 由于是列式的存储，因此对海量数据的随机访问变得可行，可以实现数据的实时查询。

接下来具体看下 HBase 和 Hive 都有哪些优缺点。

（1）HBase 是一种构建在 HDFS 上的分布式面向列的 key-value 存储系统。

HBase 的优点：

- 面向列存储，支持动态添加列，适用于需求字段不明确或可能有调整的场景；
- HBase 里 null 的 Column 不会被存储，既节省了空间又提高了读性能；
- 支持多个版本数据存储，支持分片、分布式读写；
- 根据 rowkey 查询效率高。

HBase 的缺点：

- 不支持二级索引，在进行复杂查询时效率比较低；
- 不支持通过 SQL 方式查询，操作相对麻烦。

（2）Hive 是一个在 Hadoop 上的数据仓库工具，可以将结构化的数据文件映射成一张表，并提供类 SQL 查询功能。

Hive 的优点：

- 提供了类 SQL 查询语言 HQL，易掌握；
- 为超大数据集设计了计算/扩展能力（MapReduce 作为计算引擎，HDFS 作为存储系统）集群的扩展能力较强；
- 支持用户自定义函数，用户可以根据自己的需求实现自己的函数。

Hive 的缺点：

- Hive 的 HQL 表达能力有限；
- Hive 的效率比较低（这是 MapReduce 作为计算引擎带来的弊端），且实时性较差。

3. 计算层

计算层主要包括 Spark 和 MapReduce。

Spark 和 MapReduce 都属于分布式计算模型，其中 MapReduce 是 Hadoop 的主要组成之一，主要用于解决海量数据的计算问题。MapReduce 由两个阶段组成：Map 和 Reduce，用户只需实现 map()和 reduce()函数，就可实现分布式计算。

Spark 是一个实现快速通用的集群计算平台，是专为大规模数据处理的统一分析引擎，是由伯克利 AMP 实验室开发的通用内存并行计算框架，用来构建大型的、低延迟的数据分析应用程序。Spark 扩展了 MapReduce 计算模型，高效地支撑更多计算模式，包括交互式查询和流处理。Spark 的主要特点是能在内存中进行计算。即使依赖磁盘进行复杂的运算，Spark 也比 MapReduce 更加高效。

Spark 可以用于批处理、交互式查询（Spark SQL）、实时流处理（Spark Streaming）、机器学习（Spark MLlib）和图计算（GraphX），这些不同类型的处理可以在同一个应用中灵活使用。

Spark 统一的解决方案非常具有吸引力。大数据平台的构建是一个系统工程，需要解决大数据存储、大数据运算、大数据快速响应等各方面的问题，要根据实际项目情况选择不同组件进行相互配合。原则上应尽量减少组件，即减少前期学习各组件的成本，这样做有利于后期优化维护。

根据业务逻辑，计算任务可分为离线计算任务及实时计算任务。

1）离线计算任务

离线计算任务把数据通过分布式汇总清洗存入 Hive 数据仓库中，接着通过业务需求提取 Hive 中的数据，然后利用 Spark SQL 对数据进行整合和特征工程，或者对非数值化数据进行数值化编码，如：

性别特征：["男","女"]；

祖国特征：["中国","美国,"法国"]；

运动特征：["足球","篮球","羽毛球","乒乓球"]

等分类数据特征进行 One-Hot 编码，通过对数据进行标准化、去噪等提升数据特征的平滑性，然后通过计算数据特征之间的相关性优化特征组合，再根据不同机器学习算法进行模型训练。一般情况下离线模型数据量大，训练速度较慢，先根据训练模型对测试集进行检验，然后根据准确率（Accuracy）、精确率（Precision）、召回率（Recall）和 F1-Measure 等评价指标和业务需求对模型进行评估。针对不同业务需求，模型评估考虑的重点不同。对模型进行保存固化，供实时计算时加载模型。离线模型一般是在一定时间段内执行一次。

2）实时计算任务

实时计算任务通过 Flume 和 Kafka 对数据进行实时获取，对实时获取的数据利用 Spark Streaming 进行特征提取处理，然后由 Kafka 或者 Redis 等实时反馈给视图层进行数据展示等。

1.3　大数据处理系统经典架构

1.3.1　什么是 Lambda 架构

Lambda 架构是 Nathan Marz 基于 Twitter 的分布式数据处理系统经验提出的通用数据处理架构。

Lambda 架构主要满足如下三点需求。

健壮性：旨在满足对硬件故障和人为错误都具有容错能力的健壮系统的需求。

通用性：能够服务于广泛的工作负载和用例，且读取和更新低延时。

易扩展性：得到的系统应该是线性可伸缩的。

1.3.2 Lambda 架构

Lambda 架构的主要结构如图 1-2 所示。

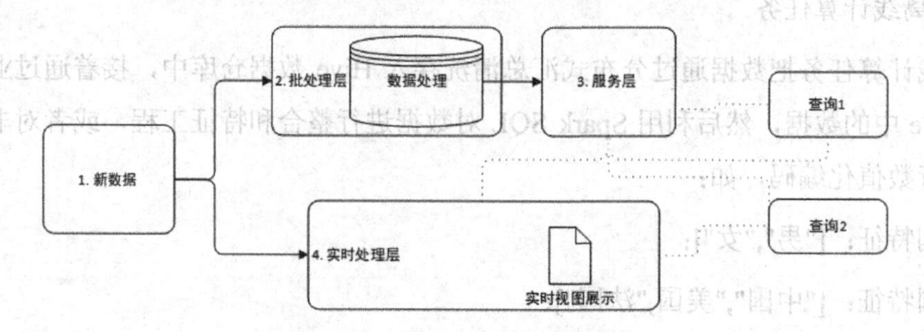

图 1-2 Lambda 架构的主要结构

可以从如下五个关键点理解 Lambda 架构。

（1）该架构由多个层次组成，分别为批处理层（Batch Layer）、实时处理层（Speed Layer）、服务层（Serving Layer）。

（2）进入系统的所有数据，都被分派到批处理层和实时处理层进行处理。批处理层具有两个功能：一个功能是管理主数据集（不可变的附加的原始数据集），如通过 HDFS 存储的主数据；另一个功能是预计算批处理视图。

（3）服务层对批处理视图进行索引，以便以低延迟、自组织的方式进行查询。

（4）实时处理层补偿对服务层更新的高延迟，并且只处理最近的数据。

（5）任何传入服务层的查询都可以通过合并来自批处理视图和实时视图的结果来获取。

Lambda 架构没有指定具体组件，可根据业务需求集成 Hadoop、Kafka、Spark、HBase、Hive 等常用大数据组件。

接下来对各层进行详细介绍。

1. 批处理层

在理想情况下，查询的数据应被实时获取，但是如果数据量太过庞大（如 PB 级），即使耗费很多资源也无法保证实时获取。针对这种情况，可通过批处理层对数据进行增量存储（可以使用 Hive 等），然后通过 Hadoop 或 Spark 对数据进行预计算并保存计算结果，如按月统计用户的消费并存储。这种预计算往往耗时较长，不具有实时性，通常用来处理历史数据。

2. 实时处理层

实时处理层常基于类似于 Storm 的流式计算平台，通过快速增量式算法来实现分钟级、秒级，甚至毫秒级的读取、分析、保存数据。对于存储系统，由于需要支持持续的 Update 操作，其设计要复杂得多。为了简化问题，可以以时间段的形式进行处理（也就是准实时的形式）。流式计算平台往往使用内存进行计算，因此在出现异常时，可能会造成数据丢失或者处理结果错误，但是 Lambda 架构可以通过批处理层在下次运行时再次处理这些数据，从而获得修正的结果。

3. 服务层

服务层的职责是将实时处理层输出的数据与批处理层输出的数据进行合并，从而获得一份完整的输出数据，并将该数据保存到 HBase 或者 Elasticsearch 中，用于服务在线应用。

Lambda 架构的优点：

- 可以满足历史数据分析也可以兼顾短期实时性数据；
- 批处理层把原始数据保存到 HDFS 上，可以避免人为原因造成的数据缺失；
- 稳定及实时计算成本可控。

Lambda 架构的缺点：

- 批处理层与实时处理层计算结果不一致，因此存在数据口径问题；
- 需要将所有算法实现两次，一次是为批处理系统，另一次是为实时系统，且要求将查询得到的两个系统结果合并，提高了项目开发及后期维护的复杂度；
- 在按天执行的条件下，为了与实时处理层计算进行错峰，批处理层通常在晚上执行，当数据量级达到一定程度时，晚上的时间窗口不够运算。

在设计 Lambda 架构时，还没有出现一个既可以用于离线处理，又可以进行实时计算的框架。因此运行两份任务并不算什么问题，批处理层负责运行批历史数据，采用 Hadoop 的 MapReduce 进行处理；实时处理层通过 Storm 进行运算，并保存结果集。由于 Spark 具有既能执行离线计算，又能进行实时计算的特性，所以通过一套框架应对离线计算任务与实时计算任务相结合的项目是完全可行的。这样做减少了组件的使用，便于后期维护。

1.3.3 Kappa 架构

针对 Lambda 架构需要维护两套程序的缺点，Jay Kreps 基于经验提出了 Kappa 架构，如图 1-3 所示。

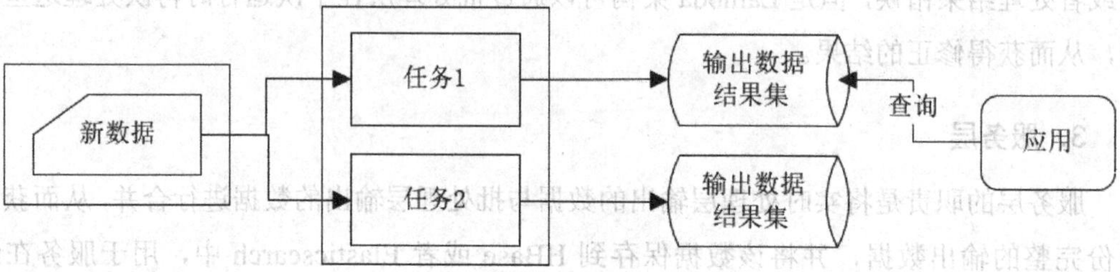

Kafka集群
数据处理系统
服务器数据库
新数据
任务1
任务2
输出数据结果集
输出数据结果集
查询
应用

图 1-3 Kappa 架构

Kappa 架构实质上是以 Lambda 架构为基础的，只是将批处理层去掉了。其通过改进流计算系统（Kafka 等），让实时流系统来解决数据全量处理问题。由于实时流计算系统具有分布式特性，所以其扩展性比较好，当需要处理海量的历史数据时，可以通过加大并发量来实现。

Kappa 架构在计算上的特点如下：

（1）用 Kafka 或类似的分布式队列读取数据，需要几天数据量就保存几天数据量；

（2）当需要进行全量计算时，重新发起一个流计算任务，从头开始读取数据进行处理，并将结果集输出到一个存储中；

（3）当新的任务完成后，停止老的计算流任务，并把老任务运行出的结果删除。

1.3.4 适用场景

Kappa 架构和 Lambda 架构各有优缺点，需要结合项目实际情况进行选择。接下来，分别谈谈两种架构的适用场景。

- Kappa 架构通过改进流式计算系统提高了数据处理能力。在处理历史数据时，Kappa 架构对历史数据进行并发处理，但是当项目中需要处理的离线任务与实时任务较多、场景较复杂时，Kappa 架构因为只写一份代码，开发维护人员需要把控好实时和离线任务。Kappa 架构灵活的特点导致代码可读性差，增加了运行和调试难度，以及业务复杂度。对于一些实时处理业务多，但业务复杂度低的项目，选用 Kappa 架构可以减少冗余代码，提高开发效率。

- Lambda 架构对历史数据与实时数据进行了分割。当项目复杂度低且规模小时，由于 Lambda 架构有两套处理逻辑，所以开发及维护成本高。但是当数据量比较庞大且业务场景复杂度高，需要批处理层和实时处理层结合处理业务逻辑时，Lambda 架构因为有两套处理逻辑（批处理层和实时处理层），所以业务逻辑清晰，降低了运行和调试的复杂度。

第 2 章　大数据与 Hadoop

相信大家对 Hadoop 并不陌生，那么，Hadoop 是什么，是怎么产生的，有什么应用呢？本章将介绍相关内容。

2.1　Hadoop 简介

Hadoop 是什么，什么时候产生的，如今都有哪些发行版本呢？带着这些问题，来阅读如下内容。

2.1.1　Hadoop 起源

Hadoop 最初只是 Apache 的子项目的子项目，起源于 Google 的三篇论文 *GFS*（Google 的分布式文件系统）、*Google File System MapReduce*（Google 的 MapReduce 开源分布式并行计算框架）、*BigTable*（一个大型的分布式数据库）。

Doug Cutting 创立了 Apache 的子项目 Lucene，然后 Lucene 衍生了子项目 Nutch，Nutch 又衍生了子项目 Hadoop。Lucene 是一个功能全面的文本搜索和查询库；Nutch 的目标是以 Lucene 为核心建立一个完整的搜索引擎，并达到 Google 商业搜索引擎的目的。网络搜索引擎和基本文档搜索的区别在于搜索的规模不同，Lucene 的目标是索引数百万篇文档，而 Nutch 的目标是处理数十亿个网页。因此，Nutch 面临一个极大的挑战，即在其中建立一个实现分布式处理、冗余、故障恢复及负载均衡等一系列功能的层。

2004 年，Doug Cutting 受 Google 发布的 *GFS* 和 *Google File System MapReduce* 两篇论文影响，带领团队用了两年时间实现了和类似论文中提到的框架，并将 Nutch 移植到该框架上，使得 Nutch 的可扩展性得到极大提升。Doug Cutting 意识到急需成立一个项目来充实这两种技术，于是 Hadoop 诞生了。

2006 年，雅虎聘请了 Doug Cutting，其项目被正式分离出来，成为一套完整独立的软件，该软件被命名为 Hadoop。雅虎让 Doug Cutting 和一个团队一起改进 Hadoop，并将其作为一个开源项目。

2008 年 2 月 19 日，雅虎正式宣布，其索引网页的生产系统采用的是在 10 000 多个核的 Linux 系统上运行的 Hadoop。Hadoop 真正达到了互联网级。

2.1.2　Hadoop 特点

Hadoop 具有如下特点。

（1）扩容能力强（Scalable）：Hadoop 在可用的计算机集群间分配数据并完成计算任务，这些集群可方便地扩展到数以千计的节点中。

（2）成本低（Economical）：Hadoop 通过廉价的机器组成服务器集群来分发及处理数据，因此成本很低。

（3）效率高（Efficient）：通过并发数据，Hadoop 可以在节点之间动态并行地移动数据，因此效率非常高。

（4）可靠性高（Reliable）：Hadoop 能自动维护数据的多份副本，并且在任务失败后自动重新部署（Redeploy）计算任务。因此 Hadoop 按位存储和处理数据的能力值得人们信赖。

2.1.3　Hadoop 版本

随着 Hadoop 的发展，Hadoop 的功能逐渐得到完善，最终成了一款成熟的软件。各 Hadoop 版本支持不同的特性，高版本 Hadoop 不一定兼容低版本 Hadoop。因此在实际使用过程当中，考虑到 Hadoop 各组件的兼容性及实际需求，Hadoop 版本的选择至关重要。

Hadoop 各发布版本特性及稳定性如图 2-1 所示。

Hadoop各发布版本特性及稳定性										
时间	发布版本	Append	RAID	SymLink	Security	MRv1	YARN	NameNode federation	NameNode HA	是否稳定版本
2010年	0.20.2	×	×	×	×	×	×	×	×	是
	0.21.0	✓	✓	✓	×	✓	×	×	✓	否
2011年	0.20.203	×	×	×	✓	✓	×	×	×	是
	0.20.205(1.0.0)	✓	×	×	✓	✓	×	×	×	是
	0.22.0	✓	✓	✓	✓	✓	×	×	✓	否
	0.23.0-alpha	✓	✓	✓	✓	×	✓	✓	×	否
2012年	1.x	✓	×	×	✓	✓	×	×	×	是
	2.x	✓	✓	✓	✓	×	✓	✓	✓	否
2013年	0.23.x-alpha	✓	✓	✓	✓	×	✓	✓	×	否
	2.x-alpha(beta)	✓	✓	✓	✓	×	✓	✓	✓	否
	0.2.23.x	✓	✓	×	✓	×	✓	✓	×	是
	2.2.x	✓	✓	✓	✓	×	✓	✓	✓	是
2018年	2.9.1	✓	✓	✓	✓	✓	✓	✓	✓	是
	2.9.2	✓	✓	✓	✓	✓	✓	✓	✓	是

图 2-1　Hadoop 各发布版本特性及稳定性

Hadoop 1.0 由一个分布式文件系统 HDFS 和一个离线计算框架 MapReduce 组成，Hadoop 2.0 包含一个支持 NameNode 横向扩展的 HDFS、一个资源管理系统 YARN 和一个运行在 YARN 上的离线计算框架 MapReduce。相比于 Hadoop 1.0，Hadoop 2.0 功能更强大，具有更好的扩展性，且支持多种计算框架。

在决定是否将某个软件用于开源环境时，通常需要考虑以下几个因素：

- 是否为开源软件，即是否免费；
- 是否有稳定版本，一般软件官方网站会给出说明；
- 是否经实践验证（可通过调查是否有较大的公司已经在生产环境中使用来验证）；
- 是否有强大的社区支持（当出现一个问题时，能够通过社区、论坛等网络资源快速获取解决方法）。

2.2　Hadoop 生态系统

一个平台是否成功和它是否拥有良好的生态环境有关，接下来介绍 Hadoop 生态系统。

2.2.1　Hadoop 生态系统概况

Hadoop 是一个能够对大量数据进行分布式处理的软件框架。Hadoop 的核心是 HDFS 和 MapReduce，Hadoop 2.0 还包括 YARN。随着 Hadoop 使用范围的增大，Hadoop 生态系统越来越庞大，已发展至 60 多个组件，其重要性与日俱增。

1. Hadoop 生态系统特点

Hadoop 生态系统的特点如下：

- 源代码开源；
- 社区活跃、参与者众多；
- 涉及分布式存储和计算的方方面面；
- 已得到企业界验证。

2. Hadoop 生态系统图

Hadoop 生态系统图如图 2-2 所示。

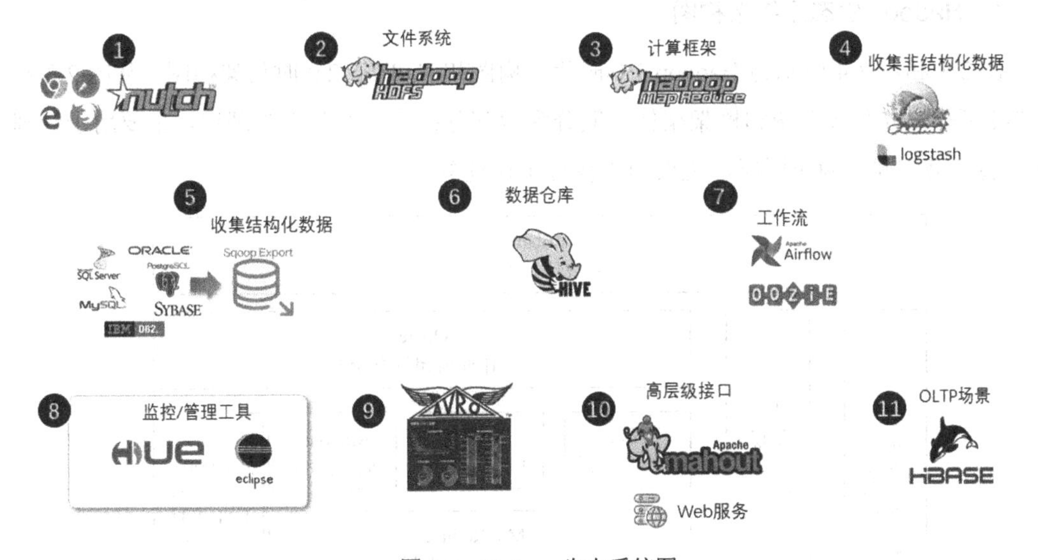

图 2-2　Hadoop 生态系统图

图 2-2 中的组件的含义如下。

① Nutch：互联网数据及 Nutch 搜索引擎应用。

② HDFS：Hadoop 的分布式文件系统。

③ MapReduce：分布式计算框架。

④ Logstash：收集非结构化数据的工具。

⑤ Sqoop：将关系数据库（RDBMS）中的数据导入 HDFS 的工具。

⑥ Hive：Pig 分析数据的工具。

⑦ Oozie：工作流调度引擎。

⑧ Hue：Hadoop 自己的监控/管理工具。

⑨ AVRO：数据序列化工具。

⑩ Mahout：数据挖掘工具。

⑪ HBase：分布式的面向列的开源数据库。

2.2.2 Hadoop 生态系统组成详解

1. Hadoop 生态系统架构图

图 2-3 和图 2-4 所示为 Hadoop 1.0 时代架构图和 Hadoop 2.0 时代架构图。从图 2-3 和图 2-4 可知，分布式系统和框架架构一般分为两部分：第一部分为管理层，主要用于管理应用层；第二部分为应用层，主要用于执行工作任务。

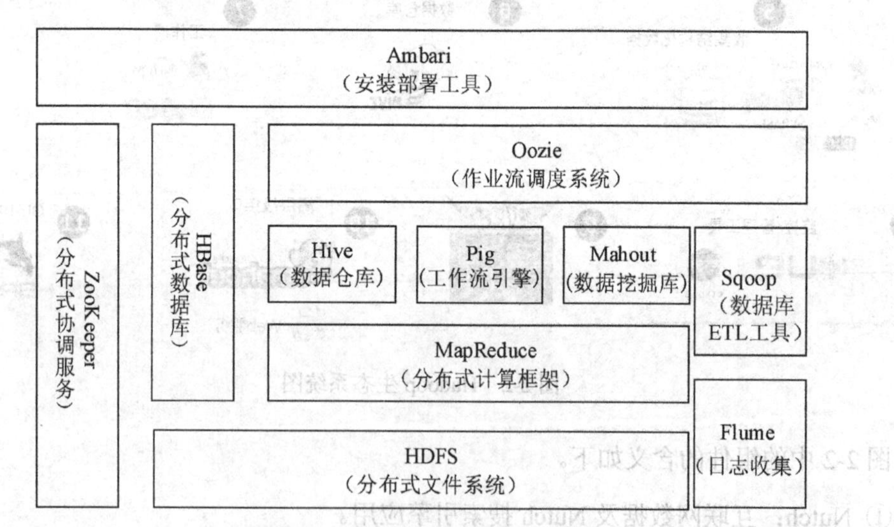

图 2-3　Hadoop 1.0 时代架构图

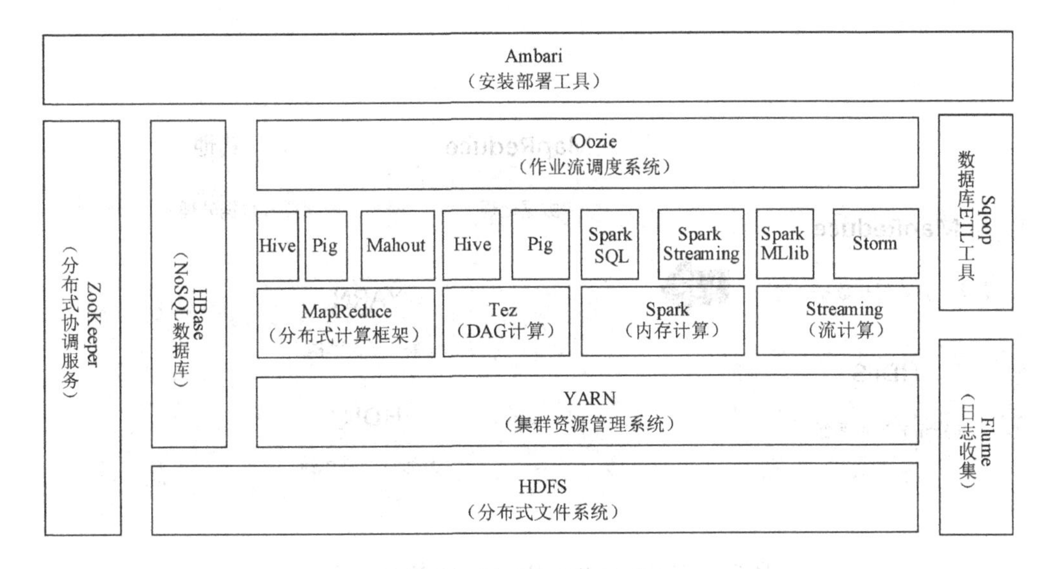

图 2-4 Hadoop 2.0 时代架构图

对于 HDFS：

- NameNode：属于管理层，用于管理数据的存储。
- SecondaryNameNode：属于管理层，用于辅助管理数据的存储。
- DataNode：属于应用层，用于进行数据存储，被 NameNode 管理，定时向 NameNode 汇报工作，执行 NameNode 分配分发的任务。

对于 MapReduce：

- JobTrack：属于管理层，用于管理集群的资源，对集群的任务资源进行调度，并监控任务的执行。
- TaskTrack：属于应用层，用于执行 JobTrack 分配的任务，并向 JobTrack 汇报执行情况。

对于 Hadoop 2.0 的 YARN 系统：

- NodeManager：属于管理层，用于进行节点管理。
- ResourceManager：属于管理层，用于进行资源管理。
- DataNode：属于应用层，被 NodeManager 和 ResourceManager 管理。

2. Hadoop 的核心

Hadoop 1.0 与 Hadoop 2.0 核心区别如图 2-5 所示。Hadoop 1.0 核心由 HDFS（Hadoop Distributed File System）和 MapReduce 构成，Hadoop 2.0 除 HDFS 和 MapReduce 外还有 YARN（Yet Another Resource Negotiator），YARN 负责集群资源的统一管理和调度。

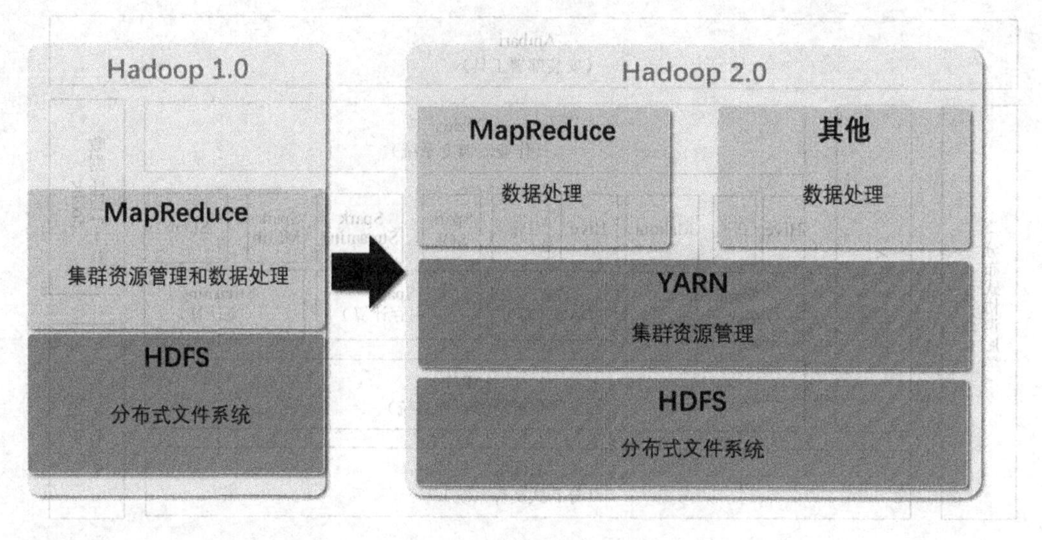

图 2-5　Hadoop 1.0 和 Hadoop 2.0 核心区别

3. Hadoop 组件介绍

1）HDFS（分布式文件系统）

HDFS 是 Hadoop 数据存储管理的基础。HDFS 是一个高度容错的系统，能检测和排除硬件故障，可运行在低成本的通用硬件上。HDFS 简化了文件的一致性模型，通过流式数据访问，提供了高吞吐量应用程序数据访问功能，适用于带有大型数据集的应用程序，主要用于海量数据的可靠性存储及数据归档等场景。

HDFS 主要特点如下：

- 具有良好的扩展性；
- 具有高容错性；
- 适合 PB 级以上海量数据的存储。

2）YARN（资源管理系统）

YARN 是一种 Hadoop 资源管理器，是一个通用资源管理系统，可为上层应用提供统一的资源管理和调度。它的引入在利用率、资源统一管理和数据共享等方面为集群带来了巨大好处。

YARN 主要特点如下：

- 具有良好的扩展性、高可用性；
- 可对多种数据类型的应用程序进行统一管理和资源调度；
- 自带多种用户调度器，适合共享集群环境。

3）MapReduce（分布式计算框架）

MapReduce是一种计算模型，用于进行海量数据的计算。其中，Map对数据集上的独立元素进行指定操作，生成key-value形式的中间结果；Reduce对中间结果中key相同的所有value进行规约，以得到最终结果。MapReduce这样的功能划分，非常适合在大量计算机组成的分布式并行环境中进行数据处理。

MapReduce主要特点如下：

- 具有良好的扩展性；
- 具有高容错性；
- 适合PB级以上海量数据的离线处理。

4）Hive（基于MapReduce的数据仓库）

Hive定义了一种类似SQL的查询语言（HQL），将SQL转化为MapReduce任务在Hadoop上执行，通常用于离线分析。

Hive的适用场景如下所示。

- 日志分析：统计一个网站一段时间内的独立访问用户数及页面访问量；如百度、淘宝等互联网公司使用Hive进行日志分析；
- 多维度数据分析；
- 海量结构化数据离线分析；
- 低成本进行数据分析（不直接编写MapReduce任务）。

5）Pig（数据仓库）

Pig是基于Hadoop的数据流系统，由雅虎开源，设计动机是提供一种基于MapReduce的Ad Hoc（即席查询）数据分析工具。Pig定义了一种数据流语言——Pig Latin，Pig将脚本转换为MapReduce任务在Hadoop上执行，通常用于进行离线分析。

6）Mahout（数据挖掘算法库）

Mahout的主要目标是创建一些可扩展的机器学习领域经典算法的实现，旨在帮助开发人员更快捷地创建智能应用程序。Mahout现在已经包含聚类、分类、推荐引擎（协同过滤）和频繁项集挖掘等被广泛使用的数据挖掘算法。除了算法，Mahout还包含数据的输入/输出工具、与其他存储系统（如数据库、MongoDB或Cassandra）集成等数据挖掘支持架构。

7）HBase（分布式列存数据库）

HBase是一个针对结构化数据的可伸缩、高可靠、高性能的分布式面向列的动态模式数据库。与传统关系数据库不同，HBase 采用了 BigTable 的数据模型——增强的稀疏排序映射表（key-value），其中，key 由行关键字、列关键字和时间戳构成。HBase 提供了对大规模数据的随机、实时读写访问。HBase 中保存的数据可以使用 MapReduce 来处理，数据存储和并行计算被完美地结合在一起。

HBase 主要特点如下：

- 高可靠性；
- 高性能；
- 面向列；
- 良好的扩展性。

8）ZooKeeper（分布式协作服务）

ZooKeeper 可解决分布式环境下的数据管理问题（如统一命名、状态同步、集群管理、配置同步等）。

9）Sqoop（数据同步工具）

Sqoop 是 SQL-to-Hadoop 的缩写，主要用于传输传统数据库和 Hadoop 之间的数据。数据的导入和导出本质上是 MapReduce 程序的运行，Sqoop 充分利用了 MapReduce 的并行化和容错性。

10）Flume（日志收集工具）

Flume 是 Cloudera 开源的日志收集系统，具有分布式、高可靠、高容错、易于定制和扩展的特点。Flume 将数据从产生、传输、处理、写入目标路径的过程抽象为数据流。在具体的数据流中，数据源支持在 Flume 中定制数据发送方，从而支持收集各种不同协议数据。同时，Flume 具有对日志数据进行简单处理的功能，如过滤、格式转换等。此外，Flume 还具有将日志写往各种数据目标（可定制）的功能。总的来说，Flume 是一个可扩展的、适合复杂环境的海量日志收集系统。

11）Oozie（工作流调度引擎）

Oozie 是一个基于工作流引擎的服务器，可运行 Hadoop 的 MapReduce 和 Pig 任务。其实质是一个运行在 Java Servlet（如 Tomcat）中的 Java Web 应用。

12）Storm

Storm 是一个开源的分布式实时计算系统。利用 Storm 可以实现可靠地处理无限的数据流。像 Hadoop 批量处理大数据一样，Storm 可以实时处理数据。Storm 可以使用任何编程语言。

13）Tez

Tez 是 Apache 支持 DAG 作业的开源计算框架，可以将多个有依赖的作业转换为一个作业，因此大幅提升了 DAG 作业的性能。Tez 并不直接面向最终用户——事实上它允许开发者为最终用户构建性能更快、扩展性更好的应用程序。Hadoop 是一个大量数据批处理平台，但是有很多用例需要近乎实时的查询处理性能；还有一些作业不太适合 MapReduce，如机器学习，Tez 的目的就是帮助 Hadoop 处理这些用例场景。

2.3 Hadoop 应用案例

Hadoop 能做什么呢？通过如下几个经典案例来进一步介绍。

2.3.1 Hadoop 应用案例 1：全球最大超市沃尔玛

沃尔玛通过分析顾客商品搜索行为，找出超越竞争对手的商机。

沃尔玛虽然在几年前就投入在线电子商务，但在线销售的营收远远落后于亚马逊。后来，沃尔玛采用 Hadoop 分析顾客搜寻商品的行为及用户透过搜索引擎寻找到沃尔玛网站的关键词，并基于分析结果规划下一季商品的促销策略。沃尔玛还打算分析顾客在社交网站上对商品的评价，力求比竞争对手先发现顾客需求。

2.3.2 Hadoop 应用案例 2：全球最大拍卖网站 eBay

eBay 用 Hadoop 拆解大量非结构化数据，降低数据仓储负载。

eBay 是全球最大的拍卖网站，8000 万名用户每天产生的数据量高达 50TB，五天产生的数据量相当于一座美国国会图书馆存储的资料量。这些数据包括结构化数据和非结构化数据，如照片、视频、电子邮件、用户的网站浏览日志记录等。eBay 分析平台高级总监 Oliver Ratzesberger 坦言，进行大数据分析的最大挑战就是要同时处理结构化数据和非结构化数据。eBay 用 Hadoop 来解决同时分析大量结构化数据和非结构化数据这一难题。

几年前 eBay 另外搭建了一个软硬件整合平台 Singularity，其在此基础上搭配压缩技术解决了结构化数据和半结构化数据的分析问题。后来 eBay 通过整合 Singularity 平台和 Hadoop，来处理非结构化数据。其先通过 Hadoop 对数据进行预处理，将大块结构的非结构化数据拆解成小型数据；再将小型数据放入数据仓储系统的数据模型中进行分析。这样做不仅加快了分析速度，还减轻了数据仓储系统的负载。

2.3.3 Hadoop 应用案例 3：全球最大信用卡公司 Visa

Visa 用全球最大的付费网络系统 VisaNet 来验证信用卡付款。2009 年，VisaNet 每天要处理 1.3 亿次授权交易和 140 万台 ATM 的联机存取。为了降低各种信用卡诈骗、盗领事件的损失，Visa 需要分析每笔事务数据，并找出可疑交易。虽然每笔交易数据记录只有 200 位，但 VisaNet 每天要处理上亿笔交易，两年累积的资料多达 36TB，传统情况下仅分析 5 亿个用户账号之间的关联就需花费 1 个月的时间。因此，Visa 在 2009 年导入了 Hadoop，搭建了两套 Hadoop 集群（每套不到 50 个节点），这使得数据分析时间从 1 个月缩短到 13 分钟，实现了更快速地找出可疑交易，并向银行发出预警，甚至及时阻止诈骗交易。

2.4 Hadoop 在国内的现状与未来

接下来，结合国内 Hadoop 的应用现状来展望 Hadoop 未来研究的发展方向和亟须解决的问题。

2.4.1 国内最早的 Hadoop 交流平台：Hadoop in China

在雅虎的 Hadoop 项目成立之初，“Hadoop”这个单词只代表两个组件——HDFS 和 MapReduce，现在 Hadoop 已经发展为一个包含 60 多个组件的成熟生态系统。

2008 年 11 月，国内 Hadoop 技术沙龙顺势成立，之后发展成 Hadoop in China 大会。百度在 2006 年就已经开始关注 Hadoop 并开始进行调研使用，到 2012 年其总集群规模达到近 10 个，单集群最大有 2800 台机器节点，机器总数达上万台。中国计算机学会（CCF）于 2021 年 10 月正式成立大数据专家委员会。2013 年 Hadoop in China 大会正式更名为中国大数据技术大会（BDTC），至此 Hadoop in China 从 60 人规模的小型技术沙龙发展为国内大数据领域一年一度的重要技术会议，Hadoop 技术交流平台正式在国内建立，为 Hadoop 在国内推广奠定了良好基础。

2.4.2 国内 Hadoop 发展现状

1. Hadoop 发行版

Hadoop 是一个开源的高效云计算基础架构平台，不仅在云计算领域可以作为搜索引擎底层的基础架构系统支撑搜索引擎服务，在海量数据处理、数据挖掘、机器学习、科学计算等领域也越来越受青睐。早期主要是国内一些大型互联网公司引入 Hadoop 生态系统，在 2009 年 Cloudera 推出第一个 Hadoop 发行版，其核心组件名称为 CDH（Cloudera's Distribution Including Apache Hadoop），开源并与 Apache 社区同步，用户使用无限制，保证 Hadoop 基本功能持续可用，不会被厂家绑定。这使得 Hadoop 在国内得到广泛使用。

2. Hadoop 应用

Hadoop 平台释放了前所未有的计算能力，同时大大降低了计算成本。底层核心基础架构生产力的发展必然会使大数据应用层迅速建立。Hadoop 的应用主要分为 IT 优化和业务优化两类。

1）IT 优化

IT 优化是指将已经实现的应用和业务搬迁到 Hadoop 平台，以获得更多的数据、更好的性能或更低的成本，通过提高产出比、降低生产和维护成本等方式为企业带来好处，典型应用场景如下。

- 历史日志数据在线查询：传统的解决方案是将数据存放在昂贵的关系数据库中，不仅成本高、效率低，而且无法满足在线服务时的高并发访问量。以 HBase 为底层存储和查询引擎的架构非常适合有固定场景（非 Ad Hoc）的查询需求，如航班查询、个人交易记录查询等，已成为在线查询应用的标准方案。中国移动在企业技术指导意见中明确指明使用 HBase 技术来实现所有分公司的账单查询业务。
- ETL 任务：不少厂商已经提供了非常优秀的 ETL 产品和解决方案，并在市场中得到了广泛的应用。然而在大数据场景下，传统 ETL 遇到了性能和 QoS 保证上的严峻挑战。多数 ETL 任务是轻计算重 I/O 类型的，而传统的 IT 硬件方案，如承载数据库的小型计算机，都是为计算类任务设计的，即使使用了最新的网络技术，I/O 只能达到几十 GB。
- 数据仓库 offload：传统的数据仓库中的离线批量数据处理业务占用了大量的硬件资源，如日报表、月报表等，而这些业务是 Hadoop 擅长处理的。

2）业务优化

在 Hadoop 上实现尚未实现的算法、应用，从原有的生产线中孵化出新的产品和业务，创造新的价值。

Hadoop 提供了强大的计算能力，专业大数据应用在各垂直领域都很出色，涵盖银行业（反欺诈、征信等）、医疗保健（特别是在基因组学和药物研究）到零售业、服务业（个性化服务、智能服务）。

在企业内部，已经出现了各种帮助企业用户进行核心功能操作的工具。例如，大数据通过实时更新大量的内部和外部数据，可以帮助销售和市场营销筛选出最有可能购买产品的用户。

3. Hadoop 使用规模较大的典型代表企业

1）百度

百度主要应用 Hadoop 进行数据挖掘分析、推荐引擎系统、凤巢广告特征提取与建模、点击计费和反作弊、用户行为分析系统、网盟策略的流式计算等。其还在 Hadoop 的基础上开发了自己的日志分析平台、数据仓库系统，并统一了 C++编程接口，对 Hadoop 进行了深度改造，开发了 Hadoop C++扩展 HCE 系统。

2）阿里

阿里主要利用 Hadoop 建立了数据平台系统、搜索支撑、广告系统、数据魔方、量子统计、淘数据、推荐引擎系统、搜索排行榜等。阿里为了便于开发，还开发了 Web IDE 集成开发环境，使用的相关系统包括 Hive、Pig、Mahout、HBase 等。

3）腾讯

腾讯的主要产品有腾讯社交广告平台、搜搜、拍拍网、腾讯罗盘、腾讯游戏支撑、QQ 空间、腾讯开放平台、财付通、手机 QQ、QQ 音乐等。

4）奇虎 360

奇虎 360 将 Hadoop-HBase 作为其搜索引擎 so.com 的底层网页存储架构系统，360 搜索的网页数量可达千亿级别，数据量在 PB 级别。

5）中国移动

中国移动于 2010 年 5 月正式推出大云 Big Cloud 1.0，集群节点数达到 1024 个。中国移动的大云基于 Hadoop 的 MapReduce 实现了分布式计算，利用 HDFS 实现了分布式存储，开发了基于 Hadoop 的数据仓库系统 Huge Table、并行数据挖掘工具集 BC-PDM 及并行数据抽取转化 BC-ETL、对象存储系统 BC-oNest 等，并开源了自己的 BC-Hadoop 版本。中国移动主要在电信领域应用 Hadoop，其规划的应用领域包括经分 KPI 集中运算、经分系统 ETL/DM、结算系统、信令系统、云计算资源池系统、物联网应用系统、Email、IDC 服务等。

2.4.3　国内 Hadoop 前景展望

从行业发展来看，数据价值只是初显端倪，尚有更多的数据价值需要挖掘和探索。未来大数据在各个领域都将发挥不可替代的作用。同时 Hadoop 生态系统还存在很多有待改进和提高的地方，如在系统架构的专业化、生态系统范围的扩大、系统的整体效能、服务的个性化、价值的挖掘等方面仍然需要改进和提高。

从技术发展角度来看，当前 Hadoop 生态系统中功能互补的组件将相互借鉴，功能重合的组件将统一。

随着硬件技术的发展，大数据可能会出现质的飞跃。

由 Hadoop 的发展现状可知，大数据的持续升温将不可避免。Hadoop 从业者将会迎来一个美好的明天。

第 3 章　开始使用 Hadoop 集群

本章将介绍如何搭建完全分布式的 Hadoop 集群。

3.1　Hadoop 初探

如今已有超过 50%的互联网公司在使用 Hadoop，还有很多公司正准备使用 Hadoop 来处理海量数据。Hadoop 越来越受欢迎，将来可能会成为程序员必须掌握的技能之一。

本章我们将介绍 Hadoop 的安装、运行，并重点介绍 Hadoop 命令手册，以使读者对 Hadoop 有一个初步认识。

3.1.1　使用 Hadoop 的先决条件

首先，我们将介绍使用 Hadoop 涉及的基础知识。

Hadoop 最早是为了在 Linux 系统上使用而开发的，现在 Hadoop 在 UNIX、Windows 和 macOS 系统上也运行良好。2.2 版本之前的 Hadoop，在 Windows 系统上运行稍显复杂，必须先安装 Cygwin 以模拟 Linux 环境，然后才能安装 Hadoop。2.2 版本之后的 Hadoop 不再需要安装 Cygwin，官方提供了二进制文件，不推荐使用 Cygwin，但部分组件需要自行编译。因为 Hadoop 只有安装在 Linux 系统上，才能真正发挥作用，所以需要先了解 Linux 系统的相关知识。

大多数人习惯使用 Windows 系统，不太熟悉 Linux 系统这种上来就安装软件的操作。搭建集群需要使用多台硬件，不可能为了搭建集群购买几台计算机甚至服务器。

从成本和使用习惯方面考虑，我们需要掌握虚拟化方面的知识，即需要懂得虚拟机的使用。

3.1.2　安装环境

在 Linux 上安装 Hadoop 前，需要先安装两个程序。

1．JDK

需要安装 1.7 或更高版本的 JDK。

在 Java 操作环境下可选择 Oracle 的 JDK，或是 OpenJDK，一般 Linux 系统默认安装的是 OpenJDK。安装 OpenJDK 的过程很简单，下面以 CentOS 7 系统为例进行介绍。

确保计算机可以连接互联网，输入如下命令即可安装 OpenJDK：

```
sudo yum install java -y
```

其中，-y 表示安装过程中的提示选择全部为“yes”。

sudo 命令允许普通用户执行某些或全部需要 root 权限的命令，提供了详尽的日志，可以记录每个用户使用这个命令执行了什么操作。sudo 命令也提供了灵活的管理方式，可以限制用户使用命令。

yum（Yellow dog Updater Modified）是一个在 Fedora 和 RedHat 及 SUSE 中的 Shell 前端软件包管理器；基于 RPM，能够从指定的服务器自动下载 RPM 并且安装，可以自动处理依赖性关系，并一次安装所有依赖的软件包，无须烦琐地一次次下载、安装。yum 提供了查找、安装、删除某一个、一组，甚至全部软件包的命令，而且该命令简洁好记。

验证 OpenJDK 是否安装成功的命令为：

```
java -version
```

运行“java -version”命令的结果如图 3-1 所示。

```
[root@hadoop ~]# java -version
openjdk version "1.8.0_191"
OpenJDK Runtime Environment (build 1.8.0_191-b12)
OpenJDK 64-Bit Server VM (build 25.191-b12, mixed mode)
```

图 3-1　运行“java -version”命令的结果

2．Secure Shell

Secure Shell（安全外壳协议，SSH）是一种加密的网络传输协议，可在不安全的网络中为网络服务提供安全的传输环境。

下面以 CentOS 7 为例来配置 SSH 免密登录。

首先增加一个名为 Hadoop 的用户，输入命令：

```
useradd -m hadoop -s /bin/bash
```

查看在 Hadoop 用户下是否存在.ssh 文件夹（注意前面有一个点，表示这是一个隐藏文件夹），输入命令：

```
ls -a /home/hadoop
```

一般来说，在安装 SSH 时会自动在当前用户下创建.ssh 文件夹。如果没有该文件夹，那么可以手动创建一个。

接下来，输入命令：

```
ssh-keygen -t rsa -f ~/.ssh/id_rsa
```

其中，ssh-keygen 表示生成密钥；-t（注意区分大小写）用于指定生成的密钥类型；rsa 是一种加密算法；-f 用于指定生成的密钥文件（与密钥相关的知识这里就不详细介绍了，其中会涉及一些和 SSH 相关的知识，如果读者有兴趣，可以自行查阅资料）；～在 Linux 系统中表示当前用户文件夹，这里表示/home/hadoop。

上述命令运行后会在.ssh 文件夹下创建两个文件 id_rsa 及 id_rsa.pub，这是 SSH 的一对私钥和公钥，类似于钥匙及锁，命令运行结果如图 3-2 所示。

```
[hadoop@hadoop ~]$ ssh-keygen -t rsa -f ~/.ssh/id_rsa
Generating public/private rsa key pair.
Created directory '/home/hadoop/.ssh'.
Enter passphrase (empty for no passphrase):
Enter same passphrase again:
Your identification has been saved in /home/hadoop/.ssh/id_rsa.
Your public key has been saved in /home/hadoop/.ssh/id_rsa.pub.
The key fingerprint is:
SHA256:4er6+pHaHJ1FW4tOtDm6amp9Wq40LBzXFC34MUC/O6A hadoop@hadoop
The key's randomart image is:
+---[RSA 2048]----+
|      .oo..      |
|       ..+..     |
|        .++o .   |
|        +.= * .  |
|     . o S O .   |
|    . = = B .    |
|     E.O B .     |
|     .Bo*.o      |
|    .=BX=o       |
+----[SHA256]-----+
```

图 3-2　生成密钥

输入如下命令把 id_rsa.pub（公钥）追加到授权的 key 中：

```
cat ~/.ssh/id_rsa.pub >> ~/.ssh/authorized_keys
```

其中，authorized_keys 是用于认证的公钥文件。

找到本机 sshd 的配置文件路径，然后输入如下命令打开文件（执行该命令需要 root 权限）：

```
# vi /etc/ssh/sshd_config
```

在打开的文件中找到以下内容，并去掉注释符“#”：

```
RSAAuthentication yes
PubkeyAuthentication yes
AuthorizedKeysFile .ssh/authorized_keys
```

输入如下命令重启 sshd 服务（需要 root 权限）：

```
# systemctl restart sshd
```

至此免密登录本机已设置完毕。

输入如下命令，验证 SSH 是否可以免密登录本机：

```
ssh localhost
```

命令运行结果如图 3-3 所示。

```
[hadoop@hadoop ~]$ ssh localhost
The authenticity of host 'localhost (::1)' can't be established.
ECDSA key fingerprint is SHA256:arGWx1HfwVVcTTi65doSdsNo9IQgZujVz+jAFUolWYk.
ECDSA key fingerprint is MD5:03:ab:45:47:ad:06:b8:0b:03:d2:d6:10:57:2d:41:38.
Are you sure you want to continue connecting (yes/no)? yes
Warning: Permanently added 'localhost' (ECDSA) to the list of known hosts.
Last login: Fri Dec 21 10:57:46 2018 from localhost
[hadoop@hadoop ~]$ |
```

图 3-3　SSH 免密登录

图 3-3 说明 SSH 已经安装成功，第一次登录时会询问你是否继续链接，输入 yes 即可进入。

实际上，在 Hadoop 的安装过程中，是否是免密登录并不重要。如果不配置免密登录，那么每次启动 Hadoop 都需要输入密码以登录每台机器的 DataNode。由于一般的 Hadoop 集群动辄就有数百台或上千台机器，因此一般情况下都会配置 SSH 的免密登录。

安装 JDK 和 SSH 的原因如下：

Hadoop 是用 Java 开发的，Hadoop 的编译及 MapReduce 的运行都需要使用 JDK。Hadoop 需要通过 SSH 来控制各节点列表中各台主机的守护进程，因此 SSH 是必须安装的，即使安装伪分布式 Hadoop（Hadoop 本身并没有区分集群式和伪分布式）。伪分布式 Hadoop 会采用与集群式 Hadoop 相同的处理方式，即依次启动文件 conf/slaves 中记载的主机上的进程，只不过在伪分布式模式下 Salve 节点为 localhost，所以对于伪分布式 Hadoop 而言 SSH 也是必需的。

3.1.3　安装并运行 Hadoop

目前 Hadoop 的发行版除了 Apache 的开源版本，还有华为发行版、Intel 发行版、Cloudera 发行版（CDH）、Hortonworks 发行版（HDP）、MapR 版等。所有发行版均是基于

Hadoop 衍生出来的，因为 Hadoop 的开源协议允许任何人对其进行修改并作为开源或者商业产品发布。国内大多数公司发行版 Hadoop 是收费的，如 Intel 发行版、华为发行版等。不收费的 Hadoop 版本主要有国外的 Apache 基金会 Hadoop、CDH、HDP、MapR。这里先介绍 Hadoop 官方发行版的安装方法。

Hadoop 的安装还是比较简单的，登录官网即可下载所需的版本，如图 3-4 所示，建议下载最新的稳定发行版，其 bug 较少，运行较稳定。

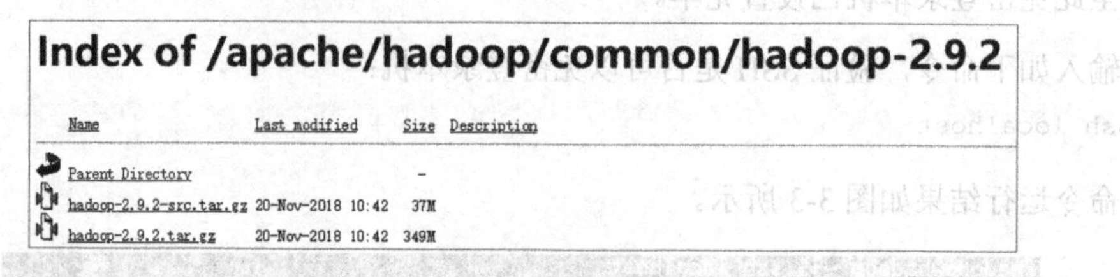

图 3-4 下载 Hadoop

官方提供的安装包有两种，一种为源码包，需要用户下载后自行编译安装；另一种为编译好的完整包，可以认为是绿色版的，解压后即可使用。建议下载 hadoop-2.x.y.tar.gz.mds，该文件包含了检验值，可用于检查 hadoop-2.x.y.tar.gz 的完整性，若文件发生了损坏或下载不完整，Hadoop 将无法正常运行。

3.1.4 运行模式

Hadoop 有三种运行方式，简单介绍下各个模式的特点。

1. 单机模式

单机模式特点：

- 默认模式。
- 不对配置文件进行修改。
- 使用本地文件系统，而不是分布式文件系统。
- Hadoop 不会启动 NameNode、DataNode、JobTracker、TaskTracker 等守护进程，Map 和 Reduce 任务是作为同一个进程的不同部分来执行的。
- 用于对 MapReduce 程序的逻辑进行调试，确保程序的正确性。

2. 伪分布式模式

伪分布式模式特点：

- 在一台物理主机上模拟多台主机。
- Hadoop 启动 NameNode、DataNode、JobTracker、TaskTracker 等守护进程，这些守护进程在同一台机器上运行，是相互独立的 Java 进程。
- 在这种模式下，Hadoop 使用的是分布式文件系统，各个作业也是由 JobTracker 服务来管理的独立进程；增加了代码调试功能，允许检查内存使用情况、HDFS I/O，以及其他守护进程交互，类似于完全分布式模式，因此这种模式常用来测试 Hadoop 程序的执行是否正确。
- 需要修改两个配置文件：core-site.xml（Hadoop 集群的特性，作用于全部进程及客户端）、hdfs-site.xml（配置 HDFS 集群的工作属性）。
- 格式化文件系统。

3. 完全分布式模式

完全分布式模式特点：

- 一般用作生产环境，Hadoop 的守护进程运行在由多台主机搭建的集群上。
- 在所有主机上安装 JDK 和 Hadoop，组成相互联通的网络。
- 在主机间设置 SSH 免密登录，把各节点生成的公钥加入主节点的信任列表。
- 需要修改五个配置文件：slaves、core-site.xml、hdfs-site.xml、mapred-site.xml、yarn-site.xml，指定 NameNode 和 JobTracker 的位置和端口，设置文件的副本等参数。
- 格式化文件系统。

3.1.5 Hadoop 单机模式

单机模式为 Hadoop 运行的默认模式，无须进行其他配置即可运行。Hadoop 运行在一个独立的 Java 进程下，便于调试。

运行官方自带 jar 包，可以看到所有例子，如图 3-5 所示，包括 WordCount、Terasort、join、grep 等。

```
[hadoop@hadoop hadoop]$ ./bin/hadoop jar ./share/hadoop/mapreduce/hadoop-mapreduce-examples-2.9.2.jar
An example program must be given as the first argument.
Valid program names are:
  aggregatewordcount: An Aggregate based map/reduce program that counts the words in the input files.
  aggregatewordhist: An Aggregate based map/reduce program that computes the histogram of the words in the input files.
  bbp: A map/reduce program that uses Bailey-Borwein-Plouffe to compute exact digits of Pi.
  dbcount: An example job that count the pageview counts from a database.
  distbbp: A map/reduce program that uses a BBP-type formula to compute exact bits of Pi.
  grep: A map/reduce program that counts the matches of a regex in the input.
  join: A job that effects a join over sorted, equally partitioned datasets
  multifilewc: A job that counts words from several files.
  pentomino: A map/reduce tile laying program to find solutions to pentomino problems.
  pi: A map/reduce program that estimates Pi using a quasi-Monte Carlo method.
  randomtextwriter: A map/reduce program that writes 10GB of random textual data per node.
  randomwriter: A map/reduce program that writes 10GB of random data per node.
  secondarysort: An example defining a secondary sort to the reduce.
  sort: A map/reduce program that sorts the data written by the random writer.
  sudoku: A sudoku solver.
  teragen: Generate data for the terasort
  terasort: Run the terasort
  teravalidate: Checking results of terasort
  wordcount: A map/reduce program that counts the words in the input files.
  wordmean: A map/reduce program that counts the average length of the words in the input files.
  wordmedian: A map/reduce program that counts the median length of the words in the input files.
  wordstandarddeviation: A map/reduce program that counts the standard deviation of the length of the words in the input
 files.
```

图 3-5 运行 jar 包

以运行 grep 为例：将 input 文件夹中的所有文件作为输入，筛选其中符合正则表达式 dfs[a-z.]+的单词，并统计其出现次数，最后将结果输出到 output 文件夹中。

执行以下命令：

```
  mkdir ./input
  cp ./etc/hadoop/*.xml ./input
  ./bin/hadoop jar ./share/hadoop/mapreduce/hadoop-mapreduce-examples-*.jar
grep ./input ./output 'dfs[a-z.]+'
  cat ./output/*
```

统计结果如图 3-6 所示。

```
[hadoop@hadoop hadoop]$ cat ./output/*
1       dfsadmin
```

图 3-6 统计结果

3.1.6 Hadoop 伪分布式模式

下面以伪分布式模式为例，进行 Hadoop 的安装。

Hadoop 可以在单节点上以伪分布式的方式运行，Hadoop 进程以分离的 Java 进程来运行，节点既作为 NameNode，也作为 DataNode，同时，读取的是 HDFS 中的文件。

Hadoop 的配置文件默认位于/usr/local/hadoop/etc/hadoop/目录下。伪分布式模式需要修改两个配置文件：core-site.xml 和 hdfs-site.xml 。Hadoop 的配置文件是 xml 格式的，每个配置通过声明 property 的 name 和 value 的方式来实现。

修改配置文件 core-site.xml ，将其中的

```
<configuration>
```

```
</configuration>
```

修改为如下配置：

```
<configuration>
    <property>
        <name>hadoop.tmp.dir</name>
        <value>file:/usr/local/hadoop/tmp</value>
        <description>Abase for other temporary directories.</description>
    </property>
    <property>
        <name>fs.defaultFS</name>
        <value>hdfs://localhost:9000</value>
    </property>
</configuration>
```

同样的，将 hdfs-site.xml 文件修改为如下配置：

```
<configuration>
    <property>
        <name>dfs.replication</name>
        <value>1</value>
    </property>
    <property>
        <name>dfs.namenode.name.dir</name>
        <value>file:/usr/local/hadoop/tmp/dfs/name</value>
    </property>
    <property>
        <name>dfs.datanode.data.dir</name>
        <value>file:/usr/local/hadoop/tmp/dfs/data</value>
    </property>
</configuration>
```

此外，伪分布式模式虽然只需要配置 fs.defaultFS 和 dfs.replication 就可以运行，但 Hadoop 的运行方式是由配置文件决定的（运行 Hadoop 时会读取配置文件），若没有配置 hadoop.tmp.dir 参数，则默认使用的临时目录为/tmp/hadoo-hadoop，该目录在重启时有可能会被系统清理掉，导致 format 必须重新执行。因此一般会指定 dfs.namenode. name.dir 和 dfs.datanode.data.dir，否则在接下来的步骤中可能会出错。

配置完成后，执行如下命令，使 NameNode 格式化:

```
hdfs namenode -format
```

如果 NameNode 格式化成功，则会出现“successfully formatted”的提示，如图 3-7 所示。

```
18/12/21 14:24:52 INFO namenode.FSImage: Allocated new BlockPoolId: BP-986640319-127.0.0.1-1545373492236
18/12/21 14:24:52 INFO common.Storage: Storage directory /home/hadoop/hadoop/tmp/dfs/name has been successfully formatte
d.
18/12/21 14:24:52 INFO namenode.FSImageFormatProtobuf: Saving image file /home/hadoop/hadoop/tmp/dfs/name/current/fsimag
e.ckpt_0000000000000000000 using no compression
18/12/21 14:24:52 INFO namenode.FSImageFormatProtobuf: Image file /home/hadoop/hadoop/tmp/dfs/name/current/fsimage.ckpt_
0000000000000000000 of size 325 bytes saved in 0 seconds .
18/12/21 14:24:52 INFO namenode.NNStorageRetentionManager: Going to retain 1 images with txid >= 0
18/12/21 14:24:52 INFO namenode.NameNode: SHUTDOWN_MSG:
/************************************************************
SHUTDOWN_MSG: Shutting down NameNode at localhost/127.0.0.1
************************************************************/
```

图 3-7　HDFS 格式化

执行如下命令启动 NameNode 和 DataNode 守护进程：

```
./sbin/start-dfs.sh
```

在如图 3-8 所示界面输入 yes。

```
[hadoop@hadoop hadoop]$ ./sbin/start-dfs.sh
Starting namenodes on [localhost]
localhost: starting namenode, logging to /home/hadoop/hadoop-2.9.2/logs/hadoop-hadoop-namenode-hadoop.out
localhost: starting datanode, logging to /home/hadoop/hadoop-2.9.2/logs/hadoop-hadoop-datanode-hadoop.out
Starting secondary namenodes [0.0.0.0]
The authenticity of host '0.0.0.0 (0.0.0.0)' can't be established.
ECDSA key fingerprint is SHA256:arGwx1HfwVVcTTi65doSdsNo9IQgZujVz+jAFUolWYk.
ECDSA key fingerprint is MD5:03:ab:45:47:ad:06:b8:0b:03:d2:d6:10:57:2d:41:38.
Are you sure you want to continue connecting (yes/no)? yes
```

图 3-8　启动 NameNode 和 DataNode 守护进程

NameNode 和 DataNode 启动完成后，可以通过 jps 命令来判断是否成功启动。若成功启动，则会列出“NameNode”“DataNode”“SecondaryNameNode”进程，如图 3-9 所示。

```
[hadoop@hadoop hadoop]$ jps
29921 Jps
29795 SecondaryNameNode
29495 NameNode
29596 DataNode
```

图 3-9　查看进程

成功启动 NameNode 和 DataNode 后，可以访问 Web 界面 http://localhost:50070（见图 3-10）查看 NameNode 和 DataNode 信息。

192.168.211.142:50070/dfshealth.html#tab-overview

Hadoop　Overview　Datanodes　Datanode Volume Failures　Snapshot　Startup Progress　Utilities

Overview 'localhost:9000' (active)

Started:	Fri Dec 21 14:36:42 +0800 2018
Version:	2.9.2, r826afbeae31ca687bc2f8471dc841b66ed2c6704
Compiled:	Tue Nov 13 20:42:00 +0800 2018 by ajisaka from branch-2.9.2
Cluster ID:	CID-6bea0be9-5668-450b-a893-a1e70b482d62
Block Pool ID:	BP-986640319-127.0.0.1-1545373492236

图 3-10　HDFS 信息

以运行 grep 为例：将 input 文件夹中的所有文件作为输入，筛选其中符合正则表达式 dfs[a-z.]+的单词，并统计其出现次数，最后将结果输出到 output 文件夹中。

在伪分布式模式下读取的是 HDFS 上的数据。要使用 HDFS 需要先在 HDFS 中创建用户目录：

```
./bin/hdfs dfs -mkdir -p /user/hadoop
```

接着将./etc/hadoop 中的.xml 文件作为输入文件复制到分布式文件系统中：

```
./bin/hdfs dfs -mkdir input
./bin/hdfs dfs -put ./etc/hadoop/*.xml input
```

完成复制后，通过如下命令查看文件列表：

```
./bin/hdfs dfs -ls input
```

运行结果如图 3-11 所示。

```
[hadoop@hadoop hadoop]$ ./bin/hdfs dfs -ls input
Found 8 items
-rw-r--r--   1 hadoop supergroup       7861 2018-12-21 15:03 input/capacity-scheduler.xml
-rw-r--r--   1 hadoop supergroup       1077 2018-12-21 15:03 input/core-site.xml
-rw-r--r--   1 hadoop supergroup      10206 2018-12-21 15:03 input/hadoop-policy.xml
-rw-r--r--   1 hadoop supergroup       1137 2018-12-21 15:03 input/hdfs-site.xml
-rw-r--r--   1 hadoop supergroup        620 2018-12-21 15:03 input/httpfs-site.xml
-rw-r--r--   1 hadoop supergroup       3518 2018-12-21 15:03 input/kms-acls.xml
-rw-r--r--   1 hadoop supergroup       5939 2018-12-21 15:03 input/kms-site.xml
-rw-r--r--   1 hadoop supergroup        690 2018-12-21 15:03 input/yarn-site.xml
```

图 3-11　文件列表

执行如下命令：

```
./bin/hadoop   jar  ./share/hadoop/mapreduce/hadoop-mapreduce-examples-*.jar
grep input output 'dfs[a-z.]+'
```

执行如下命令查看上述命令运行的结果（查看的是位于 HDFS 中的输出结果）：

```
./bin/hdfs dfs -cat output/*
```

运行结果如图 3-12 所示。

```
[hadoop@hadoop hadoop]$ ./bin/hdfs dfs -cat output/*
1       dfsadmin
1       dfs.replication
1       dfs.namenode.name.dir
1       dfs.datanode.data.dir
```

图 3-12　位于 HDFS 中的输出结果

需要注意的是，下次启动 Hadoop 时无须进行 NameNode 初始化，只需要运行 ./sbin/start-dfs.sh 命令。

3.1.7 Hadoop 完全分布式模式

Hadoop 完全分布式模式即集群模式，这里用两台机器搭建集群环境，一台机器作为Master 节点，另一台机器作为 Slave 节点。

按照 3.1.6 节伪分布式模式的内容配置 Master 节点及 Slave 节点、安装 JDK、配置SSH 免密登录，并将两节点的 IP 地址与主机名的对应信息写入 hosts 文件：

```
sudo vim /etc/hosts
ip1      hadoopMaster
ip2      hadoopSlave
```

完全分布式模式需要修改/usr/local/hadoop/etc/hadoop 中的五个配置文件 slaves、core-site.xml、hdfs-site.xml、mapred-site.xml、yarn-site.xml，这里仅配置了正常启动必需的配置项。

1. 文件 slaves

将作为 DataNode 的主机名写入 slaves 文件，每行一个。slaves 文件默认内容为localhost，所以在伪分布式模式下配置时，Slave 节点既作为 NameNode 也作为 DataNode。在配置完全分布式模式时可以保留 localhost，也可以删除 localhost 让 Master 节点仅作为NameNode。

此处将 slaves 文件中原有的 localhost 删除，只添加一行内容：Slave1。

2. 文件 core-site.xml

将 core-site.xml 文件改为如下配置：

```
<configuration>
       <property>
              <name>fs.defaultFS</name>
              <value>hdfs://Master:9000</value>
       </property>
       <property>
              <name>hadoop.tmp.dir</name>
              <value>file:/usr/local/hadoop/tmp</value>
              <description>Abase for other temporary directories.</description>
       </property>
</configuration>
```

3. 文件 hdfs-site.xml

一般情况下将 dfs.replication 设置为 3，但我们只有一个 Slave 节点，所以将 dfs.replication

设置为 1：

```
<configuration>
        <property>
                <name>dfs.namenode.secondary.http-address</name>
                <value>Master:50090</value>
        </property>
        <property>
                <name>dfs.replication</name>
                <value>1</value>
        </property>
        <property>
                <name>dfs.namenode.name.dir</name>
                <value>file:/usr/local/hadoop/tmp/dfs/name</value>
        </property>
        <property>
                <name>dfs.datanode.data.dir</name>
                <value>file:/usr/local/hadoop/tmp/dfs/data</value>
        </property>
</configuration>
```

4．文件 mapred-site.xml

将 mapred-site.xml 文件（默认文件名为 mapred-site.xml.template，直接重命名即可）改为如下配置：

```
<configuration>
        <property>
                <name>mapreduce.framework.name</name>
                <value>yarn</value>
        </property>
        <property>
                <name>mapreduce.jobhistory.address</name>
                <value>Master:10020</value>
        </property>
        <property>
                <name>mapreduce.jobhistory.webapp.address</name>
                <value>Master:19888</value>
        </property>
</configuration>
```

5．文件 yarn-site.xml

将 yarn-site.xml 文件改为如下配置：

```
<configuration>
    <property>
        <name>yarn.resourcemanager.hostname</name>
        <value>Master</value>
    </property>
    <property>
        <name>yarn.nodemanager.aux-services</name>
        <value>mapreduce_shuffle</value>
    </property>
</configuration>
```

配置好后，将 Master 节点上的 Hadoop 文件夹复制到 Slave 节点上：

```
sudo tar -zxf ~/hadoop.master.tar.gz -C /usr/local
sudo scp ~/hadoop.master.tar.gz:/usr/local
```

在 Slave 节点上执行如下命令：

```
tar -zxvf /usr/local/hadoop.master.tar.gz -C /usr/local
sudo chown -R hadoop /usr/local/hadoop
```

首次启动 Hadoop 时需要先在 Master 节点格式化 NameNode：

```
hdfs namenode -format
```

接着需要在 Master 节点上启动 Hadoop：

```
start-dfs.sh
start-yarn.sh
mr-jobhistory-daemon.sh start historyserver
```

通过访问 YARN 的 Web 页面可以看到作业执行情况，如图 3-13 所示。

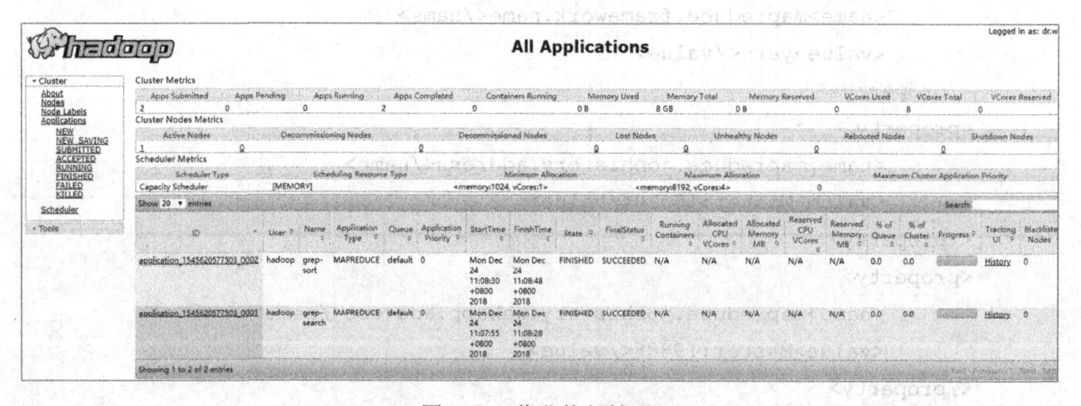

图 3-13　作业执行情况

3.1.8　Hadoop 命令手册解读

所有 Hadoop 命令都由 bin/hadoop 脚本调用，执行不带任何参数的 Hadoop 命令，将打印所有命令的描述，如图 3-14 所示。

```
[hadoop@hadoop hadoop]$ ./bin/hadoop
Usage: hadoop [--config confdir] [COMMAND | CLASSNAME]
  CLASSNAME            run the class named CLASSNAME
 or
  where COMMAND is one of:
  fs                   run a generic filesystem user client
  version              print the version
  jar <jar>            run a jar file
                       note: please use "yarn jar" to launch
                             YARN applications, not this command.
  checknative [-a|-h]  check native hadoop and compression libraries availability
  distcp <srcurl> <desturl> copy file or directories recursively
  archive -archiveName NAME -p <parent path> <src>* <dest> create a hadoop archive
  classpath            prints the class path needed to get the
                       Hadoop jar and the required libraries
  credential           interact with credential providers
  daemonlog            get/set the log level for each daemon
  trace                view and modify Hadoop tracing settings

Most commands print help when invoked w/o parameters.
```

图 3-14　所有命令的描述

一般情况下不会用到以上不带任何参数的 Hadoop 命令。

下面对 Hadoop 命令进行介绍。

1．archive

archive 命令用于创建一个 Hadoop 压缩文件。Hadoop 的压缩文件不同于普通的压缩文件，其后缀是 har，不能使用 rar、zip、tar 之类的软件解压缩，压缩目录包含元数据和数据，进行压缩的目的是减少传输的数据量和增加可用空间。

1）创建压缩文件

创建压缩文件命令如下：

```
hadoop archive -archiveName name -p <parent> [-r <replication factor>] <src>* <dest>
```

例如，把/foo/bar 目录下的文件压缩为 zoo.har 并存储到/outputdir 下：

```
hadoop archive -archiveName zoo.har -p /foo/bar -r 3 /outputdir
```

把/user/hadoop/dir1 和/user/hadoop/dir2 目录下的文件压缩为 foo.har，并存储到/user/zoo 下：

```
hadoop archive -archiveName foo.har -p /user/ hadoop/dir1 hadoop/dir2 /user/zoo
```

2）解压

把 foo.har 文件中的 dir1 目录下的文件解压到/user/zoo/newdir 目录下：

```
hdfs dfs -cp har:///user/zoo/foo.har/dir1 hdfs:/user/zoo/newdir
```

以并行方式解压：

```
hadoop distcp har:///user/zoo/foo.har/dir1 hdfs:/user/zoo/newdir
```

2. credential

credential 是用于管理凭证、密码的命令。管理凭证供应商（Credential Provider）的凭证、密码和 secret（密钥信息）的 Shell 命令如下：

```
hadoop credential <subcommand> [options]
```

查看帮助的命令如下：

```
hadoop credential -list
```

3. distcp

distcp 是 distributed copy 的缩写，主要用于集群内及集群间的文件复制，需要使用 mapreduce 命令，mapreduce 命令用于把文件和目录的列表作为 Map 任务的输入，每个任务会完成源列表中部分文件的复制。

示例：

```
hadoop distcp hdfs://master1:8020/foo/bar hdfs://master2:8020/bar/foo
```

4. jar

使用 Hadoop 来运行一个 jar：

```
hadoop jar <jar> [mainClass] args...
```

Hadoop 建议使用 yarn jar 命令替代 hadoop jar 命令。

yarn jar 命令将在下文进行详细介绍。

5. version

version 命令用于查看版本信息：

```
hadoop version
```

6. fs

fs 是比较常用的命令，基本等价于 hdfs dfs 命令，但二者有一些区别。fs 命令参数如图 3-15 所示。

```
[hadoop@hadoop bin]$ ./hadoop fs
Usage: hadoop fs [generic options]
        [-appendToFile <localsrc> ... <dst>]
        [-cat [-ignoreCrc] <src> ...]
        [-checksum <src> ...]
        [-chgrp [-R] GROUP PATH...]
        [-chmod [-R] <MODE[,MODE]... | OCTALMODE> PATH...]
        [-chown [-R] [OWNER][:[GROUP]] PATH...]
        [-copyFromLocal [-f] [-p] [-l] [-d] <localsrc> ... <dst>]
        [-copyToLocal [-f] [-p] [-ignoreCrc] [-crc] <src> ... <localdst>]
        [-count [-q] [-h] [-v] [-t [<storage type>]] [-u] [-x] <path> ...]
        [-cp [-f] [-p | -p[topax]] [-d] <src> ... <dst>]
        [-createSnapshot <snapshotDir> [<snapshotName>]]
        [-deleteSnapshot <snapshotDir> <snapshotName>]
        [-df [-h] [<path> ...]]
        [-du [-s] [-h] [-x] <path> ...]
        [-expunge]
        [-find <path> ... <expression> ...]
        [-get [-f] [-p] [-ignoreCrc] [-crc] <src> ... <localdst>]
        [-getfacl [-R] <path>]
        [-getfattr [-R] {-n name | -d} [-e en] <path>]
        [-getmerge [-nl] [-skip-empty-file] <src> <localdst>]
        [-help [cmd ...]]
        [-ls [-C] [-d] [-h] [-q] [-R] [-t] [-S] [-r] [-u] [<path> ...]]
        [-mkdir [-p] <path> ...]
        [-moveFromLocal <localsrc> ... <dst>]
        [-moveToLocal <src> <localdst>]
        [-mv <src> ... <dst>]
        [-put [-f] [-p] [-l] [-d] <localsrc> ... <dst>]
        [-renameSnapshot <snapshotDir> <oldName> <newName>]
        [-rm [-f] [-r|-R] [-skipTrash] [-safely] <src> ...]
        [-rmdir [--ignore-fail-on-non-empty] <dir> ...]
        [-setfacl [-R] [{-b|-k} {-m|-x <acl_spec>} <path>]|[--set <acl_spec> <path>]]
        [-setfattr {-n name [-v value] | -x name} <path>]
        [-setrep [-R] [-w] <rep> <path> ...]
        [-stat [format] <path> ...]
        [-tail [-f] <file>]
        [-test -[defsz] <path>]
        [-text [-ignoreCrc] <src> ...]
        [-touchz <path> ...]
        [-truncate [-w] <length> <path> ...]
        [-usage [cmd ...]]
```

图 3-15　fs 命令参数

fs 命令有很多参数和 Linux 的常见文件系统命令基本一致，容易阅读理解。下面介绍几种常用的 fs 命令。

1）ls：查看目录文件

ls 命令使用方法：

hadoop fs -ls <URI>

该命令用于显示指定路径的文件或文件夹列表，显示每个条目的名称、权限、拥有者、大小、修改日期及路径。

示例：

```
./hadoop fs -ls
```

运行上述命令输出结果如图 3-16 所示。

```
[hadoop@hadoop bin]$ ./hadoop fs -ls
Found 2 items
drwxr-xr-x   - hadoop supergroup          0 2018-12-21 15:03 input
drwxr-xr-x   - hadoop supergroup          0 2018-12-27 17:02 output
[hadoop@hadoop bin]$
[hadoop@hadoop bin]$
[hadoop@hadoop bin]$ ./hadoop fs -ls output/
Found 2 items
-rw-r--r--   1 hadoop supergroup          0 2018-12-27 17:02 output/_SUCCESS
-rw-r--r--   1 hadoop supergroup         77 2018-12-27 17:02 output/part-r-00000
```

图 3-16　ls 命令示例输出结果

2）cat：查看文件内容

cat 命令使用方法：

hadoop fs -cat <URI>

该命令用于将路径指定文件中的内容输出到 stdout。

示例：

```
./hadoop fs -cat  output/part-r-00000
```

运行上述命令输出结果如图 3-17 所示。

```
[hadoop@hadoop bin]$  ./hadoop fs -cat  output/part-r-00000
1       dfsadmin
1       dfs.replication
1       dfs.namenode.name.dir
1       dfs.datanode.data.dir
```

图 3-17　cat 命令示例输出结果

3）get：下载文件到本地

get 命令使用方法：

hadoop fs -get <URI> <localDest>

该命令用于将 HDFS 上的文件复制到本地。

示例：

```
./hadoop fs -get output/part-r-00000 /home/hadoop/download
```

运行上述命令输出结果如图 3-18 所示。

```
[hadoop@hadoop bin]$ ./hadoop fs -get output/part-r-00000 /home/hadoop/download
[hadoop@hadoop bin]$ ll /home/hadoop/download
total 4
-rw-r--r--. 1 hadoop hadoop 77 Jan  4 10:21 part-r-00000
```

图 3-18　get 命令示例输出结果

4）put：上传文件

put 命令使用方法：

hadoop fs -put <localsrc> <dest>

该命令可以复制本地文件到 HDFS，也可以复制 HDFS 上的文件到 HDFS 的另外一个地方。

5）copyFromLocal

copyFromLocal 命令使用方法：

hadoop fs -copyFromLocal <localsrc> <dest>

该命令类似于 put 命令，但 copyFromLocal 命令只能在本地文件系统中使用。

6）copyToLocal

copyToLocal 命令使用方法：

hadoop fs -copyToLocal <URI> <localDest>

该命令类似于 get 命令，唯一的区别是 copyToLocal 命令中的目标路径被限制到本地。

7）count：计数

count 命令使用方法：

hadoop fs -count <URI>

该命令用于计算目录、文件个数和字节数。利用该命令，可了解存储的文件情况。

示例：

```
hadoop fs -count input
```

运行上述命令输出结果如图 3-19 所示。

```
[hadoop@hadoop bin]$ ./hadoop fs -count input
           1            8              31048 input
```

图 3-19　count 命令示例输出结果

8）cp：复制

cp 命令使用方法：

hadoop fs -cp URI <dest>

该命令用于将文件从源路径复制到目标路径，允许有多个源路径，此时目标路径必须是一个目录。

和 distcp 命令类似，但 hadoop fs -cp 命令只能用于同一个 Hadoop 集群，而 distcp 命令需要使用 MapReduce。

9）df：显示可用空间

df 命令使用方法：

hadoop fs -df URI

示例：

```
hadoop fs -df -h /
```

运行上述命令输出结果如图 3-20 所示。

```
[hadoop@hadoop bin]$ ./hadoop fs -df -h /
Filesystem                 Size   Used  Available  Use%
hdfs://localhost:9000    45.1 G  100 K     41.9 G    0%
```

图 3-20　df 命令示例输出结果

10）du：计算目录字节大小

du 命令使用方法：

hadoop fs -du URI

该命令用于显示目录中所有文件的大小，或者当只指定一个文件时显示此文件的大小。

示例：

```
hadoop fs -du -h /
```

运行上述命令输出结果如图 3-21 所示。

```
[hadoop@hadoop bin]$ ./hadoop fs -du -h /
0        /tmp
30.4 K   /user
```

图 3-21　du 命令示例输出结果

11）find：查找

find 命令使用方法：

hadoop fs -find <URI> ... <expression>

该命令用于根据文件名称进行查找，而不是根据文件内容进行查找。

示例：

```
hadoop fs -find / -name input
```

运行上述命令输出结果如图 3-22 所示。

```
[hadoop@hadoop bin]$ ./hadoop fs -find / -name input
/user/hadoop/input
```

图 3-22　find 命令示例输出结果

12）mv：集群内移动目录

mv 命令使用方法：

hadoop fs -mv URI <dest>

该命令用于将文件从源路径移动到目标路径，允许有多个源路径，此时目标路径必须是一个目录，不允许在不同的文件系统间移动文件。

关于 Hadoop 命令就介绍到这，大家如果感兴趣可以参照官方文档进行详细了解。

3.2　HDFS 基础和权限管理

HDFS 是 Hadoop 分布式文件系统，是 Hadoop 项目的核心子项目，是分布式计算中数据存储管理的基础，是基于流数据模式访问和处理超大文件的需求而开发的，可以运行在廉价的商用服务器上，为超大数据集的处理带来了便利。

3.2.1　HDFS 特点

选择 HDFS 存储数据是因为 HDFS 具有以下优点。

1. 低成本

HDFS 的分布式存储实际是通过数百个甚至数千个服务器实现的，在遇到故障时，比单独使用一台大型服务器付出的成本要少很多。如果某个服务器发生故障，只需要花费一台服务器的成本。

2. 高容错

由于 HDFS 是通过众多服务器一起实现分布存储的，每个数据文件都有两份，也就是每个数据文件都将被存储三次。即使存储数据的某个服务器发生了故障，仍有两份备份数据，所以 HDFS 是具有高容错性的，允许机器发生故障。

3. 高吞吐

HDFS 是“一次写入多次读写”的访问模型。除了在文件末尾追加或直接截断文件，HDFS 是不允许修改文件的，从而保障了数据一致性，并且实现了高吞吐数据访问。

4. 就近原则

移动计算比移动数据成本低，即在数据附近执行程序要比将数据转移到程序所在目标位置后再执行程序效率高，可大大降低系统 I/O。

5. 移植性高

HDFS 采用 Java 语言开发，因此任何支持 Java 的机器都可以部署 NameNode 或 DataNode。由于采用了移植性高的 Java 语言，HDFS 可以部署到多种类型的机器上。

3.2.2 HDFS 基本构成

HDFS 采用 Master-Slave（主-从）架构存储数据，该架构主要由四部分组成，分别为 HDFS Client、NameNode、DataNode 和 SecondaryNameNode，如图 3-23 所示。

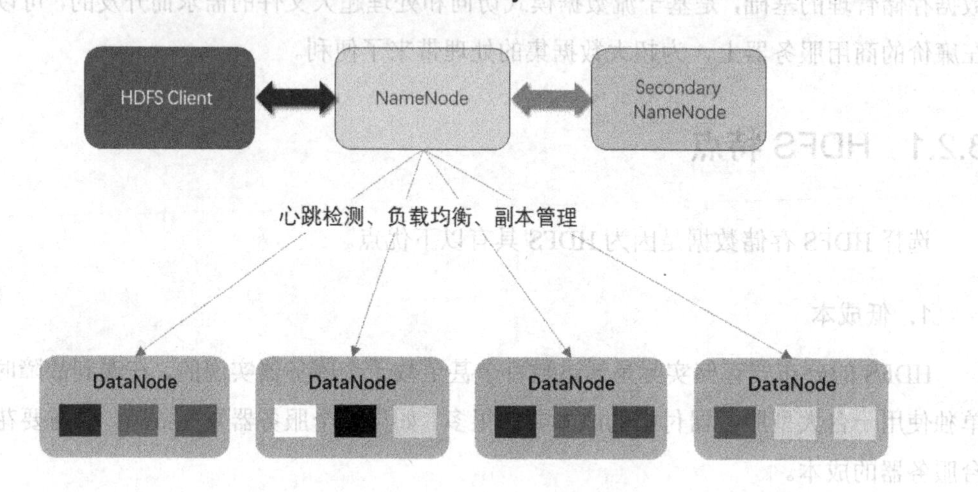

图 3-23 Master-Slave 架构

下面分别对这四个组成部分进行介绍。

1. HDFS Client

HDFS Client 即客户端，其功能如下：

- 文件切分。文件在上传至 HDFS 时，HDFS Client 将文件切分成多个数据块（Block），然后进行存储。
- 与 NameNode 交互，获取文件的位置信息。
- 与 DataNode 交互，读取或者写入数据。
- 提供一些命令来管理 HDFS，如启动或者关闭 HDFS。
- 通过一些命令来访问 HDFS。

2. NameNode

NameNode 是一个管理者，其功能如下：

- 管理 HDFS 的名称空间。
- 管理 Block 映射信息。
- 配置副本策略。
- 处理 HDFS Client 发出的读写请求。

3. DataNode

NameNode 下达命令，DataNode 执行实际的操作。DataNode 的功能如下：

- 存储 Block。
- 执行 Block 的读/写操作。

4. SecondaryNameNode

SecondaryNameNode 并非 NameNode 的热备，当 NameNode 出现故障时，它并不能马上替换 NameNode 并提供服务。SecondaryNameNode 的功能如下：

- 辅助 NameNode，分担其工作量。
- 定期合并 FsImage 和 FsEdits，并推送给 NameNode。
- 在紧急情况下，可辅助恢复 NameNode。

3.2.3 HDFS 使用原理

要使用 HDFS 首先要执行 NameNode 格式化操作：

```
hdfs namenode -format
```

接着启动 NameNode 和 DataNode 守护进程。

```
./sbin/start-dfs.sh
```

NameNode 在启动后会进入安全模式状态。处于安全模式的 NameNode 是不会进行 Block 复制的。NameNode 接收所有的 DataNode 心跳信号和块状态报告。块状态报告包括某个 DataNode 的所有 Block 列表。每个 Block 都有一个指定的最小副本数。如果 NameNode 检测到某个 Block 的副本数达到这个最小值，那么该 Block 就会被认为是副本安全的。当一定百分比（可配置）的 Block 经 NameNode 检测确认是安全的后，NameNode 将退出安全模式。接下来 NameNode 会确定还有哪些 Block 的副本没有达到指定数目，并将这些 Block 复制到其他 DataNode 上。

NameNode 上保存着 HDFS 的名称空间。对于任何对文件系统元数据产生修改的操作，NameNode 都会使用一种名为 Edit 日志的事务日志记录下来。例如，当在 HDFS 中创建一个文件时，NameNode 就会在 Edit 日志中插入一条记录来记录该事件。NameNode 将 Edit 日志存储在本地操作系统的文件系统中。整个文件系统的名称空间包括 Block 到文件的映射、文件的属性等，都存储在一个名为 FsImage 的文件中，该文件存放在 NameNode 所在的本地文件系统上。NameNode 在启动时从硬盘中读取 Edit 日志和 FsImage，将所有 Edit 日志中的事务作用在内存中的 FsImage 上，并将这个新版本的 FsImage 保存到本地磁盘上，然后删除旧的 Edit 日志。

DataNode 将 HDFS Block 以文件的形式存储在本地文件系统中，它并不知道有关 HDFS Block 的信息。它把每个 HDFS Block 存储在本地文件系统的一个单独的文件中。DataNode 在启动时会扫描本地文件系统，并生成一个本地文件对应的所有 HDFS Block 的列表，然后将该列表作为报告发送到 NameNode，这个报告就是块状态报告。

HDFS 的架构支持数据均衡策略，如果某个 DataNode 上的空闲空间低于特定的临界点，按照均衡策略，系统将自动地将数据从这个 DataNode 移动到其他空闲的 DataNode 上。从某个 DataNode 获取的 Block 有可能是损坏的，该损坏可能是由 DataNode 存储设备错误、网络错误或者软件 bug 造成的。HDFS 客户端软件实现了对 HDFS 文件内容的校验和检查。客户端在创建一个新的 HDFS 文件时，会计算这个文件每个 Block 的校验和，并将校验和作为一个单独的隐藏文件保存在同一个 HDFS 名称空间下。客户端在获取文件内容后，会检验从 DataNode 获取的 Block 和相应的校验和文件中的校验和是否匹配，如果不匹配，客户端可以选择从其他 DataNode 获取该 Block 的副本。

客户端在向 HDFS 文件写入数据时，一开始是写到本地临时文件中的。假设将该文件的副本系数设置为 3，当本地临时文件累积到一个 Block 的大小时，客户端会从 NameNode 获取一个 DataNode 列表用于存放副本。然后客户端开始向第一个 DataNode 传输数据，第一个 DataNode 一小部分一小部分（4 KB）地接收数据，并将每一部分数据写入本地仓库，同时将该部分数据传输到列表中的第二个 DataNode 上。第二个 DataNode 也是一小部分一小部分地接收数据，并将其写入本地仓库，同时传给列表中的第三个 DataNode。依次类推，DataNode 流水线式地从前一个 DataNode 接收数据，并转发给下一个节点。因此数据以流水线的方式从前一个 DataNode 被复制到下一个 DataNode。

3.2.4 HDFS 权限管理

与 POSIX 的权限模式非常相似，针对文件和目录 HDFS 权限模式一共有三类：只读权限（r）、写入权限（w）和可执行权限（x）。读取文件或列出目录内容需要只读权限；写入一个文件或者在一个目录上新建及删除文件或目录需要写入权限；对于文件而言，可执行权限可以忽略，因为不能在 HDFS 中执行文件（这与 POSIX 不同），但在访问一个目录的子目录时需要该权限。

每个文件和目录都有所属用户（Owner）、所属组（Group）及模式（Mode）。其中，模式是由所属用户的权限、组内成员的权限及其他用户的权限组成的。

在默认情况下，Hadoop 在运行时安全设施处于停用模式，这意味着客户端身份是没有经过认证的。由于客户端是远程的，一个客户端可以通过在远程系统上创建一个与合法用户同名的账号来进行访问。当然，如果安全设施处于启用模式，这些都是不能实现的。无论怎样，为防止用户或自动工具及程序意外修改或删除文件系统的重要部分，启用权限控制是很重要的。

启用权限控制后，就会对所属用户权限进行检查，以确认客户端的用户名与所属用户是否匹配，另外也将检查所属组权限，以确认该客户端是否属于该文件或目录的所属组，若不是，则检查其他权限。

3.3　MapReduce Job 开发、运行与管理

MapReduce 是一个分布式计算程序的编程框架，是用户开发“基于 Hadoop 的数据分析应用”的核心框架。

3.3.1　为什么需要 MapReduce

假设要计算较多较大文件的单词个数，在单机模式下机器的内存、运算能力都受限，而将单机版程序扩展到集群分布式运行，将极大地增加程序的复杂度和开发难度，因此这个工作可能无法完成。针对这种情况 MapReduce 能起到什么作用呢？引入 MapReduce 后，开发人员可以将绝大部分工作集中在业务逻辑的开发上，而将分布式计算中的复杂的工作交由 MapReduce 执行。

在单机版程序扩展到集群分布式运行时，会引入大量的复杂工作。为了提高开发效率，可以将分布式计算程序中的公共功能封装成框架，MapReduce 就是这样一个分布式计算程序的通用框架。

3.3.2　MapReduce 1.X 和 MapReduce 2.X

随着 Hadoop 的演化，MapReduce 也分为 1.X 和 2.X 版本。MapReduce 2.X 是针对 MapReduce 1.X 在扩展性和多框架支持等方面的不足提出来的，下面详细介绍这两个版本。

1. MapReduce 1.X

MapReduce 1.X 作业执行步骤如图 3-24 所示。

MapReduce 1.X 的作业执行可分为如下 6 步。

（1）作业的提交。

- 客户端向 JobTracker 请求一个新的作业 ID，并通过 JobTracker 的 getNewJobId()方法获取（见第 2 步）。
- 计算作业的输入分片，将运行作业所需要的资源（包括 jar 文件、配置文件和计算得到的输入分片）复制到一个以 ID 命名的 JobTracker 的文件系统中（HDFS）（见第 3 步）。
- 告知 JobTracker 作业准备执行（见第 4 步）。

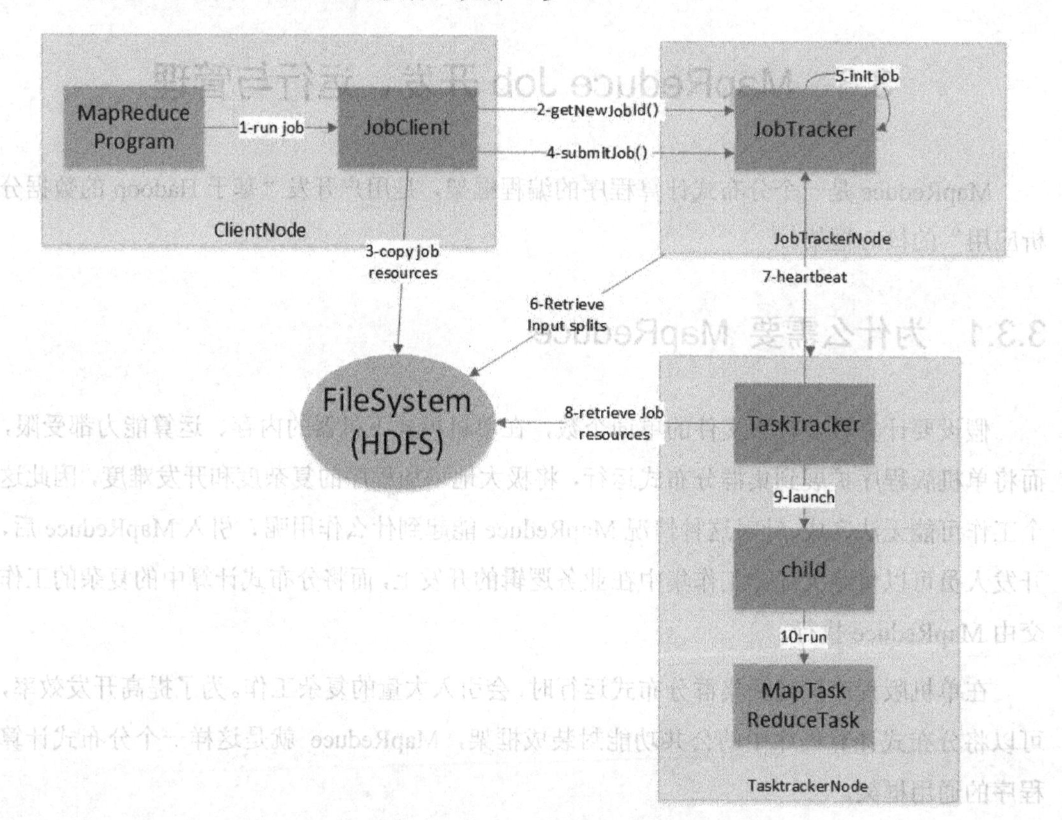

图 3-24 MapReduce 1.X 作业执行步骤

（2）作业的初始化。

- JobTracker 收到对 submitJob()方法的调用后，会把此调用放入一个内部队列中，交由作业调度器进行调度，并对其进行初始化（见第 5 步）。
- 作业调度器先从 HDFS 中获取客户端已经计算好的输入分片（见第 6 步）。
- 为每个分片创建一个 Map 任务和 Reduce 任务，以及作业创建和作业清理任务。

（3）任务的分配。

- TaskTracker 定期向 JobTracker 发送心跳（见第 7 步）。
- JobTracker 为 TaskTracker 分配任务，对于 Map 任务，JobTracker 会考虑 TaskTracker 的网络位置，选取一个距离其输入分片文件最近的 TaskTracker；对于 Reduce 任务，JobTracker 会从 Reduce 任务列表中选取下一个任务来执行。

（4）任务的执行。

- 从 HDFS 中把作业的 jar 文件复制到 TaskTracker 所在的文件系统，实现 jar 文件本地化，同时，TaskTracker 将应用程序所需的全部文件从分布式缓存中复制到本地磁盘中（见第 8 步）。TaskTracker 为任务新建一个本地工作目录，并把 jar 文件的内容解压到该目录下，然后新建一个 TaskRunner 运行该任务。
- TaskRunner 启动一个新的 JVM（见第 9 步）来运行每个任务（见第 10 步）。

（5）进度和状态的更新。

- 任务运行期间，对其进度（Progress）保持追踪。Map 任务进度即已经处理输入所占的比例；Reduce 任务分三部分，与 Shuffle 的三个阶段相对应。

Shuffle 是系统执行排序的过程，是 MapReduce 的心脏。

对于 Map 端而言，每个 Map 任务都有一个环形内存缓存区，默认阈值为 0.8。当缓存区达到阈值时，便开始把内容溢出（spill）到磁盘，在写入磁盘前，线程会根据数据最终要传的 Reducer 把数据划分成相应的分区。每个分区中的数据按 key-value 进行内排序，如果有 Combine（使结果更紧凑），会在 Combine 完成之后再写入磁盘。

对于 Reducer 端而言，Map 任务的输出文件位于 TaskTracker 的本地磁盘，每个 Map 任务完成的时间可能不同，只要有一个 Map 任务完成，就会复制其输出（这就是复制阶段），再把各 Map 任务的输出进行合并，然后直接把数据输入 Reduce 函数，完成输出。

（6）结束运行。

由图 3-24 可以看出，MapReduce 1.X 架构简单明了，在最初推出的几年也有许多成功案例，获得了业界广泛肯定和支持。随着分布式系统集群规模的扩大和其工作负荷的增长，MapReduce 1.X 的问题逐渐显露，主要的问题如下：

- JobTracker 是 MapReduce 的集中处理点，存在单点故障。
- JobTracker 完成的任务太多，资源消耗过多，当 Map 作业及 Reduce 作业非常多的时候，会造成很大的内存开销，也增加了 JobTracker 故障的风险。这也是业界普遍认同的 MapReduce 1.X 只能支持 4000 节点主机上限的原因。

- 在 TaskTracker 端，将 Map 任务、Reduce 任务的数目作为资源的表示过于简单，没有考虑 CPU/内存的占用情况，如果两个大内存消耗的任务被调度到了一块，很容易出现内存溢出。
- 在 TaskTracker 端，把资源强制划分为 Map Task slot 和 Reduce Task slot，如果系统中只有 Map Task 或者只有 Reduce Task，那么将造成资源浪费，也就是前面提过的集群资源利用的问题。
- 进行源代码层面的分析会发现代码非常难读，一个类（class）常常因为做了太多事情，代码量达 3000 多行，因此类的任务不清晰，加大了 bug 修复和版本维护的难度。
- 从操作的角度来看，MapReduce 1.X 在有任何重要的或者不重要的变化（如 bug 修复、性能提升和特性化）时，都会强制进行系统级别的升级更新。更糟的是，它不管用户的喜好，强制让分布式集群系统的每个用户端同时更新。因此用户需花费大量时间验证之前的应用程序是否适用新的 Hadoop 版本。

2. MapReduce 2.X（YARN）

MapReduce 2.X 作业执行步骤如图 3-25 所示。

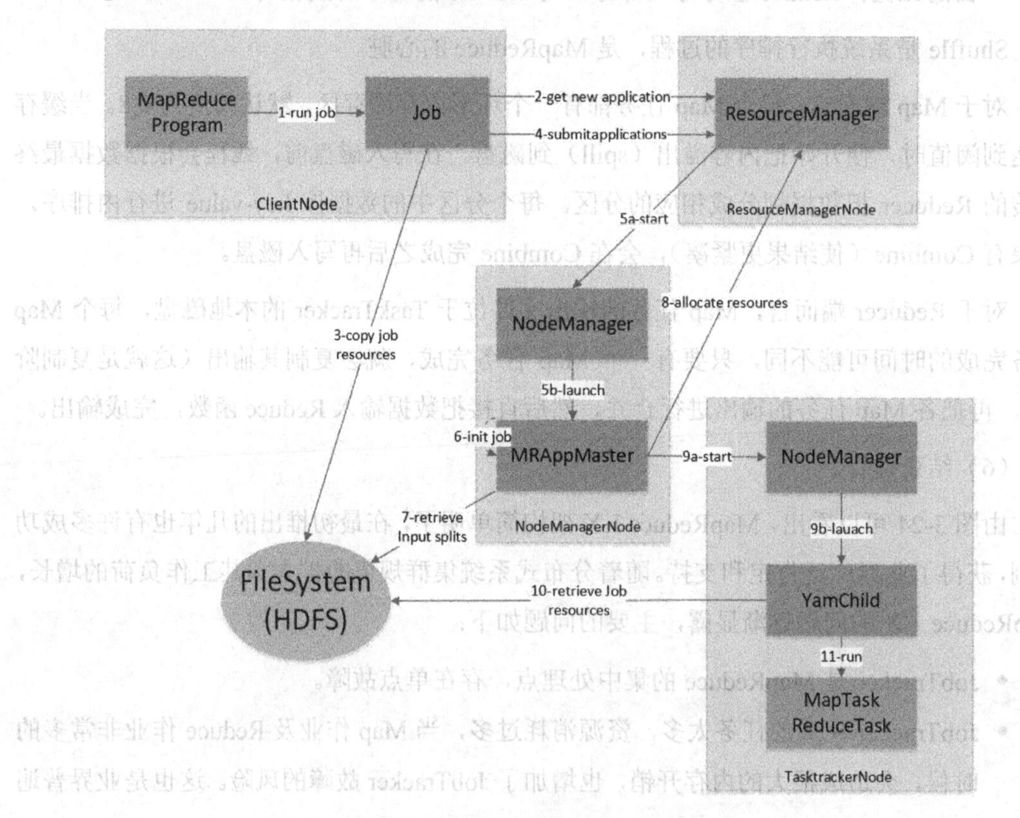

图 3-25 MapReduce 2.X 作业执行步骤

MapReduce 2.X 的作业执行步骤可分为如下 6 步。

（1）作业提交。

- 客户端向 ResourceManager 请求一个新的作业 ID，ResourceManager 收到请求后，回应一个 ApplicationID（见第 2 步）。
- 计算作业的输入分片，将运行作业所需资源（包括 jar 文件、配置文件和计算得到的输入分片）复制到 HDFS 上（见第 3 步）。
- 告知 ResourceManager 作业准备执行，并且调用 submitapplications()方法提交作业（见第 4 步）。

（2）作业初始化。

- ResourceManager 收到对其 submitapplications()方法的调用后，会把此调用放入一个内部队列中，交由作业调度器进行调度，并对其初始化，然后为其分配一个容器（Container），并与对应的 NodcManager 通信（见第 5a 步），要求它在 Container 中启动 ApplicationMaster（见第 5b 步）。
- ApplicationMaster 启动后会对作业进行初始化，并保持作业的追踪（见第 6 步）。
- ApplicationMaster 从 HDFS 中共享资源，接收客户端计算的输入分片并为每个分片创建一个 Map 任务（见第 7 步）。

（3）任务分配。

- ApplicationMaster 向 ResourceManager 注册，以直接通过 ResourceManager 查看应用的运行状态，然后为所有 Map 任务和 Reduce 任务申请资源（见第 8 步）。

（4）任务执行。

- ApplicationMaster 申请到资源后，与 NodeManager 进行交互，要求它在 Container 中启动执行任务（见第 9 步）。

（5）进度和状态的更新。

- 各个 Container 通过某个 RPC 协议向 ApplicationMaster 汇报自己的状态和进度，以便 ApplicationMaster 随时掌握各个任务的运行状态。用户可以通过 RPC 向 ApplicationMaster 查询应用程序当前运行状态。

（6）作业完成。

- 作业完成后，ApplicationMaster 向 ResourceManager 注销并关闭自己。

3．MapReduce 1.X 与 MapReduce 2.X 对比

对 MapReduce 1.X 与 MapReduce 2.X 进行详细的分析和对比，可以看到二者有以下几点显著变化。

首先客户端不变，其调用 API 及接口大部分保持兼容，这是为了对开发人员透明化，使其不必对原有代码进行大的改变，但是 MapReduce 1.X 核心的 JobTracker 和 TaskTracker 不见了，取而代之的是 ResourceManager、ApplicationMaster 与 NodeManager。

我们来详细解释这三部分。

ResourceManager 负责调度、启动每个任务所属的 ApplicationMaster 及监控 ApplicationMaster。细心的读者会发现，Job 里面所在的任务监控、重启等内容不见了，这就是 ApplicationMaster 存在的原因。ResourceManager 负责作业与资源的调度，接收 JobSubmitter 提交的作业，按照作业的上下文（Context）信息，以及从 NodeManager 收集的状态信息，启动调度过程，分配一个 Container 作为 MRAppMaster。

NodeManager 功能比较专一，负责 Container 状态的维护，并保持向 ResourceManager 发送心跳。

ApplicationMaster 负责一个任务生命周期内的所有工作，类似于 MapReduce 1.X 中的 JobTracker。注意每一个任务（不是每一种）都有一个 ApplicationMaster，它可以运行在除 ResourceManager 之外的机器上。

MapReduce 2.X 相对于 MapReduce 1.X 具有什么优势呢？

MapReduce 2.X 大大减小了 JobTracker（也就是 ResourceManager）的资源消耗，并且让监测每一个子任务状态的程序分布式化了，更安全。

在 MapReduce 2.X 中，ApplicationMaster 是一个可变更的部分，用户可以针对不同的编程模型编写自己的 ApplicationMaster，让更多类型的编程模型能够运行在 Hadoop 集群中（可以参考 Hadoop MapReduce 2.X 官方配置模板中的 mapred-site.xml 配置）。

MapReduce 2.X 对于资源的表示以内存为单位（MapReduce 2.X 没有考虑 CPU 的占用）更合理。

在 MapReduce 1.X 中，监控子任务的运行状况是 JobTracker 的一个负担，MapReduce 2.X 将这部分工作交给 MRAppMaster 执行，ResourceManager 中有一个模块叫作 ApplicationsMasters（注意不是 ApplicationMaster），该模块用于监测 MRAppMaster 的运行状况，如果有问题，将会在其他机器上重启 MRAppMaster。

Container 是 MapReduce 2.X 为了将来进行资源隔离提出的一个框架，目前只提供 Java

虚拟机内存的隔离，Hadoop 团队的设计思路是后续能支持更多的资源调度和控制，既然用内存表示资源量，那么将不会存在 MapTask slot 与 ReduceTask slot 分开造成的集群资源闲置的情况。

3.3.3 MapReduce 开发

先通过官方提供的找词示例来熟悉 MapReduce 程序编写。

以下为源码：

```
package org.apache.hadoop.examples;
import java.io.IOException;
import java.util.StringTokenizer;
import org.apache.hadoop.conf.Configuration;
import org.apache.hadoop.fs.Path;
import org.apache.hadoop.io.IntWritable;
import org.apache.hadoop.io.Text;
import org.apache.hadoop.mapreduce.Job;
import org.apache.hadoop.mapreduce.Mapper;
import org.apache.hadoop.mapreduce.Reducer;
import org.apache.hadoop.mapreduce.lib.input.FileInputFormat;
import org.apache.hadoop.mapreduce.lib.output.FileOutputFormat;
import org.apache.hadoop.util.GenericOptionsParser;

public class WordCount {
  public static class TokenizerMapper
       extends Mapper<Object, Text, Text, IntWritable>{

    private final static IntWritable one = new IntWritable(1);
    private Text word = new Text();

    public void map(Object key, Text value, Context context
                    ) throws IOException, InterruptedException {
      StringTokenizer itr = new StringTokenizer(value.toString());
      while (itr.hasMoreTokens()) {
        word.set(itr.nextToken());
        context.write(word, one);
      }
    }
  }

  public static class IntSumReducer
```

```
    extends Reducer<Text,IntWritable,Text,IntWritable> {
  private IntWritable result = new IntWritable();

  public void reduce(Text key, Iterable<IntWritable> values,
                     Context context
                     ) throws IOException, InterruptedException {
    int sum = 0;
    for (IntWritable val : values) {
      sum += val.get();
    }
    result.set(sum);
    context.write(key, result);
  }
}

public static void main(String[] args) throws Exception {
  Configuration conf = new Configuration();
  String[] otherArgs = new GenericOptionsParser(conf, args).getRemainingArgs();
  if (otherArgs.length < 2) {
    System.err.println("Usage: wordcount <in> [<in>...] <out>");
    System.exit(2);
  }
  Job job = Job.getInstance(conf, "word count");
  job.setJarByClass(WordCount.class);
  job.setMapperClass(TokenizerMapper.class);
  job.setCombinerClass(IntSumReducer.class);
  job.setReducerClass(IntSumReducer.class);
  job.setOutputKeyClass(Text.class);
  job.setOutputValueClass(IntWritable.class);
  for (int i = 0; i < otherArgs.length - 1; ++i) {
    FileInputFormat.addInputPath(job, new Path(otherArgs[i]));
  }
  FileOutputFormat.setOutputPath(job,
    new Path(otherArgs[otherArgs.length - 1]));
  System.exit(job.waitForCompletion(true) ? 0 : 1);
 }
}
```

查看源码，可以得出如下几点结论：

- 该程序中的 main 方法，用于启动任务的运行，其中任务对象存储了该程序运行的必要信息，如指定 Mapper 类和 Reducer 类。

```
job.setMapperClass(TokenizerMapper.class);
```

```
job.setReducerClass(IntSumReducer.class);
```

- 该程序中的 TokenizerMapper 类继承了 Mapper 类。
- 该程序中的 IntSumReducer 类继承了 Reducer 类。

总结：MapReduce 程序的业务编码分为两大部分：一部分配置程序的运行信息；另一部分编写该 MapReduce 程序的业务逻辑，并且业务逻辑的 Map 阶段和 Reduce 阶段的代码分别继承 Mapper 类和 Reducer 类。

按照上文编码规范，编写的 WordCount 程序主体结构如图 3-26 所示。

```
public class WordCount {

    public static void main(String[] args) throws Exception {
        Job job = Job.getInstance();
        job.setMapperClass(WCMapper.class);
        job.setReducerClass(WCReducer.class);
        job.submit();
    }
    private static class WCMapper extends Mapper<LongWritable, Text, Text, LongWritable>{
        @Override
        protected void map(LongWritable key, Text value,
                Mapper<LongWritable, Text, Text, LongWritable>.Context context)
                throws IOException, InterruptedException {
            // 在此写 MapTask 的业务代码
        }
    }
    private static class WCReducer extends Reducer<Text, LongWritable, Text, LongWritable>{
        @Override
        protected void reduce(Text arg0, Iterable<LongWritable> arg1,
                Reducer<Text, LongWritable, Text, LongWritable>.Context arg2)
                throws IOException, InterruptedException {
            // 在此写 ReduceTask 的业务代码
        }
    }
}
```

MapReduce的主入口，用Job来管理该程序

WordCount的MapTask业务代码

WordCount的ReduceTask业务代码

图 3-26 代码示例

图 3-26 所示程序分成三部分：Mapper、Reducer、Driver（提交运行 MapReduce 程序的客户端）。

（2）Mapper 的输入数据是 key-value 形式（key-value 的类型可自定义）。

（3）Mapper 的输出数据是 key-value 形式（key-value 的类型可自定义）。

（4）Mapper 中的业务逻辑写在 map()方法中。

（5）map()方法（MapTask 进程）对每一个<K,V>调用一次。

（6）Reducer 的输入数据类型对应 Mapper 的输出数据类型，也是 key-value 形式。

（7）Reducer 的业务逻辑写在 reduce()方法中。

（8）ReduceTask 进程对每一组相同 key 的<K,V>调用一次 reduce()方法。

（9）用户自定义的 Mapper 类和 Reducer 类都要继承各自的父类。

（10）整个程序需要一个 Driver 来进行提交，提交的是一个描述了各种必要信息的 Job 对象。

WordCount 的业务逻辑如下：

- MapTask 阶段处理每个数据分块的单词统计分析，思路是每遇到一个单词就把其转换成 一个 key-value，如将单词 hello，转换成<'hello',1>发送给 ReduceTask 汇总。
- ReduceTask 阶段将接收 MapTask 的结果进行汇总计数。

3.3.4 MapReduce 运行与管理

Hadoop 有一个本地作业运行器（Job Runner），其在 MapReduce 执行引擎运行单个 JVM 上的 MapReduce 作业，是为测试而设计的。在 IDE 中可以使用本地作业运行器单步运行 Mapper 和 Reducer 代码，非常方便。若 mapreduce.framework.name 被设置为 local，则使用本地作业运行器。本地作业运行器使用单个 JVM 运行一个作业，只要该作业需要的所有类都在类路径（classpath）上，那么就可以正常执行。

在分布式的环境中，情况稍微复杂一些。开始的时候作业的类必须打包成一个 jar 文件并发送给集群，Hadoop 通过搜索驱动程序的类路径自动找到该 jar 文件。如果想通过文件路径设置一个指定的 jar 文件，那么可以使用 setJar()方法实现。jar 文件路径可以是本地路径，也可以是一个 HDFS 文件路径。

若每个 jar 文件都有一个作业，则可以在 jar 文件的 manifest 中指定要运行的主类。若主类不在 manifest 中，则必须在命令行指定。任何有依赖关系的 jar 文件都应该打包到作业的 jar 文件的子目录中。类似地，资源文件也可以打包到 classes 子目录中。这与 Java Web application archive 或 war 文件类似，只不过 jar 文件放在 war 文件的 WEB-INF/lib 子录下，而资源文件放在 war 文件的 WEB-INF/classes 子目录下。

上述例子中的代码比较简单，将写好的代码打包为一个 jar 文件，并命名为 hadoop-examples.jar：

```
./bin/hadoop jar ./hadoop-examples.jar grep ./input ./output 'dfs[a-z.]+'
```

上述代码运行结果如下：

```
18/12/27 17:01:28 INFO client.RMProxy: Connecting to ResourceManager at
/0.0.0.0:8032
18/12/27 17:01:29 INFO input.FileInputFormat: Total input files to process : 8
18/12/27 17:01:30 INFO mapreduce.JobSubmitter: number of splits:8
18/12/27 17:01:30 INFO Configuration.deprecation: yarn.resourcemanager.system-
metrics-publisher.enabled is deprecated. Instead, use yarn.system-metrics-
publisher.enabled
18/12/27 17:01:30 INFO mapreduce.JobSubmitter: Submitting tokens for job:
job_1545620577503_0006
```

```
18/12/27 17:01:31 INFO impl.YarnClientImpl: Submitted application application_1545620577503_0006
18/12/27 17:01:31 INFO mapreduce.Job: The url to track the job: http://hadoop:8088/proxy/application_1545620577503_0006/
18/12/27 17:01:31 INFO mapreduce.Job: Running job: job_1545620577503_0006
18/12/27 17:01:36 INFO mapreduce.Job: Job job_1545620577503_0006 running in uber mode : false
18/12/27 17:01:36 INFO mapreduce.Job:  map 0% reduce 0%
18/12/27 17:01:49 INFO mapreduce.Job:  map 13% reduce 0%
18/12/27 17:01:51 INFO mapreduce.Job:  map 75% reduce 0%
18/12/27 17:01:56 INFO mapreduce.Job:  map 100% reduce 0%
18/12/27 17:01:58 INFO mapreduce.Job:  map 100% reduce 100%
18/12/27 17:01:58 INFO mapreduce.Job: Job job_1545620577503_0006 completed successfully
18/12/27 17:01:58 INFO mapreduce.Job: Counters: 50
	File System Counters
		FILE: Number of bytes read=115
		FILE: Number of bytes written=1789804
		FILE: Number of read operations=0
		FILE: Number of large read operations=0
		FILE: Number of write operations=0
		HDFS: Number of bytes read=32005
		HDFS: Number of bytes written=219
		HDFS: Number of read operations=27
		HDFS: Number of large read operations=0
		HDFS: Number of write operations=2
	Job Counters
		Killed map tasks=1
		Launched map tasks=8
		Launched reduce tasks=1
		Data-local map tasks=8
		Total time spent by all maps in occupied slots (ms)=76499
		Total time spent by all reduces in occupied slots (ms)=3950
		Total time spent by all map tasks (ms)=76499
		Total time spent by all reduce tasks (ms)=3950
		Total vcore-milliseconds taken by all map tasks=76499
		Total vcore-milliseconds taken by all reduce tasks=3950
		Total megabyte-milliseconds taken by all map tasks=78334976
		Total megabyte-milliseconds taken by all reduce tasks=4044800
	Map-Reduce Framework
		Map input records=860
		Map output records=4
```

```
            Map output bytes=101
            Map output materialized bytes=157
            Input split bytes=957
            Combine input records=4
            Combine output records=4
            Reduce input groups=4
            Reduce shuffle bytes=157
            Reduce input records=4
            Reduce output records=4
            Spilled Records=8
            Shuffled Maps =8
            Failed Shuffles=0
            Merged Map outputs=8
            GC time elapsed (ms)=3116
            CPU time spent (ms)=4350
            Physical memory (bytes) snapshot=2535448576
            Virtual memory (bytes) snapshot=19081236480
            Total committed heap usage (bytes)=1675624448
      Shuffle Errors
            BAD_ID=0
            CONNECTION=0
            IO_ERROR=0
            WRONG_LENGTH=0
            WRONG_MAP=0
            WRONG_REDUCE=0
      File Input Format Counters
            Bytes Read=31048
      File Output Format Counters
            Bytes Written=219
18/12/27 17:01:58 INFO client.RMProxy: Connecting to ResourceManager at
/0.0.0.0:8032
18/12/27 17:01:58 INFO input.FileInputFormat: Total input files to process : 1
18/12/27 17:01:58 INFO mapreduce.JobSubmitter: number of splits:1
18/12/27 17:01:59 INFO mapreduce.JobSubmitter: Submitting tokens for job:
job_1545620577503_0007
18/12/27 17:01:59 INFO impl.YarnClientImpl: Submitted application
application_1545620577503_0007
18/12/27 17:01:59 INFO mapreduce.Job: The url to track the job:
http://hadoop:8088/proxy/application_1545620577503_0007/
18/12/27 17:01:59 INFO mapreduce.Job: Running job: job_1545620577503_0007
18/12/27 17:02:09 INFO mapreduce.Job: Job job_1545620577503_0007 running in uber
mode : false
```

```
18/12/27 17:02:09 INFO mapreduce.Job:  map 0% reduce 0%
18/12/27 17:02:13 INFO mapreduce.Job:  map 100% reduce 0%
18/12/27 17:02:18 INFO mapreduce.Job:  map 100% reduce 100%
18/12/27 17:02:19 INFO mapreduce.Job: Job job_1545620577503_0007 completed
successfully
18/12/27 17:02:19 INFO mapreduce.Job: Counters: 49
	File System Counters
		FILE: Number of bytes read=115
		FILE: Number of bytes written=396671
		FILE: Number of read operations=0
		FILE: Number of large read operations=0
		FILE: Number of write operations=0
		HDFS: Number of bytes read=350
		HDFS: Number of bytes written=77
		HDFS: Number of read operations=7
		HDFS: Number of large read operations=0
		HDFS: Number of write operations=2
	Job Counters
		Launched map tasks=1
		Launched reduce tasks=1
		Data-local map tasks=1
		Total time spent by all maps in occupied slots (ms)=1980
		Total time spent by all reduces in occupied slots (ms)=2081
		Total time spent by all map tasks (ms)=1980
		Total time spent by all reduce tasks (ms)=2081
		Total vcore-milliseconds taken by all map tasks=1980
		Total vcore-milliseconds taken by all reduce tasks=2081
		Total megabyte-milliseconds taken by all map tasks=2027520
		Total megabyte-milliseconds taken by all reduce tasks=2130944
	Map-Reduce Framework
		Map input records=4
		Map output records=4
		Map output bytes=101
		Map output materialized bytes=115
		Input split bytes=131
		Combine input records=0
		Combine output records=0
		Reduce input groups=1
		Reduce shuffle bytes=115
		Reduce input records=4
		Reduce output records=4
		Spilled Records=8
```

```
        Shuffled Maps =1
        Failed Shuffles=0
        Merged Map outputs=1
        GC time elapsed (ms)=126
        CPU time spent (ms)=990
        Physical memory (bytes) snapshot=470315008
        Virtual memory (bytes) snapshot=4237033472
        Total committed heap usage (bytes)=292028416
    Shuffle Errors
        BAD_ID=0
        CONNECTION=0
        IO_ERROR=0
        WRONG_LENGTH=0
        WRONG_MAP=0
        WRONG_REDUCE=0
    File Input Format Counters
        Bytes Read=219
    File Output Format Counters
        Bytes Written=77
```

上文对 MapReduce 的编程流程做了一个简单的介绍，总结要点如下：

- 将代码打包成 jar 文件上传到 Linux 服务器。
- 用 hadoop jar 命令提交代码到 YARN 集群运行。
- 运行代码处理数据，并将结果输出到 HDFS。

3.4 YARN 管理

有了之前的介绍，相信大家对 YARN 已经很熟悉了，下面就来详细介绍 YARN。YARN 全称为 Yet Another Resource Negotiator，是 Hadoop 的集群资源管理系统。最初将 YARN 引入 Hadoop 2 是为了改善 MapReduce 的实现，但 YARN 具有足够的通用性，还可以支持其他分布式计算模式。

3.4.1 YARN 简介

在介绍 YARN 之前，回顾一下 Hadoop 1.X 对 MapReduce 作业的调度管理方式：Hadoop 1.X 通过 JobTracker 和 TaskTracker 进程进行资源的管理和任务调度监控，其系统架构如

图 3-27 所示。其中，JobTracker 负责调度整个系统中运行在 TaskTracker 上的子任务。TaskTracker 运行子任务并将运行状态发送给 JobTracker。一旦某个子任务失败，JobTracker 将把子任务分配给其他 TaskTracker。JobTracker 兼顾任务调度及运行状态监控工作。由于 JobTracker 起着全局调度的作用，因此 JobTracker 故障是所有 Hadoop 故障中最严重的一种。另外，JobTracker 是一个单点故障，Hadoop 1.X 中并没有处理 JobTracker 失败的机制。

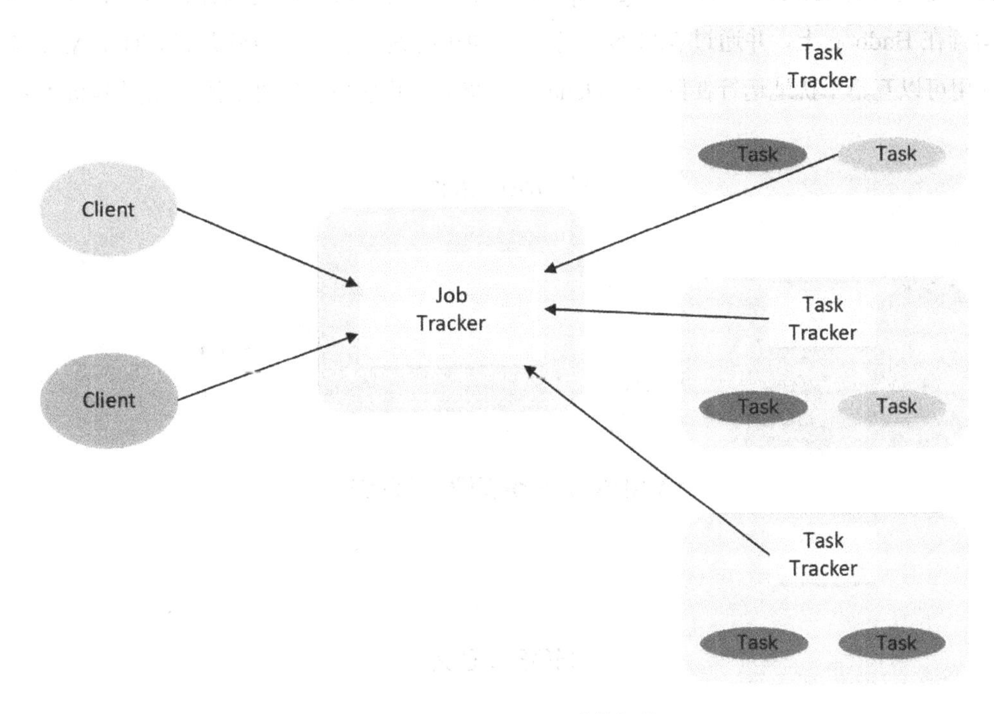

图 3-27　Hadoop 1.X 系统架构

到了 Hadoop 2.X，也就是 YARN，JobTracker 的两大功能被分开，也就是分别用两个进程来管理如下两个任务：

- ResourceManager
- ApplicationMaster

与 Hadoop 1.X 对比，Hadoop 2.X 概念方面的变化如下。

MapReduce	YARN
JobTracker	ResourceManager、ApplicationMaster、Timeline Server
TaskTracker	NodeManager
slot	Container

需要注意的是，在 YARN 中我们把 Job（作业）的概念换成了 Application（应用），因为在 Hadoop 2.X 中，运行的应用不只是 MapReduce，还有可能是其他应用，如 DAG（Directed Acyclic Graph，有向无环图）、Storm 应用。

YARN 还有一个目标就是拓展 Hadoop，使得它不仅仅可以支持 MapReduce 计算，还能很方便地管理 Hive、HBase、Pig、Spark 等应用。这种新的架构设计使得各种类型的应用运行在 Hadoop 上，并通过 YARN 从系统层面进行统一管理，也就是说，有了 YARN 各种应用可以互不干扰地运行在同一个 Hadoop 系统中，共享整个集群资源，如图 3-28 所示。

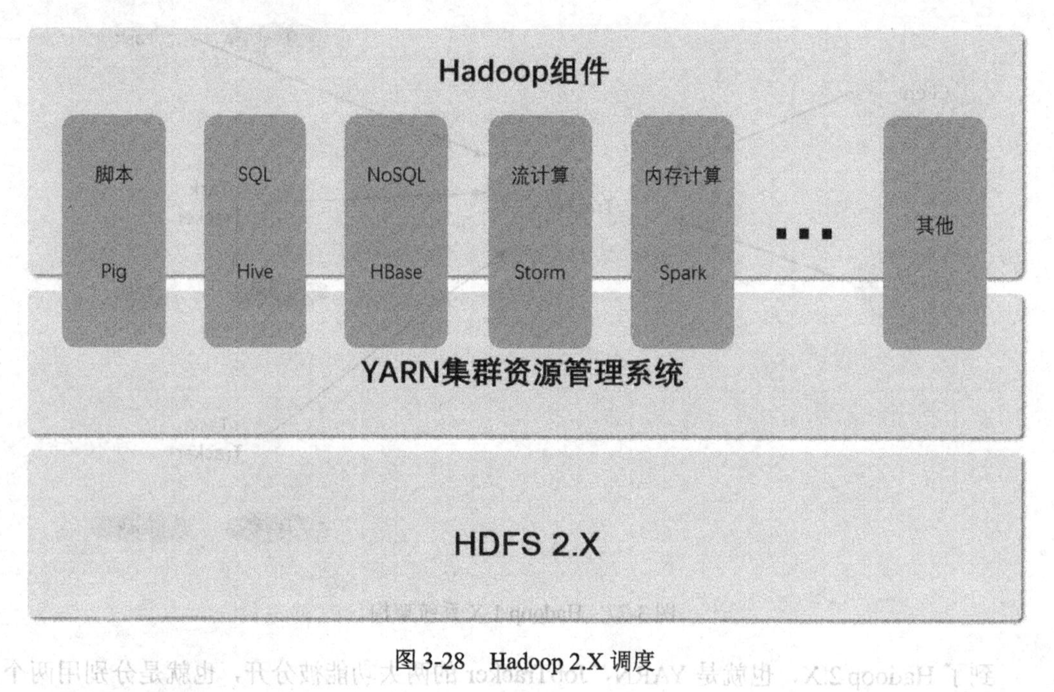

图 3-28　Hadoop 2.X 调度

3.4.2　主要组件

YARN 主要包括以下四个组件。

（1）ResourceManager：Global（全局）的进程。

（2）NodeManager：运行在每个节点上的进程。

（3）ApplicationMaster：application-specific（应用级别）的进程。

（4）Container。

下面分别介绍这四个组件。

3.4.3 ResourceManager 组件

ResourceManager 主要有两个组件：Scheduler 和 ApplicationManager。

Scheduler 是一个资源调度器，主要负责协调集群中各个应用的资源分配，保障整个集群的运行效率。Scheduler 只负责调度 Container，不关心应用程序监控及其运行状态等信息，它不能重启因应用故障或者硬件错误而运行失败的任务。

Scheduler 是一个可插拔的插件，可以调度集群中的各种队列、应用等。在 Hadoop 的 MapReduce 中主要有两种 Scheduler：Capacity Scheduler 和 Fair Scheduler。

ApplicationManager 主要负责接收作业提交请求，为应用分配第一个 Container 来运行 ApplicationMaster；还负责监控 ApplicationMaster，在其失败时重启 ApplicationMaster 运行的 Container。

ResourceManager 基于 ZooKeeper 实现高可用机制，避免单点故障。执行失败之后，ResourceManager 将失败任务告诉对应的 ApplicationMaster，由 ApplicationMaster 来决定如何处理。ApplicationMaster 需处理内部的容错问题，并保存已经运行完成的任务，重启后无须重新运行。

3.4.4 NodeManager 组件

NodeManager 进程运行在集群中的节点上，每个节点都有自己的 NodeManager。NodeManager 是一个 Slave 服务，负责接收 ResourceManager 的资源分配请求，并分配具体的 Container 给应用。同时，NodeManager 还负责监控 Container 的资源使用信息并报告给 ResourceManager。NodeManager 和 ResourceManager 配合负责整个 Hadoop 集群中的资源分配工作。ResourceManager 是一个全局进程，而 NodeManager 只是单个节点上的进程，负责管理这个节点上的资源分配和监控运行节点的健康状态。

当一个节点启动时，该节点会向 ResourceManager 进行注册并告知 ResourceManager 自己有多少资源可用。在该节点运行期间，NodeManager 和 ResourceManager 协同工作，这些信息会不断被更新并保障整个集群发挥最佳状态。

NodeManager 只负责管理自身的 Container，它并不知道运行在 Container 上的应用的信息。负责管理应用信息的组件是 ApplicationMaster，将在下文对其进行介绍。

3.4.5 ApplicationMaster 组件

ApplicationMaster 的主要作用是向 ResourceManager 申请资源并和 NodeManager 协同工作以运行应用的各个任务，然后跟踪任务状态并监控各个任务的执行，如遇到失败的任务，将负责重启它。

在 MapReduce 1.X 中，JobTracker 既负责作业的监控，又负责系统资源的分配。而在 MapReduce 2.X 中，资源的调度分配由 ResourceManager 专门进行管理，而每个作业或应用的管理、监控交由相应的分布在集群中的 ApplicationMaster 负责。如果某个 ApplicationMaster 失败，ResourceManager 还可以重启它，这大大提高了集群的拓展性。

ApplicationMaster 监督应用程序的整个生命周期，包括从 ResourceManager 请求 Container 资源到向 NodeManager 提交 Container 资源租用请求。

3.4.6 Container 组件

Container 是 YARN 的计算单元，是具体执行应用任务（如 MapTask、ReduceTask）的基本单位。Container 和集群节点的关系是：一个节点会运行多个 Container，但一个 Container 不会跨节点。一个 Container 就是一组分配的系统资源，现阶段只包含如下两种系统资源（之后可能会增加磁盘、网络等资源）：

- CPU
- 内存

既然一个 Container 指的是具体节点上的计算资源，这就意味着 Container 中必定含有计算资源的位置信息，即计算资源位于哪个机架的哪台机器上。所以请求某个 Container 实质上是向某台机器发起的请求，请求的是这台机器上的 CPU 和内存资源。

任何一个作业或应用必须运行在一个或多个 Container 中，在 YARN 中，ResourceManager 只负责告诉 ApplicationMaster 哪些 Container 可以用，ApplicationMaster 还需要去找 NodeManager 请求分配具体的 Container。

3.4.7 应用提交过程分析

了解了上文介绍的概念，有必要看一下应用在 YARN 中的执行过程，整个执行过程可以总结为如下三步：

① 应用程序提交；

② 启动应用的 ApplicationMaster 实例；

③ ApplicationMaster 实例管理应用程序的执行。

图 3-29 展示了应用程序的整个执行过程。

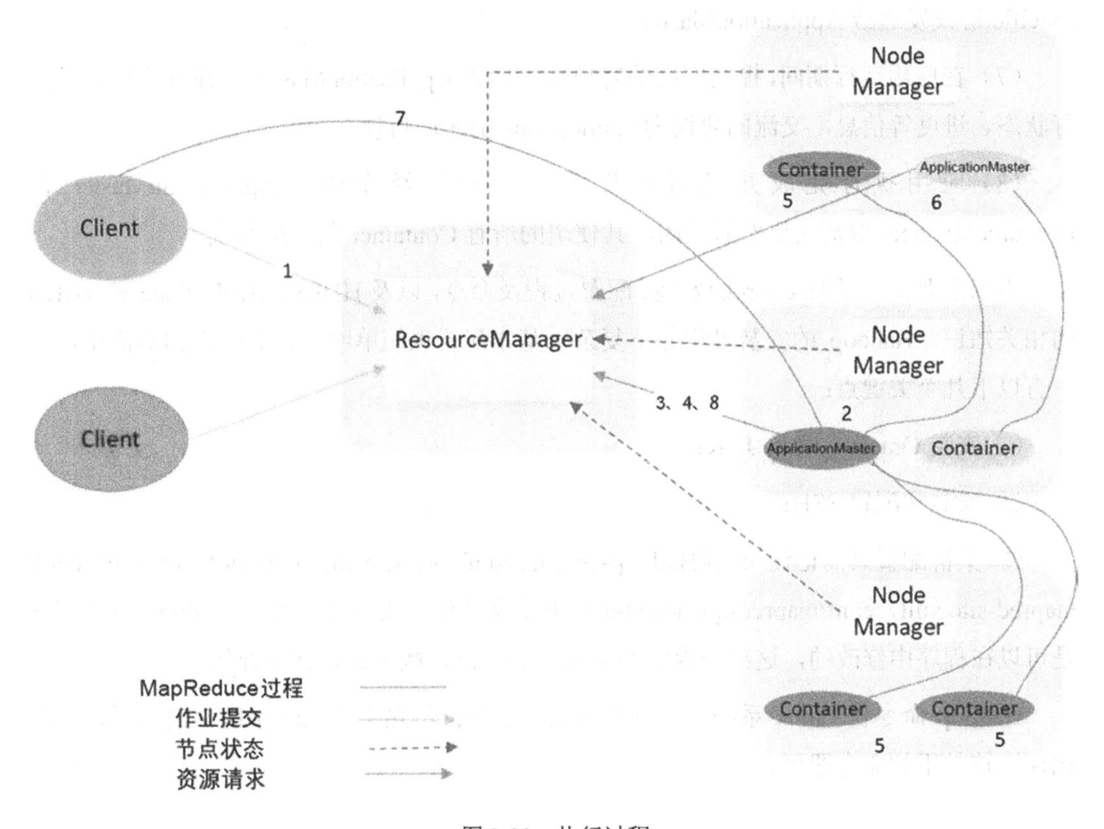

图 3-29　执行过程

图 3-29 所示各步骤具体情况如下。

（1）客户端向 ResourceManager 提交应用并请求一个 ApplicationMaster 实例。

（2）ResourceManager 找到可以运行一个 Container 的 NodeManager，并在这个 Container 中启动 ApplicationMaster 实例。

（3）ApplicationMaster 向 ResourceManager 进行注册，注册之后客户端即可查询 ResourceManager 获得自己 ApplicationMaster 的详细信息，并可以和自己的 ApplicationMaster 直接交互。

（4）在平常的操作过程中，ApplicationMaster 根据 resource-request 协议向 ResourceManager 发送 resource-request 请求。

（5）当 Container 被成功分配之后，ApplicationMaster 通过向 NodeManager 发送

container-launch-specification 信息来启动 Container，container-launch-specification 信息包含了 Container 和 ApplicationMaster 交流所需要的资料。

（6）应用在启动的 Container 中运行，并把运行的进度、状态等信息通过 application-specific 协议发送给 ApplicationMaster。

（7）在应用运行期间，提交应用的客户端主动和 ApplicationMaster 交流获得应用的运行状态、进度等信息，交流的协议为 application-specific 协议。

（8）应用执行完成并且所有相关工作也已经完成，ApplicationMaster 向 ResourceManager 取消注册然后关闭，其使用的所有 Container 归还给系统。

本章主要讲解了 Hadoop 的安装、配置过程及命令，以及 HDFS、MapReduce 和 YARN 的相关知识。Hadoop 的安装过程并不复杂，基本配置也简单明了，命令也相对简单，其中有以下几个关键点：

① 安装 Oracle 公司的 JDK；

② 安装和配置 SSH；

③ 集群配置只需记住 conf/Hadoop-env.sh、conf/core-site.xml、conf/hdfs-site.xml、conf/mapred-site.xml、conf/mapred-queues.xml 这五个文件的作用即可，另外 Hadoop 有些配置是可以在程序中修改的，这部分内容不是本章的重点，故未进行详细介绍。

Hadoop 命令和 Linux 系统命令有很多相似之处；不熟悉 Linux 系统也没关系，只需记住比较常用的命令即可。

第 4 章 Hadoop 集群性能优化和维护

Hadoop 是一款为了实现可靠的弹性分布式计算而产生的开源软件，可以通过集群使用简易的编程模型来处理大批量的数据集。Hadoop 最初就被设定为允许通过单台服务器扩展到成千上万台服务器，每台服务器都可以独立进行存储和计算，这就被称作 Hadoop 集群，每台服务器都是集群中的一个节点。

如今许多企业完成了分布式的布局，其中大型企业、互联网公司的集群规模早破万。一套成熟的集群可以撑起一个公司几乎所有的相关的业务数据链，一套针对集群数据的方案有时可以成为一个技术公司的卖点，利用分布式集群存储的海量数据可以为企业公司的机器学习、数据挖掘等带来数据支持。与集群相关的知识是重点学习内容。接下来我们看一看 Hadoop 集群的庐山真面目。

本章内容使用的 Hadoop 版本是 Hadoop 2.9.2（请到 Hadoop 官网下载），下文的解析都是针对该版本进行的。

4.1 集群常用配置文件解读

Hadoop 配置文件目录如图 4-1 所示，其位置为 hadoop-2.9.2/etc/Hadoop。

```
capacity-scheduler.xml       httpfs-env.sh               mapred-env.sh
configuration.xsl            httpfs-log4j.properties     mapred-queues.xml.template
container-executor.cfg       httpfs-signature.secret     mapred-site.xml.template
core-site.xml                httpfs-site.xml             slaves
hadoop-env.cmd               kms-acls.xml                ssl-client.xml.example
hadoop-env.sh                kms-env.sh                  ssl-server.xml.example
hadoop-metrics2.properties   kms-log4j.properties        yarn-env.cmd
hadoop-metrics.properties    kms-site.xml                yarn-env.sh
hadoop-policy.xml            log4j.properties            yarn-site.xml
hdfs-site.xml                mapred-env.cmd
```

图 4-1 Hadoop 配置文件目录

文件名称以 sh 结尾的文件是 Linux 系统运行的脚本，文件名称以 cmd 结尾的文件是 Windows 系统运行的脚本，一般这两类文件只需要根据运行环境选择一类即可。

4.1.1 配置文件

配置目录所示文件大致分为两类：一类是可运行文件，一类是可配置文件。以 Linux 环境为例，一般而言，sh 文件为可运行脚本，cfg、xml 及 properties 文件为相应配置文件。文件名称以 example 结尾的为样例文件，文件名称以 template 结尾的为参考模板文件。

container-executor.cfg 为 YARN Container 的配置文件，需要注意的是每一个配置项末尾都不能有空格，文件不能通过 CRLF 字符换行，banned.users 不能为空等。

ssl-client.xml.example 和 ssl-server.xml.example 是 Hadoop 集群间在通信时使用 keytab（kerberos）校验功能时需要配置的文件，若不启用该功能，则可以不配置这两个文件；若启用该功能，则需要将 ssl-client.xml.example 和 ssl-server.xml.example 文件另存为 ssl-client.xml 和 ssl-server.xml 文件，并进行 keytab 的相关配置。

hadoop-metrics.properties 是 Hadoop metrics 框架的配置文件，通过相关的接口就可以获得需要的时间周期内的实时的 metrics 的指标值，支持 DFS、mapred、JVM、RPC、UGI，为图形化监控工具 ganglia 专门提供了配置，也支持自定义功能开发。

hadoop-metrics2.properties 为使用 org.apache.hadoop.metrics2 架构实现自定义的指标提供了配置，metrics 的指标只要实现了 Metrics Sink 接口即可作为消费者，而生产者需要使用 metrics system 来注册 metrics sources。所有指标都可以通过 MX MBean 接口发布查询。

kms-log4j.properties、httpfs-log4j.properties、log4j.properties 是日志配置文件。HTTPFS 通过 HTTP 访问 HDFS，在 Hadoop 的 share/hadoop/httpfs 目录下有 Tomcat 容器。KMS 是一个基于 Hadoop 的使用 KeyProvider API 编写的管理加密之后的密钥的服务器，客户端使用 HTTP REST API 和 KMS 交互，运行在 Hadoop 内置的 Tomcat 服务器上。log4j 是 Hadoop 全局的日志配置。需要注意的是，如果没有在 Java 体系内指明'kms.log.dir'和

'httpfs.log.dir'，那么其对应的日志输出位置为'${kms.home}/logs'和'${httpfs.home}/logs'。

httpfs-signature.secret 是 HTTPFS 的配置文件，初始文件内容为：hadoop httpfs secret。

capacity-scheduler.xml 是 YARN 的容器调度配置文件，用于配置资源调度过程中的一些策略和阈值。

hadoop-policy.xml 是 Hadoop 在作业调度过程中配置权限管理的文件，默认对客户端、DataNode、NameNode、ZKFC 等的协议的 ACL 全部放开。

httpfd-site.xml 文件是 HTTPFS 的配置文件，如无必要，该文件保持默认配置即可。

kms-acls.xml 是 KMS 操作的 ACL 响应策略的配置文件。

kms-site.xml 中包含了 KMS 的相关权限认证、Cookie、安全策略、缓存等配置项，是 KMS 相关功能的直接配置文件。

Slaves 是标记 Hadoop 集群 DataNode 的文件，NameNode 会读取该文件，向所有 DataNode 发送心跳，若节点响应超时则会被标记为宕机，宕机节点将被删除。

4.1.2　Hadoop 核心配置文件 core-site.xml

除 4.1.1 节介绍的配置文件外，Hadoop 集群运行还有三个必不可少的配置文件，即 core-site.xml、hdfs-site.xml、yarn-site.xml 。严格来说，core-site.xml、hdfs-site.xml 是 Hadoop 集群启动必不可少的配置文件，因为 YARN 是资源管理和调度架构，可以被其他具有相同功能的架构替代，如 Spark 的 Mesos 资源调度器。由于 Hadoop 默认使用的是 YARN，本书以 YARN 为主，且资源调度器是 Hadoop 集群必不可少的，所以 yarn-site.xml 也是必不可少的配置文件。

hdfs-site.xml 和 yarn-site.xml 文件将在下文介绍，这里主要介绍 core-site.xml 文件。

在搭建集群时，一定会在 core-site.xml 中至少配置一项，如图 4-2 所示。

```
<configuration>
        <property>
                <name>fs.defaultFS</name>
                <value>hdfs://master:9000</value>
        </property>
</configuration>
core-site.xml (END)
```

图 4-2　HDFS 地址配置项

图 4-2 所示配置的作用是指出 HDFS 的存储地址。hdfs://是指 HDFS 文件系统的路径，也可以理解成为一种 HDFS 的协议；master 是指 IP 地址对应的域名，这里 master 可以被 IP 地址替代。

一般而言，可以在 core-site.xml 中配置一些 Hadoop 组件信息，这属于 Hadoop 的基础配置，在 Hadoop 集群启动过程中会被加载。

下面看一下 Hadoop 被允许的加载配置项。

hadoop.common.configuration.version 用于配置文件的版本，默认值是 0.23.0，在实际应用中该项很少被配置。

hadoop.tmp.dir 配置项与 hadoop.common.configuration.version 配置项相比使用较多，用于为 Hadoop 配置临时目录的根目录，很多人习惯使用其默认值，即/tmp。建议单独处理，找一个足够大的空间，修改该配置项后需要重启。

Io.native.lib.available 用于配置是否使用本地库对 bz2 和 zlib 压缩编码，默认是开启的，不过该属性并不会影响任何其他本地库。

hadoop.http.filter.initializers 是一组初始化的过滤器，每个 Filter 都必须继承 org.apache.hadoop.http.FilterInitializer，过滤器类之间使用逗号分隔。这些是针对 JSP 和 Servlet 的，按照定义的 Filter 顺序来依次加载处理，默认值是 org.apache.hadoop.http.lib.StaticUserWebFilter，目的是让 Web UI 适用于没有安全验证的集群的过滤器（见图 4-3），属于 Web 层面的配置项。

```
public void doFilter(ServletRequest request, ServletResponse response,
                FilterChain chain
                ) throws IOException, ServletException {
  HttpServletRequest httpRequest = (HttpServletRequest) request;
  // if the user is already authenticated, don't override it
  if (httpRequest.getRemoteUser() != null) {
    chain.doFilter(request, response);
  } else {
    HttpServletRequestWrapper wrapper =
        new HttpServletRequestWrapper(httpRequest) {
      @Override
      public Principal getUserPrincipal() {
        return user;
      }
      @Override
      public String getRemoteUser() {
        return username;
      }
    };
    chain.doFilter(wrapper, response);
  }
}
```

图 4-3　过滤器的代码

hadoop.security.authorization 用于配置是否启用 service 层面的权限控制，默认不启用。

hadoop.security.instrumentation.requires.admin 用于配置访问 Servlet（JMX、metrics）时是否需要 admin 授权，即 ACL 控制访问权限。

hadoop.security.authentication Hadoop 为权限控制，有两个可选项：simple 和 kerberos，simple 表示不开启认证，kerberos 表示采用 kerberos 认证。较简单的操作是使用 kerberos 生成特定的密钥文件验证特定的权限用户，较严密的操作会对传递的消息进行加密。

hadoop.security.group.mapping 为一组用于对 ACL 进行组映射的类，默认的实现是 org.apache.hadoop.security.JniBasedUnixGroupsMappingWithFallback，根据 Java Native Interface（JNI）是否可用选择执行方式，当 JNI 可用时，将 JNI 可以使用 Hadoop 内部的 API 解析用户列表；当 JNI 不可用时，将使用 Shell 实现用户列表解析，即 ShellBasedUnixGroupsMapping。其实现原理是使用 bash -c groups 命令发送请求，得到 Linux/UNIX 的响应，解析用户列表。

hadoop.security.dns.interface 用于指定网络接口的名称，服务确定 kerberos 登录的主机名。如果没设置就是用默认的主机名，一般在多宿主的环境中会影响主机在 kerberos 服务内部的替换，大多数集群不需要配置此项。

hadoop.security.dns.nameserver 用于服务确定 kerberos 登录时的 DNS 的 IP 地址或者主机名，此配置项的前置是 Hadoop.security.dns.interface，一般情况下不需要配置。

hadoop.security.dns.log-slow-lookups.enabled 通过 SecurityUtil 查询，用于决定如果超过配置的时间阈值是否在日志中记录，默认不记录。

hadoop.security.dns.log-slow-lookups.threshold.ms 用于设置上个属性的阈值，默认为 1000，单位为 ms。

hadoop.security.groups.cache.secs 是定义包含用户至组映射的缓存的时长。当缓存过期，组映射的实现会被执行，然后将映射重新缓存；默认值为 300s。

hadoop.security.groups.negative-cache.secs 用于设置短期内无效或者有问题的用户与组映射的缓存时长。当无效用户频繁请求时，瞬时的错误可能会导致合法用户临时被锁死，所以这个设置是很有用的，可以设置为一个偏小的值，甚至可以设为 0 或者负数，以禁用无效或有问题的用户与组的映射，默认值是 30s。

hadoop.security.groups.cache.warn.after.ms 用于配置单个用户到组的查找被记录一条警告（Warning）日志设定的时长；默认值为 5000ms。

hadoop.security.groups.cache.background.reload 用于决定是否使用后台的线程池重新加载用户到组的映射，若设定为 true，则会在后台创建一个包含 Hadoop.security.groups.cache.background.reload.threads 个线程的线程池来更新缓存，默认值为 false。

hadoop.security.groups.cache.background.reload.threads 在 hadoop.security.groups.cache.

background.reload 配置项为 true 时才会生效。当要处理的请求数量大于该配置项设定值时，请求将被放入请求队列，直到线程处理完别的请求才会处理，初始设定值为 3。

hadoop.security.groups.shell.command.timeout 被应用于 ShellBasedUnixGroupsMapping 类，配置的值代表底层 Shell 执行获取组信息时的等待时间，单位是 s，若超过配置值，命令会被终止，最后会返回没有发现组的结果。配置值为 0 表示无限期等待，直到命令自己退出，默认值是 0。

hadoop.security.group.mapping.ldap.connection.timeout.ms 用于设置 LDAP 连接超时的时间。若设置时间内没有建立连接，则将终止连接尝试。将该配置项设置为 0 或者负数表示要一直等待连接直到底层的网络超时，默认值为 60000ms。

hadoop.security.group.mapping.ldap.read.timeout.ms 用于设置 LDAP 读操作超时时间；和 hadoop.security.group.mapping.ldap.connection.timeout.ms 配置项的工作机制类似，默认值为 60000ms。

hadoop.security.group.mapping.ldap.url 用于关闭 LDAP 的地址。

hadoop.security.group.mapping.ldap.ssl 用于配置是否使用 SSL 连接 LDAP。SSL 是 Secure Sockets Layer 的缩写，表示安全套接层，一般而言，LDAP 使用自制签名或者使用 CA 中心签名方式集成 SSL，配置项的默认值是 false。

hadoop.security.group.mapping.ldap.ssl.keystore 用于配置 SSL 密钥库的地址，SSL 密钥库包含了 LDAP 认证需要的 SSL 证书。

hadoop.security.group.mapping.ldap.ssl.keystore.password.file 用于指定 LDAP 通过 SSL 认证的密钥库的文件的路径。如果凭证指定方没有指定密码，也没有配置 hadoop.security.group.mapping.ldap.ssl.keystore 项，那么 LDAP GroupsMapping 将从该配置项指定的文件读取密码。官方特别指明，该文件只能由 UNIX 用户的守护进程来读取，而且应该是一份本地文件。

hadoop.security.group.mapping.ldap.ssl.keystore.password 用于设置 LDAP 关于 SSL 的 keystore 的密码。该属性作为从凭证指定方获取密码的代名称（又称别名）。如果密码没有被设置，而 hadoop.security.credential.clear-text-fallback 被设置为 true，LDAP GroupsMapping 将使用该配置项的值作为密码。所以，实际应用过程中要保证密码配置项、密码文件、凭证指定方携带的密码的一致性。

hadoop.security.credential.clear-text-fallback 用于设置是否回退到以明文形式存储密码（指定密码文件）。默认值是 true，只有在不能从凭证程序中获取密码时该配置项才会生效。

hadoop.security.credential.provider.path 用于配置证书类型及位置的文件的列表，使用逗号分隔。

hadoop.security.credstore.java-keystore-provider.password-file 用于配置所有 keystores 的密码的文件路径，包含自定义的密码。

hadoop.security.group.mapping.ldap.ssl.truststore 用于配置 SSL 信任存储区的文件路径。SSL 信任存储区包括 LDAP 认证签名的 root 证书。若 LDAP 的证书不是由知名认证机构颁发的，则需要指定该配置项。

hadoop.security.group.mapping.ldap.ssl.truststore.password.file 用于指定包含 LDAP SSL 存储区密码文件的路径。必须要注意的是，该文件只允许 UNIX 用户运行的守护进程读取。

hadoop.security.group.mapping.ldap.bind.user 用于配置在和 LDAP 连接时绑定的名称。如果 LDAP 支持匿名，那么该配置项可以为空。

hadoop.security.group.mapping.ldap.bind.password.file 用于配置存储绑定的用户密码的文件的路径。如果认证程序没有提供密码配置，也没有设置 hadoop.security.group.mapping.ldap. bind.password 配置项，那么 LDAP GroupsMapping 将从该配置项指定的文件中读取密码。

hadoop.security.group.mapping.ldap.bind.password 用于配置绑定用户的密码，可以根据该属性从认证程序中获取密码。如果没有密码，且 hadoop.security.credential.clear-text-fallback 配置项被设置为 true，那么 LDAP GroupsMapping 会将该配置的值用作密码。

hadoop.security.group.mapping.ldap.base 用于配置 LDAP 连接搜索的基点，通常是 LDAP 的根目录。

hadoop.security.group.mapping.ldap.userbase 用于配置用户查询的 LDAP 连接的查询基点，通常是用户的 LDAP 的根目录，如果不设置该配置项，将使用 hadoop.security.group.mapping. ldap.base 配置项设置的值。

hadoop.security.group.mapping.ldap.groupbase 为 LDAP 连接的组查询的查询基点，这是一个不能重复的名称，是组位于 LDAP 的根目录，如果不设置该配置项，将使用 hadoop.security.group.mapping.ldap.base 配置项设置的值。

hadoop.security.group.mapping.ldap.search.filter.user 用于为 LDAP 用户提供查询服务时添加使用的过滤器，默认值为&(objectClass=user)(sAMAccountName={0})，通常适用于 Active Directory 安装。当 Hadoop 集群和一台 non-AD Schema 的 LDAP 连接时，需要将该

配置项配置为&(objectClass=inetOrgPerson)(uid={0})，{0}表示用于匹配过滤器的用户名的特殊字符。如果 LDAP 支持 posixGroup，那么可以将该配置项设置为 posixAccount。

hadoop.security.group.mapping.ldap.search.filter.group 用于配置针对 LDAP 组查询添加的一个额外的过滤器，默认值是 objectClass=group。当涉及的组是 non-Active Directory 安装时需要修改配置，支持 posixGroup，结合 hadoop.security.group.mapping.ldap.search.filter.user 配置项使用。

hadoop.security.group.mapping.ldap.search.attr.member 用于配置用户用来支持组对象的属性，在默认情况下，该值为空，Hadoop 会为每个用户制作两个 LDAP 查询。如果设置了该配置项，Hadoop 将尝试从该属性解析组名，而不是发送第二条请求获取组对象。该配置项设置的值应该是属于 MS AD 安装的组成部分。

hadoop.security.group.mapping.ldap.search.attr.member 用于配置组对象的属性，用于配置用户属于哪个组；默认值是 member，表示支持任意一种 LDAP 安装。

hadoop.security.group.mapping.ldap.search.attr.group.name 用来标识组名，默认值为 cn，表示支持所有 LDAP 系统。

hadoop.security.group.mapping.ldap.search.group.hierarchy.levels 用于设置在确定用户所属组时组层次传递的级别。0 表示只检查用户属于哪个组。每增加一个级别执行查询花费的时间就会增长，最多可达到 hadoop.security.group.mapping.ldap.directory.search. timeout 配置项设置的值。默认值为 0，该值适用于所有 LDAP 系统。

hadoop.security.group.mapping.ldap.posix.attr.uid.name posixAccount 用于成员分组；默认值为 uidNumber，除此之外还有 memberUids。对于 Schemas 而言，memberUids 比 uidNumber 更好用。

hadoop.security.group.mapping.ldap.posix.attr.gid.name posixAccount 用于指定组 ID，默认值为 gidNumber。

hadoop.security.group.mapping.ldap.directory.search.timeout 用于配置 LDAP 查询控制器等待时间的最大值，0 代表无限期等待，默认值是 10000ms。

hadoop.security.group.mapping.providers 用于配置其他用户到组映射的提供者，用逗号分隔，会被 CompositeGroupsMapping 使用。

hadoop.security.group.mapping.providers.combined 用于配置映射的提供者是否需要联合，默认值为 true，可选项为 false。true 表示所有提供者会将所有组结合最后返回一个结果；false 表示提供者会一个接着一个通过配置的列表，互不影响。

hadoop.security.service.user.name.key 是针对多服务器实现的相同额 RPC 协议的实例，该配置项指定了客户端调用的主服务器的名称。

fs.azure.user.agent.prefix 用于配置 WASB 提供给 Azure 的 User-Agent 头。默认包含 WASB 版本、Java 运行版本、Azure 客户端的库的版本，以及 fs.azure.user.agent.prefix 的配置项的值。

hadoop.security.uid.cache.secs 用于配置 NativeIO 的 getFstat()方法调用的缓存用户 ID、组 ID 的时间，默认值是 14400，单位是 s。

hadoop.service.shutdown.timeout 用于配置每个 shutdown 操作完成的等待时间。

hadoop.rpc.protection 用于配置一个安全的 sasl 连接列表，用逗号分隔。

hadoop.security.saslproperties.resolver.class 用于连接解决 QOP 的 SaslPropertiesResolver。若未指定，则在确定用于连接的 QOP 时在 hadoop.rpc.protection 中指定值的集合。

hadoop.security.sensitive-config-keys 用来匹配编辑时的 key，使用逗号分隔或者多行列表的正则表达式。

hadoop.workaround.non.threadsafe.getpwuid 默认是关闭的。一些操作系统和权限验证模块已经破坏了 getpwuid_r 和 getpwgid_r 的实现，它们已经不再是线程安全的了，该问题的表现特征是 JVM 崩溃。若系统有这个问题，则需要开启该配置项。

hadoop.kerberos.kinit.command 默认值为 kinit。若 kinit 位于用户运行的客户端的路径中，则可以采用默认值 kinit；否则，需要设置为 kinit 的绝对路径。

hadoop.kerberos.min.seconds.before.relogin 用于配置重新登录 kerberos 的最小间隔时间，单位是 s，默认值是 60s。

hadoop.security.auth_to_local 用于将 kerberos 的主体映射到本地用户的名字上。

hadoop.token.files 为对 Hadoop 服务有委派 Token 的 Token 缓存列表。

如果不考虑版本更迭和漏洞修复添加的配置项，上文涵盖了大部分 Hadoop 全局的权限配置项，其实 core-site.xml 中还有很多关于 RPC、I/O、IPC、NET、DFS 等的相关配置，限于篇幅要求这里就不一一列举了。

这些配置项都是在 core-default.xml 文件中被提及的，大部分配置项都有默认值。没默认值的配置项不是不需要处理就是必填项。配置的内容会覆盖配置项的默认值，从而达到优化集群性能的目的。

当前版本默认配置文件的全部内容可以参考 Hadoop 官方文档中的 core-default.xml 文件。

4.2 HDFS 配置优化

HDFS 是一种分布式文件系统，运行在商用硬件上。它与现有的分布式文件系统有许多相似的地方，也有不同的地方。HDFS 是一个高度容错系统，适合部署在廉价的机器上。HDFS 能提供高吞吐量的数据访问，非常适合大规模数据集上的应用，它通过放宽一部分 POSIX 约束，来实现流式读取文件系统数据。

HDFS 是 Hadoop 使用的分布式存储文件系统，HDFS 集群主要由管理文件系统元数据的 NameNode 和存储实际数据的 DataNode 组成，客户端联系 NameNode 以获取文件元数据或进行文件修改，并直接使用 DataNode 执行实际文件 I/O。

实际上，选择 HDFS 是由于 Hadoop 具有如下特性：

- Hadoop（包括 HDFS）非常适合使用商用硬件进行分布式存储和分布式处理。它具有容错性、可扩展性，并且扩展极其简单。MapReduce 因其简单性和适用于大量分布式应用程序而闻名，是 Hadoop 不可或缺的一部分。MapReduce 引擎往往被用来进行离线的大数据数据处理。
- HDFS 具有高度可配置性，其默认配置适合许多中小集群。大多数情况下，仅需要针对非常大的群集调整配置。真正需要大量定制开发的是有大批量数据和多样性数据要求的支持各类业务的企业，如天猫、京东等；而一般企业使用默认配置项或者添加、修改几个配置项即可满足需求。
- Hadoop 是用 Java 编写的，主要平台都支持。不要小看这一点，Java 目前是世界上使用率排在前两位的语言，在中国是使用人数最多的语言。能看懂 Java 源码即可使用 Hadoop 的 API 改写业务需要的接口，使集群更契合自己的产品平台。
- Hadoop 支持类似 Shell 的命令直接与 HDFS 交互。这一点还是比较有吸引力的，如果懂得 Linux 命令，那么查看 HDFS 的使用文档即可上手，易学性很高。
- NameNode 和 DataNode 内置了 Web 服务器，可以轻松检查群集当前状态。从网站的角度看 Hadoop 默认的 UI 吸引力有限，但针对 Hadoop 生态系统产生如 CDH、Ambari 的集群监控管理工具或者产品，Web 服务器为集群的维护带来了很大方便。

HDFS 的主要的功能模块可以分为 10 类，很多配置项就是针对这些功能模块来进行功能配置和性能优化的，下面对其进行简单介绍。

- 文件权限和身份验证。
- Rack Awareness：在调度任务和分配存储时考虑节点的物理位置。
- 安全模式：维护的管理模式。
- fsck：拥有诊断文件系统运行状况、查找丢失文件或 Block 的功能。
- fetchdt：获取 DelegationToken 并将其存储在本地系统的文件中。
- 平衡器：当数据在 DataNode 间分布不均匀时平衡群集的工具。
- 升级和回滚：软件升级后，可以在升级前回滚到 HDFS 状态，以防出现意外。
- SecondaryNameNode：定期执行名称空间的 CheckPoint，并使包含 HDFS 修改日志的文件大小保持在 NameNode 的特定限制内。
- CheckPointNode：定期执行名称空间的 CheckPoint，有助于最小化存储在包含 HDFS 更改的 NameNode 的日志大小。替换以前由 SecondaryNameNode 充当的角色，但尚未进行战斗强化。只要没有向系统注册备份的节点，NameNode 就可以同时运行多个 CheckPointNode。
- BaokupNode：CheckPointNode 的扩展。除 CheckPointNode 外，BaokupNode 还从 NameNode 接收编辑流并维护其名称空间中的副本，该副本始终与活动的 NameNode 名称空间状态同步。一次只能向 NameNode 注册一个 BaokupNode。

一般情况下，HDFS 的配置大都是在 hdfs-site.xml 文件中直接进行的。hdfs-site.xml 文件中默认有 500 多个可用配置项，但是都用上的可能性很小。hdfs-site.xml 的配置如图 4-4 所示。

dfs.namenode.name.dir：NameNode 存储的本地目录，默认值是 file://${hadoop.tmp.dir}/dfs/name，应根据实际需要更改目录。可以配置多个目录，相邻目录间使用逗号分隔。为了容灾，每个目录的内容一般是一样的，因此每个目录应该在不同的磁盘上。

dfs.datanode.data.dir：DFS 的 DataNode 存储的本地目录，官方建议的配置是 file://${hadoop. tmp.dir}/dfs/data，可以配置多个目录，使用逗号分隔。需要注意的是，如果分目录，那么每个目录的存储内容是不一样的。官方建议目录应该携带上[ssd]/[disk]/[archive]/[ram_disk]存储类型标记，如果不设置，默认存储类型为 disk。

```
<configuration>
    <property>
        <name>dfs.namenode.name.dir</name>
        <value>file:/root/soft/hadoop-2.9.2/data/namespace</value>
        <final>true</final>
        <description>Path on the local filesystem where the NameNode stores</description>
    </property>
    <property>
        <name>dfs.datanode.data.dir</name>
        <value>/root/soft/hadoop-2.9.2/data/dataspace</value>
        <final>true</final>
        <description>Path on the local filesystem where the DataNode stores Data</description>
    </property>
    <property>
        <name>dfs.namenode.secondary.http-address</name>
        <value>master:50090</value>
        <final>true</final>
        <description>The secondary namenode http server address and port</description>
    </property>
    <property>
        <name>dfs.webhdfs.enabled</name>
        <value>true</value>
        <final>true</final>
        <description>Enable WebHDFS (REST API) in Namenodes and Datanodes</description>
    </property>
    <property>
        <name>dfs.permissions.enabled</name>
        <value>false</value>
        <final>true</final>
        <description>Disable permission checking in HDFS</description>
    </property>
    <property>
        <name>dfs.replication</name>
        <value>1</value>
        <final>true</final>
        <description>Default block replication</description>
    </property>
```

图 4-4 hdfs-site.xml 的配置

dfs.webhdfs.enabled：针对 NameNode 和 DataNode 是否允许使用 REST API 访问 Web HDFS，默认值是 true。

dfs.permissions.enabled：默认值是 true，表示开始 permission 检查；若设置为 false，则表示关闭 permission 检查。需要注意的是，不管该配置的值怎么变，文件和目录的拥有者、所在组、模式都没有发生变化。

dfs.replication：副本集，数据的备份数目。数据在 DataNode 上是按照 Block 来存储的，Block 的大小可以配置。dfs.replication 实际上是同一个 Block 的存储数目，默认值是 3，可根据需要调整，该值太小不利于容灾，该值太大会浪费空间。

除此之外，用得比较多的还有如下配置项。

dfs.blocksize：HDFS 存储的是文件，而文件的基本单位是 Block，该配置项表示一个 Block 的大小，单位是 Byte，也可以使用 k（kg）、m（maga）、t（tera）、p（peta）、e（exa），不区分大小写，如 28k、512m、1g，默认值是 Byte，134217728，即 128MB。

dfs.namenode.handler.count：监听客户端的 NameNode RPC 服务进程的数量。在没有配置 dfs.namenode.servicerpc-address 配置项的情况下，RPC 服务会监听所有节点的请求。默认值是 10，建议设置为 DataNode 数量的 10%，一般为 10～200。若该值设置得太小，DataNode 在传输数据时日志中将会报告“connecton refused”。

dfs.datanode.handler.count datanode：服务的进程数量，默认值是 10。该配置项的配置

取决于系统的繁忙程度，该配置项设置得太小会导致性能下降，甚至会报错。

dfs.datanode.du.reserved：每个卷（Volume）预留空间的大小，默认值是 0。预留的空间给 DFS 之外的文件系统使用，支持预留额存储类型，也可以为异构存储（Heterogeneous Storage）的集群指定存储类型（如[ssd]/[disk]/[archive]/[ram_disk]）。该配置项需要结合 MapReduce 进行设置，有人建议在生产环境下可以设置为 10GB，具体数值根据业务场景进行设置。

dfs.datanode.failed.volumes.tolerated：一般而言，任何一个卷的存储失败都会导致 DataNode 关闭，该配置项用于指定允许失败的卷的数量，即 DataNode 可以容忍损坏的磁盘数量。如果损坏的磁盘数量超过该配置值，那么 DataNode 将会离线，所有在这个节点中的 Block 都将被重新复制。默认值是 0，一般在有多块磁盘的情况下会增大这个值。

HDFS 是 Hadoop 生态体系依赖的存储文件系统，因此在 Hadoop 的全局配置中会有一些性能或者功能性的配置项。可以通过配置以下 core-site.xml 文件中的配置项，来调整 HDFS 的策略及集群性能。

fs.default：必须配置项，文件系统的名字。通常是 NameNode 的 hostname 与 port，集群的每个节点都需要配置，样式为：hdfs://<your_namenode>:9000。

hadoop.tmp.dir：临时目录，为其他使用用户准备的，默认值是/tmp/hadoop-${user.name}，一般所有节点均应进行设置。

fs.trash.interval：用于配置文件在进入 Trash 之后的时间。文件被删除后会被放进 Trash，类似于 Windows 系统的垃圾回收站，但是 Trash 不会一直保留该文件，文件进入 Trash 的时间超过该设定值后会被删除。默认值是 0，表示禁用 Trash 功能，这时候会使用客户端的配置，单位是 min，如果开启 Trash 功能，建议将该配置设置为 1440min（一天）。

io.file.buffer.size sequence files：使用的缓存区大小，理论上应该是硬件分页大小的倍数（在 Intel x86 中是 4096 的倍数），确定了读和写操作期间缓存了多少数据。集群如无特别要求，建议将该项配置为 65536（64KB）。

4.2.1 dfsadmin

Hadoop 包含各种类似 Shell 的命令，可直接与 HDFS 和 Hadoop 支持的其他文件系统进行交互，常用的命令上文已提及，这里不再进行介绍，只简单介绍一下 hdfs dfsadmin 这个拥有管理员权限的命令，该命令对于集群的管理和维护是很有意义的。

hdfs dfsadmin -help：查看命令列表。

hdfs dfsadmin -report：报告 HDFS 的基本统计信息，其中一些信息在 NameNode 首页上也可以找到。

hdfs dfsadmin -safemode：虽然一般情况下不会用到该命令，但管理员可以手动输入参数或离开安全模式。

hdfs dfsadmin -finalizeUpgrade：删除上次升级期间创建的集群备份。

hdfs dfsadmin -printTopology：打印集群的拓扑结构，显示由 NameNode 查看的附加到轨道的机架和数据节点树。

hdfs dfsadmin -refreshNodes：更新 DataNode 的设置，一般而言，节点会从 dfs.hosts 和 dfs.hosts.exclude 定义的文件中重新读取 hostname，向 NameNode 注册被允许的 DataNode 主机，停用被禁止的 DataNode 主机。当 dfs.namenode.hosts.provider.classname 的值为 org.apache.hadoop.hdfs.server.blockmanagement.CombinedHostFileManager 时，需要在 dfs.hosts 指定的 JSON 文件中定义 DataNode 的黑白名单。在别的节点完成一个节点的所有数据集合的复制时，该节点就可以从集群中退出了，该节点不会被关闭，但也不会再写入新的数据。

dfs.hosts：定义一个文件，文件中是一个和 NameNode 连接的主机列表，这里要指定文件的全路径名称，若没有设置值，则代表所有节点都允许。

dfs.hosts.exclude：和 dfs.hosts 的作用正好相反，定义一个全路径名称的文件；该文件中记录了不能和 NameNode 通信的主机列表。

dfs.namenode.hosts.provider.classname：host 文件的入口，默认值是 org.apache.hadoop.hdfs.server.blockmanagement.HostFileManager，加载 dfs.hosts 和 dfs.hosts.exclude 指定的文件。当该配置项的值为 org.apache.hadoop.hdfs.server.blockmanagement.CombinedHostFileManager 时，只会加载 dfs.hosts 指定的文件。当该配置项被修改时，需要重启 NameNode，dfsadmin -refreshNodes 只会刷新使用的类使用到的配置文件。

对于 Hadoop Shell 感兴趣的读者可以查阅 Hadoop 官方文档中的 hdfscommands.html#dfsadmin，官方文档介绍得很详细，这里不再多做介绍。

4.2.2 SecondaryNameNode

NameNode 将对文件系统的修改存储为附加到本地文件系统的日志文件。NameNode 在启动时从图像文件 FsImage 中读取 HDFS 状态，然后从编辑日志文件中应用编辑，然后将新的 HDFS 状态写入 FsImage 并使用空的 Edit 日志开始正常操作。由于 NameNode 仅在启动期间合并 FsImage 和 Edit 日志，因此编辑日志文件在繁忙的群集上随着时间的推移可能会变得非常大。较大的编辑日志文件将使 NameNode 下次启动的时间变长。

SecondaryNameNode 定期合并 FsImage 和 Edit 日志，将 Edit 日志大小控制在某个限度下。因为内存需求和 NameNode 在一个数量级上，所以通常 SecondaryNameNode 和 NameNode 运行在不同机器上。SecondaryNameNode 通过 bin/start-dfs.sh 在 conf/masters 中指定的节点上启动。

SecondaryNameNode 的 CheckPoint 进程启动是由两个配置参数控制的：dfs.namenode.checkpoint.period 默认值为 1 小时，指定两个连续 CheckPoint 之间的最大延迟；dfs.namenode.checkpoint.txns 默认值为 100 万，这是 NameNode 定义的未检查（UnCheckPointed）的事务的数量。一般是由 SecondNameNode 或者 CheckPointNode 创建一个 CheckPoint，即使尚未达到 CheckPoint 周期，也会强制进行 CheckPoint。

NameNode 使用两个文件来保留其名称空间：一个是 FsImage，作为命令空间最新的 CheckPoint；一个是 Edit 日志，在开始检查时会修改命令空间。NameNode 在启动时会合并 FsImage 和 Edit 日志，以提供文件系统元数据的最新视图。然后 NameNode 用新的 HDFS 状态覆盖 FsImage 并创建一个新的 Edit 日志。

CheckPointNode 会定期执行名称空间的 CheckPoint。它从活跃的 NameNode 上下载 FsImage 和 Edits 进行合并，并向活跃的 NameNode 上传新的 image（镜像）。可以通过在配置文件指定的节点执行 bin/hdfs namenode -checkpoint 命令启动 CheckPoint。

dfs.namenode.backup.address：BackupNode 的端口与地址，若端口设为 0，将使用空闲的端口启动服务，默认值是 0.0.0.0:50100。

dfs.namenode.backup.http-address：BackupNode HTTP 服务的端口和地址，如果端口设为 0，那么服务器将在空闲端口启动。

CheckPointNode 或者 BackupNode 的位置就是通过上面两个配置项指定的，而 CheckPoint 的过程则是由 dfs.namenode.checkpoint.period 和 dfs.namenode.checkpoint.txns 控制的。

4.2.3　Rebalance 与机架感知

1．Rebalance

HDFS 的数据也许并不是非常均匀地分布在各个 DataNode 中的，一个常见的原因是在现有的集群上经常会增添新的 DataNode。当新增一个 Block（文件中的数据被保存在一系列的块中）时，NameNode 在选择 DataNode 接收这个 Block 之前，会考虑很多因素，如：

① 将 Block 的一个副本放在正在写这个 Block 的节点上。

② 尽量将 Block 的不同副本分布在不同的机架上，以使集群在完全失去某一机架的情况下还能存活。

③ 一个副本通常被放置在和写文件的节点同一机架的某个节点上，这样可以减少跨越机架的网络 I/O。

④ 尽量均匀地将 HDFS 数据分布在集群的 DataNode 中。

上述多种因素需要综合考虑，数据可能并不会均匀地分布在 DataNode 中。

HDFS 负载均衡的命令格式如图 4-5 所示。

```
hdfs balancer
      [-policy <policy>]
      [-threshold <threshold>]
      [-exclude [-f <hosts-file> | <comma-separated list of hosts>]]
      [-include [-f <hosts-file> | <comma-separated list of hosts>]]
      [-source [-f <hosts-file> | <comma-separated list of hosts>]]
      [-blockpools <comma-separated list of blockpool ids>]
      [-idleiterations <idleiterations>]
      [-runDuringUpgrade]
```

图 4-5　HDFS 负载均衡的命令格式

2．机架感知（Rack Awareness）

通常，大型 Hadoop 集群是以机架的形式来组织的，同一个机架上的不同节点间的网络状况比不同机架上的不同节点间的网络状况更为理想。另外，NameNode 设法将 Block 副本保存在不同机架上以提高容错性。Hadoop 允许集群的管理员通过配置 dfs.network.script 参数来确定节点所在机架。当这个脚本配置完毕，每个节点都会运行这个脚本以获取它的机架 ID。默认为所有节点属于同一个机架。

4.2.4　安全模式、fsck、升级与回滚

1．安全模式

NameNode 启动时会从 FsImage 和 Edit 日志中获取文件系统的状态信息，然后等待各个 DataNode 向它报告它们各自的 Block 状态，这样，NameNode 就不会过早地开始复制 Block，即使在副本充足的情况下。这个阶段，NameNode 处于安全模式。NameNode 的安全模式本质上是 HDFS 集群的一种只读模式，此时集群不允许执行任何修改文件系统或

者 Block 的操作。通常 NameNode 会在开始阶段自动退出安全模式。如果需要，也可以通过 bin/hdfs dfsadmin -safemode 命令显式地将 HDFS 置于安全模式。NameNode 当前是否处于安全模式的信息会显示在首页。

2. fsck

HDFS 支持用 fsck 命令检查系统中的各种不一致状况。这个命令可用来报告各种文件存在的问题，如文件缺少 Block 或副本数目不够。不同于本地文件系统中的传统的 fsck 工具，fsck 命令并不会修正它检测到的错误。一般来说，NameNode 会自动修正大多数可恢复的错误。HDFS 的 fsck 命令不是一个 Hadoop Shell 命令，通过 bin/hadoop fsck 执行。

3. 升级与回滚

当在一个已有集群上升级 Hadoop 时，像其他软件升级一样，可能会出现新的 bug 或一些影响现有应用的非兼容性变更。在任何有实际意义的 HDFS 系统上，丢失数据是不被允许的，更不用说重新搭建启动 HDFS 了。HDFS 允许管理员退回到之前的 Hadoop 版本，并将集群的状态回滚到升级之前。

在升级 Hadoop 之前，管理员需要用 bin/hadoop dfsadmin -finalizeUpgrade（升级终结操作）命令删除存在的备份文件。

4.2.5　集群与环境优化

存档属性用来表示这个文档在上次备份之后被修改过。例如，当月 1 号，对全盘进行了一次备份，那么所有文档的存档属性都会被清除，表示已备份。此后，如果修改某些文件，那么这些被修改的文件就会加上存档属性，当几天后再次进行增量备份时，系统将只备份具有存档属性的文件。

每个文件均按 Block 方式存储，每个 Block 的元数据存储在 NameNode 的内存中，因此 Hadoop 存储小文件的效率非常低。因为大量的小文件会消耗 NameNode 中的大部分内存，如果文件大小为 5KB，那么产生的元数据为 150KB。一个 1MB 的文件以大小为 128MB 的 Block 存储，占用的是 1MB 的存储空间，而不是 128MB 的存储空间，HDFS 归档相当于把所有文件归档在一个文件夹中，该文件夹是以 har 命名的。当有很多小文件时，可以通过归档来解决效率问题。

归档：

```
Hadoop archive-archiveName mehar.har -p /user/mybigdata /user/me
```

查看归档：

```
hdfs dfs -lsrhar:///user/me/mehar.har
```

解归档：

```
hdfs dfs -cphar:///user/me/me.har /user/you
```

若要优化文件系统，推荐使用 EXT4 和 XFS 文件系统为服务器存储目录挂载时添加 noatime 属性，以使每次访问都不更改 Access 时间。（Access 时间是文件最后被访问的时间，cat 命令会改变这个时间。但是由于存在缓存，短期内只在第一次执行 cat 'abc'命令时改变 Access 时间。由于每次访问文件都更改 Access 时间对性能要求高的系统的影响比较大。因此可以将文件设置为被访问时不改变 Access 时间。）

默认的 HDFS 配置文件可以参考 Hadoop 官方文档中的 hdfs-default.xml 文件。

4.3 MapReduce 配置优化

一个 MapReduce 的 Job 通常会把输入的数据集切分为若干独立的 Block，由 MapTask 以完全并行的方式处理。MapReduce 会先对 Map 的输出进行排序，然后把结果输入 ReduceTask。一般情况下 Job 的输入和输出会被存储在文件系统中，整个 MapReduce 负责任务的调度和监控，以及重新执行失败的任务。

4.3.1 Job 配置

一个 Job 表示一个 MapReduce 的作业配置，是用户向 Hadoop 框架描述 MapReduce 作业已执行的主要接口。对于被标记为 Final Parameters 的配置项，客户端是无法通过连接变更的。应用比较广泛的配置项在 core-site.xml 文件中，比如，关于 hosts 的配置项（见图 4-6），设置之后就不再变更了。

```
<property>
  <name>dfs.hosts.include</name>
  <value>/etc/hadoop/conf/hosts.include</value>
  <final>true</final>
</property>
```

图 4-6　关于 hosts 的配置项

JobConf 可选择地设置一些高级选项，如设置 Comparator、放到 DistributedCache 上的文件、中间结果或作业输出结果是否需要压缩及怎么压缩、利用用户提供的脚本（setMapDebugScript(String)/setReduceDebugScript(String)）进行调试、作业是否允许预防性（Speculative）任务的执行（setMapSpeculativeExecution(boolean))/(setReduceSpeculativeExecution(boolean))、每个任务最大的尝试次数（setMaxMapAttempts (int)/setMaxReduceAttempts (int)）、一个作业能容忍的任务失败的百分比 （setMaxMapTaskFailuresPercent(int)/setMaxReduceTaskFailuresPercent(int)）等。

用户能使用 set(String,String)或 get(String,String) 来设置或取得应用程序需要的任意参数。注意，DistributedCache 的使用是面向大规模只读数据的。

TaskTracker 是在一个单独的 JVM 上以子进程的形式执行 Map/Reducer 任务的。子任务会继承父 TaskTracker 的环境。用户可以通过 JobConf 中的 mapred.child.java.opts 配置项来设定子 JVM 上的附加选项，如通过-Djava.library.path=<> 将一个非标准路径设为运行时的链接，用以搜索共享库等。如果 mapred.child.java.opts 包含一个@taskid@，那么它将被替换成 Map/Reduce 的任务 ID。

```
<property>
    <name>mapred.child.java.opts</name>
    <value>
        -Xmx512M -Djava.library.path=/home/mycompany/lib -verbose:gc -
        Xloggc:/tmp/@taskid@.gc -Dcom.sun.management.jmxremote.
        authenticate=false -Dcom.sun.management.jmxremote.ssl=false
    </value>
<property>
```

上面的配置除指定 GVM GC 的日志外，还包括以免密方式启动 JVM、JMX 代理程序，以连接到 JConsole 上查看子进程的内存和线程，得到线程的 dump；还把子 JVM 的最大堆尺寸设置为 512MB，并为子 JVM 的 java.library.path 添加了一个附加路径。

mapreduce.{map|reduce}.memory.mb：指定启动子进程或者子任务的最大虚拟内存。每个进程有自己独立的值，单位是 MB。要注意的是，这个值不能小于 JVM 的启动最大内存，否则 JVM 无法启动。

关于进程的启动配置，Hadoop 内部根据功能组件不同，有不同的属性，如表 4-1 所示。

表 4-1　Job 配置表

进 程 名 称	环 境 变 量
NameNode	HADOOP_NAMENODE_OPTS
DataNode	HADOOP_DATANODE_OPTS
SecondaryNameNode	HADOOP_SECONDARYNAMENODE_OPTS
ResourceManager	YARN_RESOURCEMANAGER_OPTS
NodeManager	YARN_NODEMANAGER_OPTS
WebAppProxy	YARN_PROXYSERVER_OPTS
Map Reduce Job History Server	HADOOP_JOB_HISTORYSERVER_OPTS

MapReduce 的服务配置名称是 HADOOP_JOB_HISTORYSERVER_OPTS，使用方式是：export HADOOP_JOB_HISTORYSERVER_OPTS="-XX:+UseParallelGC"。也可以在/hadoop/mapred-site.xml 中配置如下配置项，效果等同。

MapReduce 应用的配置项如图 4-7 所示。

参数	值	备注
mapreduce.framework.name	yarn	Execution framework set to Hadoop YARN.
mapreduce.map.memory.mb	1536	Larger resource limit for maps.
mapreduce.map.java.opts	-Xmx1024M	Larger heap-size for child jvms of maps.
mapreduce.reduce.memory.mb	3072	Larger resource limit for reduces.
mapreduce.reduce.java.opts	-Xmx2560M	Larger heap-size for child jvms of reduces.
mapreduce.task.io.sort.mb	512	Higher memory-limit while sorting data for efficiency.
mapreduce.task.io.sort.factor	100	More streams merged at once while sorting files.
mapreduce.reduce.shuffle.parallelcopies	50	Higher number of parallel copies run by reduces to fetch outputs from very large number of maps.

图 4-7　MapReduce 应用的配置项

mapreduce.framework.name：MapReduce 作业执行的运行架构，可选值为 local、classic、yarn，默认值为 local，图 4-7 中是 yarn。

mapreduce.map.memory.mb：每个 Map 任务调度请求的内存容量，默认值是 1024MB。

mapreduce.map.java.opts：JVM 为 MapReduce 的 Map 任务开辟出的堆栈大小，-Xmx1024M，最大值为 1GB。值得注意的是，该配置项属于 JVM 的配置项，在 mapred-default.xml 文件中没有该配置项。

mapreduce.reduce.memory.mb：每个 Reduce 任务调度请求的内存容量，默认值是 1024MB。

mapreduce.reduce.java.opts：JVM 为 MapReduce 的 Reduce 任务开辟出的堆栈大小，-Xmx2560M，最大值为 2560MB。值得注意的是，该配置项属于 JVM 的配置项，在 mapred-default.xml 文件中没有该配置项。

mapreduce.task.io.sort.mb：文件排序时，使用的缓存的总量，默认值是 100MB，为每个合并的文件保留 100MB 的大小，目的是实现最小化查询。

mapreduce.task.io.sort.factor：文件排序时一次性合并文件的数量，决定了打开文件的 handle 的数量；默认值是 10。

mapreduce.reduce.shuffle.parallelcopies：Reduce 在 Shuffer 阶段并行传输的数量，默认值是 5。

MapReduce JobHistory Server 的配置如图 4-8 所示。

参数	值	备注
mapreduce.jobhistory.address	MapReduce JobHistory Server *host:port*	Default port is 10020.
mapreduce.jobhistory.webapp.address	MapReduce JobHistory Server Web UI *host:port*	Default port is 19888.
mapreduce.jobhistory.intermediate-done-dir	/mr-history/tmp	Directory where history files are written by MapReduce jobs.
mapreduce.jobhistory.done-dir	/mr-history/done	Directory where history files are managed by the MR JobHistory Server.

图 4-8　MapReduce JobHistory Server 的配置

mapreduce.jobhistory.address：MapReduce JobHistory Server IPC host:port，默认值为 0.0.0.0:10020。

mapreduce.jobhistory.webapp.address：MapReduce JobHistory Server Web UI host:port，默认值为 0.0.0.0:19888。

mapreduce.jobhistory.intermediate-done-dir：${yarn.app.mapreduce.am.staging-dir}/history/done_intermediate，临时目录。

mapreduce.jobhistory.done-dir：${yarn.app.mapreduce.am.staging-dir}/history/done。

Map Parameters 配置如图 4-9 所示。

参数	类型
mapreduce.task.io.sort.mb	int
mapreduce.map.sort.spill.percent	float

图 4-9　Map Parameters 配置

mapreduce.task.io.sort.mb：文件排序时使用的缓存的总量。

mapreduce.map.sort.spill.percent：缓存区序列化时定义的阈值，达到该值，开始在后台写入磁盘。

Shuffle/Reduce Parameters 配置如下。

每个 Reduce 任务都会接收分区通过 HTTP 传递过来的输出，将其提取到内存并定期合并到磁盘。如果 Map 的输出存在解压过程，那么每个输出都会释放进内存。

下面的配置项会影响 Shuffle 的进行。

mapreduce.task.io.soft.factor：指定同一时间磁盘需要合并的段的数量，限制了合并期间打开的文件和压缩编解码器的数量。如果文件数量超过该设定值，合并会分多次进行。

这个限制对 Map 过程同样适用。

mapreduce.reduce.merge.inmem.thresholds：在合并写入磁盘前，存入内存的 Map 输出数目。该值是触发值，在实际应用中，要么设置为比较高的值，如 1000；要么设置为 0，表示禁用该选项，因为在内存中合并比在磁盘中合并付出的代价要小。该值只会影响 Shuffle 过程中数据在内存中合并的频率。

mapreduce.reduce.shuffle.merge.percent：在 Map 输出进入内存合并前，预分配给 Map 输出的内存的百分比，该值设置得太高将影响合并提取的并行度，从而影响性能。若将该值设为 1，则表示所有 Map 输出进入内存，将影响 Reduce 输入。该配置只会影响 Shuffle 过程中数据在内存中合并的频率。

mapreduce.reduce.shuffle.input.buffer.percent：最大的堆栈内存相关的百分比，一般由 mapreduce.reduce.java.opts 指定最大值，用来存储 Shuffle 过程中的 Map 输出，理论上是要为除 MapReduce 之外的程序留一部分内存空间，不过很明显，内存越大对 Shuffle 过程中 Map 输出的处理越有利。

mapreduce.reduce.input.buffer.percent：在 Reduce 过程中，Map 输出占用的最大堆栈相关内存的百分比。在理想情况下，在 Reduce 过程中，Map 输出已经合并完毕，但是当文件容量太大，Map 输出依然继续时，就需要为 Map 输出保留堆栈内存，尽可能地避免 Reduce 关联磁盘。

如果 Map 输出量超出内存预分配的大小的 25%，那么 Map 输出直接写入磁盘。

在 Reduce 之前 Map 输出在磁盘合并时，由于达到甚至超出 mapreduce.task.io.soft.factor 定义的值，段溢出到磁盘上，因此 Map 输出到内存中时会伴随中间合并过程。

图 4-10 所示为 MapReduce 的配置参数，每个任务执行过程中可以通过 Job 配置在局部发挥作用。

参数	类型	备注
mapreduce.job.id	String	The job id
mapreduce.job.jar	String	job.jar location in job directory
mapreduce.job.local.dir	String	The job specific shared scratch space
mapreduce.task.id	String	The task id
mapreduce.task.attempt.id	String	The task attempt id
mapreduce.task.is.map	boolean	Is this a map task
mapreduce.task.partition	int	The id of the task within the job
mapreduce.map.input.file	String	The filename that the map is reading from
mapreduce.map.input.start	long	The offset of the start of the map input split
mapreduce.map.input.length	long	The number of bytes in the map input split
mapreduce.task.output.dir	String	The task's temporary output directory

图 4-10 MapReduce 的配置参数

在执行 Job 数据流时，MapReduce 的属性名称会发生变化，“.”会变成“_”如 mapreduce.job.id 会变成 mapreduce_job_id，所以如果调用某属性，需要使用下画线式属性名称。

4.3.2　其他

Task Log：NodeManager 读取标准输出（stdout）和错误（stderr）的日志流及任务的 syslog，并记录到$ {HADOOP_LOG_DIR} / userlogs。

Distributing Libraries：在 Map 和 Reduce 的 Task 中 DistributedCache 可以使用分布式的 jar，也可以使用本地的 jar。child-jvm 会将工作目录写入 java.library.path 和 LD_LIBRARY_PATH，使用 System.load 或者 System.loadLibrary 可以使用特定的 jar。

以 mylib.so 为例来介绍具体操作。

① 将 mylib.so 上传到 HDFS：

```
bin/hadoop fs -copyFromLocal mylib.so.1 /libraries/mylib.so.1
```

② 将 jar 加入 DistributedCache：

```
DistributedCache.createSymlink(conf);
DistributedCache.addCacheFile("hdfs://host:port/libraries/mylib.so.1#mylib.s
o",conf);
```

③ 加载：

```
jar System.loadLibrary("mylib.so");
```

MapReduce 有很多可配置的属性，限于篇幅要求，不再过多展开介绍，感兴趣的读者可以查看 Hadoop 官方文档中的 mapred-default.xml 文件。

4.4　YARN 配置优化

本节主要从 YARN 的角度来说明一些配置项。

4.4.1　YARN

YARN 的基本思想是将资源调度管理和任务执行计划、监控分离成多个不同进程，创建一个全局的资源管理器（ResourceManager）和每一个应用级别的 ApplicationMaster，一个应用可以是一个独立的作业，也可以是一个关于作业的 DAG。

ResourceManager 和 NodeManager 构成了数据计算框架（见图 4-11）。在系统所有应用中，ResourceManager 拥有最高权限，NodeManager 是每台机器响应 Container 的框架代理。Container 用于监控 CPU、Memory、Disk、Network 等资源使用情况，并将结果汇报给 ResourceManager 和 Scheduler。

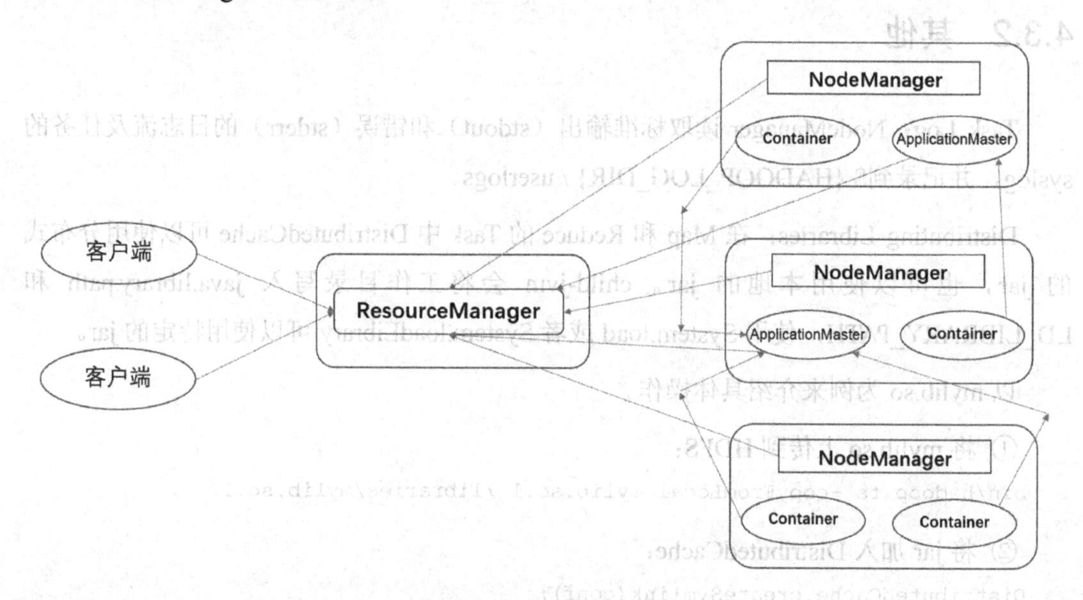

图 4-11　数据计算框架

4.4.2　Capacity Scheduler

Capacity Scheduler 用于一个集群（集群被多个组织共享）运行多个应用的情况，其目标是使吞吐量和集群利用率最大化。Capacity Scheduler 允许将整个集群的资源分成多个部分，每个组织使用其中一部分，即每个组织有一个专门的队列，每个组织的队列还可以进一步划分为层次结构（Hierarchical Queues），从而允许组织内部不同用户组使用。每个队列内部按照 FIFO 的方式调度应用。当某个队列的资源空闲时，可以将它剩余的资源共享给其他队列。

Hadoop 官方给出了 Hadoop YARN 的九大特征，具体如下。

- Hierarchical Queues：支持队列层次结构，可提供更多控制，具有可预测性。
- Capacity Guarantees：队列的所有应用程序都可以访问队列 Capacity，管理员可以为分配给每个队列的容量配置软限制和可选硬限制。
- Security：为管理员用户提供 ACL 之类的工具，以解决跨组织的安全问题。
- Elasticity：对于队列资源的弹性获取可以防止集群中出现资源孤岛。

- Multi-tenancy：防止单个程序、用户、队列占用整个集群或队列的资源。
- Operability：管理员可以在队列运行时调空队列资源，也可以对队列进行启动、停止动作。
- Resource-based Scheduling：支持密集型资源要求的应用。
- Queue Mapping based on User or Group：用户可以将作业映射到指定的用户和组。
- Priority Scheduling：目前只支持 FIFO 排序策略。

在 conf/yarn-site.xml 文件中使用 Capacity Scheduler 配置 ResourceManager。

配 置 项	值
yarn.resourcemanager.scheduler.class	org.apache.hadoop.yarn.server.resourcemanager. scheduler.capacity.CapacityScheduler

这个配置就是定义资源调度的主类。

Capacity Scheduler 的配置文件是 etc/hadoop/capacity-scheduler.xml。Capacity Scheduler 有一个预定义的队列，队列名为 root，系统中的所有队列都是 root 队列的子队列。可以使用 yarn.scheduler.capacity.root.queues 来定义队列，值为逗号分隔的列表。

yarn.scheduler.capacity.root.queues 用于定义队列，该配置项的值是 root 的子队列，即 root.a,root.b,root.c，如果该层级的队列还有子队列，如 a 之后有子队列 d，则表示为 root.a.d，队列间用点连接，如图 4-12 所示。

```
<property>
  <name>yarn.scheduler.capacity.root.queues</name>
  <value>a,b,c</value>
  <description>The queues at the this level (root is the root queue).
  </description>
</property>

<property>
  <name>yarn.scheduler.capacity.root.a.queues</name>
  <value>a1,a2</value>
  <description>The queues at the this level (root is the root queue).
  </description>
</property>

<property>
  <name>yarn.scheduler.capacity.root.b.queues</name>
  <value>b1,b2,b3</value>
  <description>The queues at the this level (root is the root queue).
  </description>
</property>
```

图 4-12 yarn.scheduler.capacity.root.queues 配置项

4.4.3 Queue Properties

1．资源分配

yarn.scheduler.capacity.<queue-path>.capacity：队列容量的百分比，值为 float 类型，如 12.5，所有队列容量之和为 100。如果队列外有空闲资源，队列内的应用可能会消耗超过队列容量的资源（占用了空闲资源），以提高性能。

yarn.scheduler.capacity.<queue-path>.maximum-capacity：队列最大容量，限制了队列中应用程序的弹性，默认值是-1，表示不限制。

yarn.scheduler.capacity.<queue-path>.minimum-user-limit-percent：用于限定队列中用户使用资源的占比。该值介于资源分配最小占比和与用户数量队列中相关的最大占比之间。例如，当队列中有两个用户提交了应用时，没有一个用户的占比会超过 50%；同理若为三个用户，则最大占比为 33%；若为四个用户，则最大占比为 25%，依次类推。默认值是 100，表示不对用户加以限制。该值必须是整数。

yarn.scheduler.capacity.<queue-path>.user-limit-factor：用户可以获得的队列容量资源的倍数。默认值是 1，表示任意一个用户都不会占用超出队列容量的资源，无论集群空闲资源有多少。该值是 float 类型的。

yarn.scheduler.capacity.<queue-path>.maximum-allocation-mb：Container 为每个队列向 ResourceManager 申请获取的最大内存限制。该配置会覆盖集群配置 yarn.scheduler.maximum-allocation-mb 的值。该值不能超过集群的内存大小。

yarn.scheduler.capacity.<queue-path>.maximum-allocation-vcores：Container 为每个队列向 ResourceManager 申请的虚拟核数的最大值。该配置会覆盖集群配置 yarn.scheduler.maximum-allocation-vcores 的值。该值不能大于集群拥有的虚拟核数。

yarn.scheduler.capacity.<queue-path>.user-settings.<user-name>.weight：用于计算在一个队列中用户使用资源的限制。例如，对于 A 用户将该值设为 1.5，在 B 用户、C 用户该值都是 1.0 的基础上，A 用户比 B 用户和 C 用户多 50%。该值是 float 类型的。

2．限制在运行的和在等待的应用

yarn.scheduler.capacity.maximum-applications / yarn.scheduler.capacity.<queue-path>.maximum-applications：系统中可以并行处理的最大的应用数量，每个队列的容量和其用户数成正比。这是一个硬性指标，一旦达到该值，应用的任何请求都将被拒绝，默认值是 10000。可以直接在 YARN 的配置文件里配置 yarn.scheduler.capacity.maximum-applications 属性，也可

以在每个队列的 capacity 配置中配置 yarn.scheduler.capacity.<queue-path>.maximum-applications，后者会覆盖前者。

yarn.scheduler.capacity.maximum-am-resource-percent / yarn.scheduler.capacity.<queue-path>.maximum-am-resource-percent：集群中运行 ApplicationMaster 的资源的最大占比，用来控制并发程序的数量。默认值是 10%，每个队列的 yarn.scheduler.capacity.<queue-path>.maximum-am-resource-percent 的配置值会覆盖 yarn.scheduler.capacity.maximum-am-resource-percent 的配置值。

3. 队列管理和权限

yarn.scheduler.capacity.<queue-path>.state：队列的状态，值有两个，即 RUNNING 和 STOPPED，STOPPED 状态的队列不接收新的应用的请求，其子队列也不接收新的应用的请求。如果 root 队列处于停止状态，那么整个集群不再接收新的应用提交的请求，但已经存在的应用还是可以继续提交请求的。在这种情况下，随着应用的完成，队列会顺利地结束生命周期。

yarn.scheduler.capacity.root.<queue-path>.acl_submit_applications：可以向指定队列提交请求的应用的 ACL，若没有指定，则会从父队列继承，当用户或者用户组在给定的队列或者父队列上有必要的 ACL 权限时，它们可以提交应用。

yarn.scheduler.capacity.root.<queue-path>.acl_administer_queue：指定队列中可以管理应用的 ACL。若队列没有指定，则会从父队列继承，当用户或者用户组在给定的队列或者父队列上有必要的 ACL 权限时，它们可以管理应用。

ACL 的格式是用户 1,用户 2　space 组 1,组 2。*代表所有的用户，空值表示没有人。如果不指定，root 队列默认是*。

4. 基于用户和用户组的队列映射

yarn.scheduler.capacity.queue-mappings：指定了一个队列和一个用户或者用户组的映射，语法是：[u or g]:[name]:[queue_name][,next_mapping]*，如 u:user1:queue1，%user 用来指定提交应用的用户。当队列名与用户名一样时，可以使用%user；当队列名与用户所属组一样时，可以使用 %primary_group 来表示队列名。映射从左到右处理，最先加载处理的有效。

yarn.scheduler.capacity.queue-mappings-override.enable：用于配置用户指定的队列是否可以被覆盖，默认值是 false。

5. 队列的生命周期

yarn.scheduler.capacity.<queue-path>.maximum-application-lifetime：向队列提交请求的应用的最大生命周期，单位是 s。该值不能小于 0，否则视为无效，这对于队列中的任何应用都是强制指标。生命周期时间过后，应用会被杀死。用户可以为每个应用在应用提交的 Context 中设置生命周期。当执行队列的最大生命周期时，用户的生命周期也会被覆盖。如果该值设置得太小，应用会很快结束。该属性只适用于子队列。

yarn.scheduler.capacity.root.<queue-path>.default-application-lifetime：向队列发送提交请求的应用的默认生命周期，单位是 s，非正值都是无效的。在用户没有为应用设置生命周期时，会为应用采用该配置的值。该值不能比最大的生命周期大。

6. 设置应用优先级

应用的优先级只在 FIFO 的排序策略中有效，默认的排序策略是 FIFO。

集群级别的优先级（Cluster-level priority）：如果一个应用的优先级比集群高，那么在它提交任务时会重置集群的最大优先级为自己的优先级。用户可以在$HADOOP_HOME/etc/hadoop/yarn-site.xml 中设置集群最大优先级策略。

yarn.cluster.max-application-priority：定义集群中最大的应用优先级。

Leaf Queue-level priority：管理员可以为子队列设置默认的权限等级，如果队列没有设置权限等级，那么会采用默认的设置。队列级别的权限在$HADOOP_HOME/etc/hadoop/capacity-scheduler.xml 中设置。

yarn.scheduler.capacity.root.<leaf-queue-path>.default-application-priority：容量调度器，容器抢占式多任务处理。

Capacity Scheduler 支持使用率高的队列抢占容器资源，可以在 yarn-site.xml 中配置。

yarn.resourcemanager.scheduler.monitor.enable：配置是否启用监视器影响调度，默认值是 false。监视器的配置项是 yarn.resourcemanager.scheduler.monitor.policies。

yarn.resourcemanager.scheduler.monitor.policies：为和调度任务互相影响的调度编辑策略，该配置项需要和调度策略兼容，默认值是 org.apache.hadoop.yarn.server.resourcemanager.monitor.capacity. ProportionalCapacityPreemptionPolicy.

YARN 细节很多，篇幅有限，这里不再展开介绍，有兴趣的读者可以参考官网提供的 YARN 的配置文件 yarn-default.xml。

第 5 章 高可用配置

Hadoop 的高可用机制是从 2.X 版开始引入的，之前没有高可用机制。严格来说，Hadoop 的高可用是指 Hadoop 的各个组件的高可用，主要包括：

- HDFS 的高可用；
- YARN 的高可用。

其中，YARN 的高可用在第 3 章已有所介绍，HDFS 实现高可用主要有以下两种方式：

- HDFS with NFS；
- HDFS with QJM。

5.1 架构

Hadoop HA（High Available，高可用）通过同时配置两个处于 Active/Passive 模式的 NameNode 来解决高可用问题，分别叫 ActiveNameNode 和 StandbyNameNode，StandbyNameNode 作为热备份，允许在机器发生故障时快速进行故障转移，同时在日常维护时使用优雅的方式进行 NameNode 切换。

NameNode 只能配置一主一备，不能多于两个。主 NameNode 处理所有操作请求（读/写），StandbyNameNode 只是作为备节点，维护尽可能同步的状态，使得在机器发生故障时能够快速切换到 StandbyNameNode。为了使 StandbyNameNode 与 ActiveNameNode 数据保持同步，两个 NameNode 都与一组 JournalNode 进行通信。当主 NameNode 进行任务的名称空间操作时，会确保持久化内容修改日志到大部分 JournalNode 中。StandbyNameNode 持续监控这些 Edit 日志，在监测到变化时，将这些修改应用到自己的名称空间。

当进行故障转移时，StandbyNameNode 在成为 ActiveNameNode 之前，会确保自己已经读取了 JournalNode 中的所有 Edit 日志，从而保持数据状态与故障发生前一致。

为了确保故障转移能够快速完成，StandbyNameNode 需要维护最新的 Block 位置信息，即每个 Block 副本存放在集群中的哪些节点上。为了达到这一点，DataNode 同时配置主 NameNode 和备 NameNode，并同时发送 Block 报告和心跳到两个 NameNode。

确保任何时刻只有一个 NameNode 处于 Active 状态是非常重要的，否则可能发生数据丢失或者数据损坏。当两个 NameNode 都认为自己是 ActiveNameNode 时，会同时尝试写入数据，不再检测和同步数据，这种现象称为脑裂。为了防止脑裂现象，JournalNode 只允许一个 NameNode 写入数据，内部通过维护 epoch 数来控制，从而安全地进行故障转移。

有如下两种方式可以进行 Edit 日志共享：

- 使用 NFS 共享 Edit 日志（存储在 NAS/SAN）；
- 使用 QJM 共享 Edit 日志。

5.2 使用 NFS 共享存储

使用 NFS 作为共享存储架构，如图 5-1 所示，这种方案可能会出现脑裂，即两个节点都认为自己是主 NameNode 并尝试向 Edit 日志写入数据，这可能会导致数据损坏。

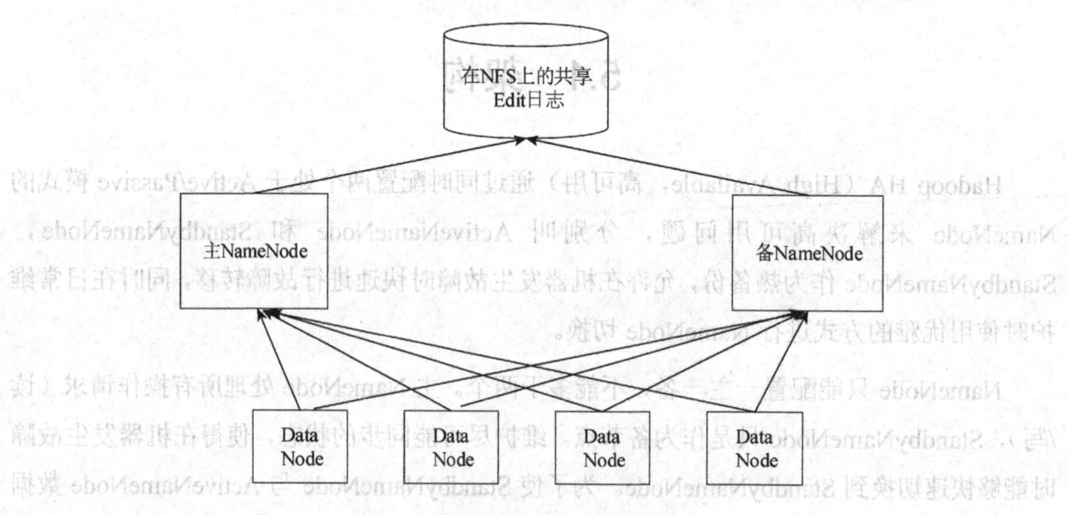

图 5-1 使用 NFS 作为共享存储架构

可以通过配置 fencing 脚本来解决这个问题，fencing 脚本用于：

- 将之前的 NameNode 关机；
- 禁止之前的 NameNode 继续访问共享的 Edit 日志。

使用这种方案，管理员可以手动触发 NameNode 切换，然后进行升级维护，但这种方式存在如下问题：

- 只能手动进行故障转移，每次故障都要求管理员采取措施切换。
- NAS/SAN 设置部署复杂，容易出错，且 NAS 本身是单点故障。
- fencing 很复杂，易配置错误。
- 无法解决意外事故，如硬件或者软件故障。

因此，需要另一种方式来处理这些问题：

- 自动故障转移（引入 ZooKeeper 达到自动化）；
- 移除对外界软件或硬件的依赖（NAS/SAN）；
- 解决意外事故及日常维护导致的不可用。

5.3　Quorum-based 存储+ZooKeeper

QJM（Quorum Journal Manager）是 Hadoop 专门为 NameNode 共享存储开发的组件。其集群运行一组 JournalNode，每个 JournalNode 暴露一个简单的 RPC 接口，允许 NameNode 读取和写入数据，数据存放在 JournalNode 的本地磁盘中。当 NameNode 写入 Edit 日志时，会向集群的所有 JournalNode 发送写入请求，当多数 JournalNode 回复确认成功写入之后，Edit 日志就认为成功写入。例如，有三个 JournalNode，NameNode 如果收到两个来自 JournalNode 的确认消息，则认为写入成功。

在故障自动转移的处理上，引入了监控 NameNode 状态的 ZooKeeperFailController（ZKFC）。ZKFC 一般运行在 NameNode 的宿主机器上，与 ZooKeeper 集群协作完成故障的自动转移。Quorum-based 存储 + ZooKeeper 架构如图 5-2 所示。

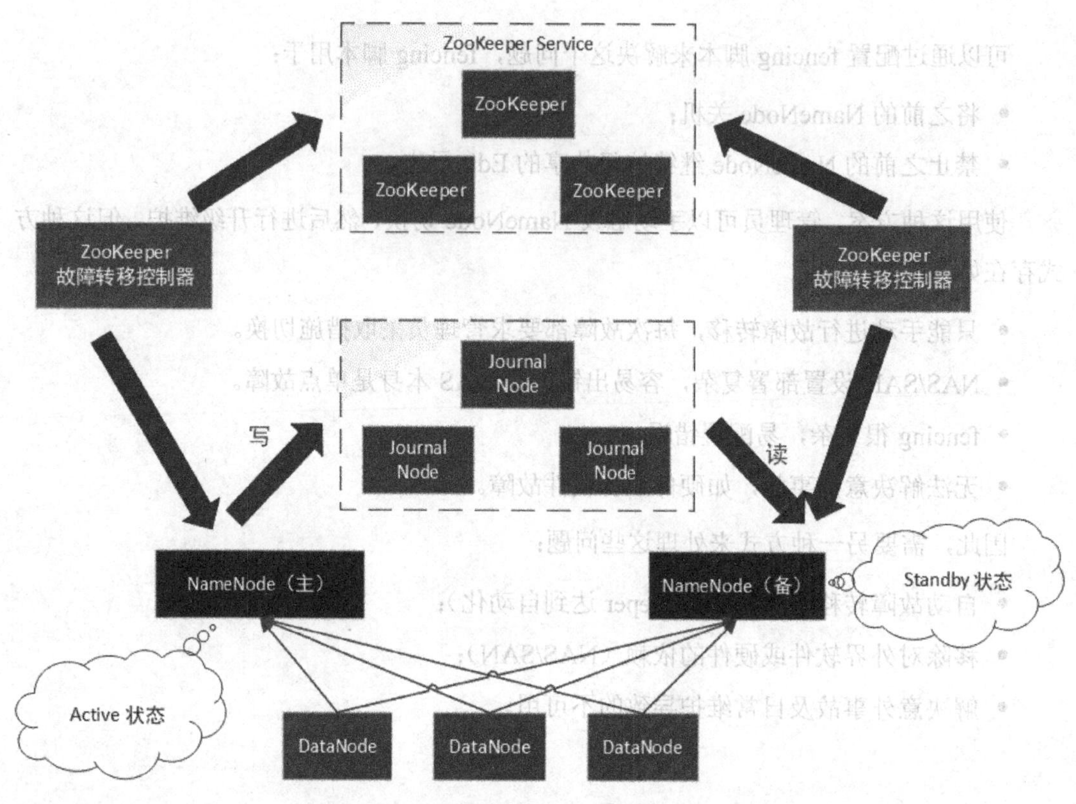

图 5-2 Quorum-based 存储 + ZooKeeper 架构

5.4 QJM

如图 5-3 所示，NameNode 使用 QJM 客户端提供的 RPC 接口与 NameNode 进行交互，写入 Edit 日志时采用基于仲裁的方式，即数据必须写入 JournalNode 集群的大部分节点。

服务端 JournalNode 运行轻量级的守护进程，暴露 RPC 接口供客户端调用。实际上，Edit 日志数据保存在 JournalNode 本地磁盘，该路径在配置中使用 dfs.journalnode.edits.dir 属性来指定。

JournalNode 通过 epoch 数来解决脑裂问题，称为 JournalNode fencing，具体工作原理如下：

① 当 NameNode 变成 Active 状态时，被分配一个整型的 epoch 数，这个 epoch 数是独一无二的，并且比之前所有 NameNode 持有的 epoch 数都高。

② 当 NameNode 向 JournalNode 发送消息时，也发送了 epoch 数。当 JournalNode 收

到消息时，将收到的 epoch 数与存储在本地的 epoch 数进行比较，如果收到的 epoch 数比本地的 epoch 数大，则使用收到的 epoch 数更新本地的 epoch 数。如果收到的 epoch 数比本地的 epoch 数小，则拒绝请求。

③ Edit 日志必须写入大部分 JournalNode 才算成功，也就是其 epoch 数要比大多数 JournalNode 的 epoch 数高。

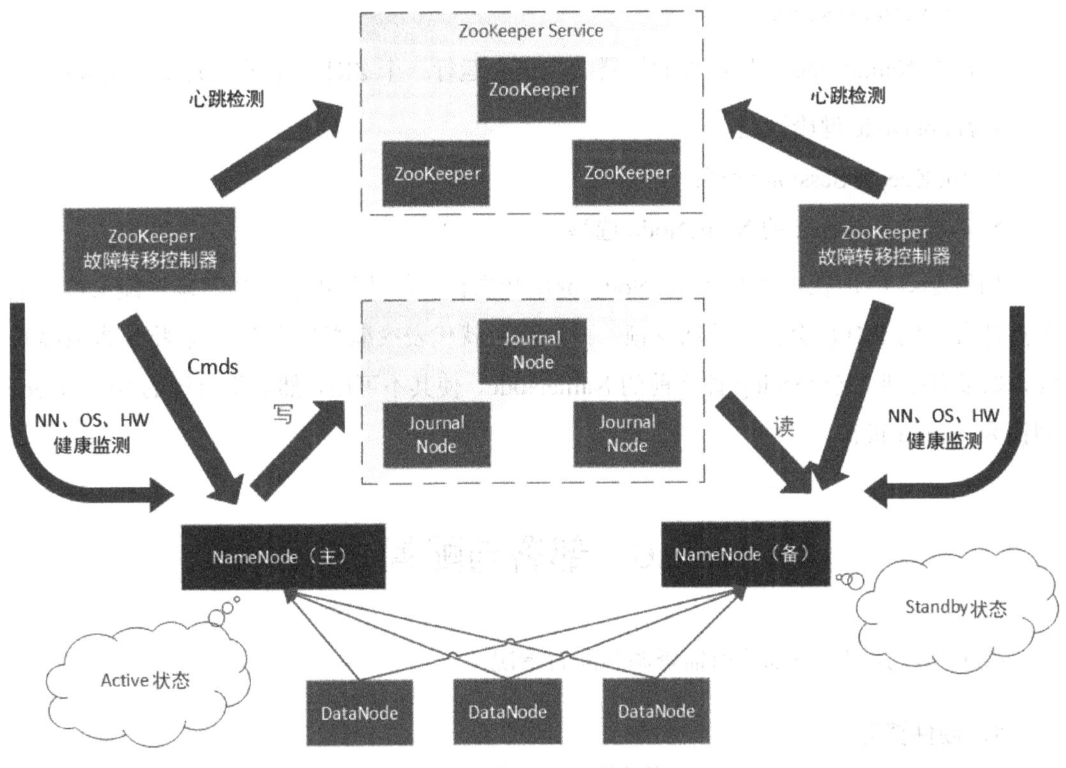

图 5-3　使用 QJM 的架构

QJM 方式解决了 NFS 方式存在的三个问题：

- 不需要额外的硬件，使用原有的物理机。
- fencing 通过 epoch 数来控制，避免出错。
- 采用 ZooKeeper 处理自动故障转移问题。

5.5　使用 ZooKeeper 进行自动故障转移

前面提到，为了支持故障转移，Hadoop 引入了两个新的组件：Quorum 和 ZKFC。

ZooKeeper 的任务如下。

- 失败检测：每个 NameNode 都在 ZooKeeper 中维护一个持久性 Session，如果 NameNode 故障，Session 过期，使用 ZooKeeper 的事件机制通知其他 NameNode 需要故障转移。
- NameNode 选举：如果当前 ActiveNameNode 结束运行，另一个 NameNode 会尝试获取 ZooKeeper 中的一个排它锁，获取这个锁就表明该 NameNode 将成为下一个 ActiveNameNode。

在每个 NameNode 守护进程的机器上，也会运行一个 ZKFC 用于完成以下任务：

- NameNode 健康管理；
- ZooKeeper Session 管理；
- 基于 ZooKeeper 的 NameNode 选举。

如果 ZKFC 所在机器的 NameNode 健康状态良好，并且用于选举的排它锁未被其他节点持有，则 ZKFC 会尝试获取该锁，成功获取就代表"赢得选举"，之后将负责故障转移，如果有必要，会 fencing 掉之前的 NameNode，使其不可用，然后将自己的 NameNode 切换为 Active 状态。

5.6 部署与配置

接下来，介绍一下部署所需资源和配置情况。

1. 硬件资源

为了运行 HA 集群，需要以下资源。

- NameNode 机器：运行 ActiveNameNode 和 StandbyNameNode 的机器配置应保持一样，与不使用 HA 情况下的配置一样。
- JournalNode 机器：运行 JournalNode 的机器，因为守护进程的量级较轻，所以可以将其部署在 NameNode 或者 YARN 资源管理器。至少需要部署三个 JournalNode，以便容忍一个节点故障。通常配置成奇数，如总数为 N，则 $(N-1)/2$ 台机器发生故障后集群仍然可以正常工作。

需要注意的是，StandbyNameNode 同时完成了原来 SecondaryNameNode 的 CheckPoint 功能，因此不再需要独立部署 SecondaryNameNode。

2. HA 配置

- nameservices（服务的逻辑名称）配置：

```
<property>
  <name>dfs.nameservices</name>
  <value>mycluster</value>
</property>1234
```

- NameNode 配置：

dfs.ha.namenodes.[nameservices]: nameservices 对应的 NameNode：

```
<property>
  <name>dfs.ha.namenodes.mycluster</name>
  <value>nn1,nn2</value> <!--目前最大为两个-->
</property>1234
```

- NameNode RPC 地址：

```
<property>
  <name>dfs.namenode.rpc-address.mycluster.nn1</name>
  <value>machine1.example.com:8020</value>
</property>
<property>
  <name>dfs.namenode.rpc-address.mycluster.nn2</name>
  <value>machine2.example.com:8020</value>
</property>12345678
```

- NameNode HTTP Server 配置：

```
<property>
  <name>dfs.namenode.http-address.mycluster.nn1</name>
  <value>machine1.example.com:50070</value>
</property> <!--如果启用了 Hadoop security，需要使用 https-address-->
<property>
  <name>dfs.namenode.http-address.mycluster.nn2</name>
  <value>machine2.example.com:50070</value>
</property>12345678
```

Edit 日志保存目录，即 JournalNode 集群地址，用分号隔开：

```
<property>
  <name>dfs.namenode.shared.edits.dir</name>
 <value>qjournal://node1.example.com:8485;node2.example.com:8485;node3.example.
com:8485/mycluster</value>
</property>12345
```

客户端故障转移代理类，目前只提供了一种实现方式：

```
<property>
  <name>dfs.client.failover.proxy.provider.mycluster</name>
  <value>org.apache.hadoop.hdfs.server.namenode.ha.
ConfiguredFailoverProxyProvider</value>
</property>1234
```

Edit 日志保存路径：

```
<property>
  <name>dfs.journalnode.edits.dir</name>
  <value>/path/to/journal/node/local/data</value>
</property>1234
```

虽然在使用 QJM 作为共享存储时不会出现脑裂现象，但是旧的 NameNode 依然可以接收读请求，这可能会导致数据过时，直到原有 NameNode 尝试写入 JournalNode 才关机。因此推荐配置一种合适的 fencing 方法。

fencing 方法配置如下：

```
<property>
    <name>dfs.ha.fencing.methods</name>
    <value>sshfence</value>
  </property>

  <property>
    <name>dfs.ha.fencing.ssh.private-key-files</name>
    <value>/home/exampleuser/.ssh/id_rsa</value>
</property>123456789
```

3. 部署启动

配置完成之后，使用如下命令启动 QJM 集群：

```
  hadoop-daemon.sh  start  journalnode1
```

配置并启动 ZooKeeper 集群，与常规的配置方式一样。配置内存主要包括数据保存位置、节点 ID、时间配置等，在 zoo.cfg 中配置，这里不列出详细步骤。使用之前，需要格式化 ZooKeeper 的文件：

```
  hdfs zkfc -formatZK1
```

格式化 NameNode：

```
  hdfs  namenode -format1
```

启动两个 NameNode:

```
//Master 节点
hadoop-daemon.sh start namenode27
//备用 NameNode
hdfs namenode -bootstrapStandby1234
```

其他组件的启动方式与常规方式一样。

第 6 章　Hadoop 其他组件

本章将介绍 Hadoop 生态体系中与 Hadoop 结合比较紧密的其他组件。

6.1　HBase 介绍

HBase 是 Hadoop Database 的简称，2007 年 10 月发布了第一个版本。2010 年 5 月，HBase 从 Hadoop 子项目升级成 Apache 顶级项目。HBase 出现的原因是 HDFS 缺乏随即读写操作，其作为面向列的数据库运行在 HDFS 上。HBase 以 Google BigTable 为蓝本，以 key-value 对的形式存储，其目标是快速在主机内数十亿行数据中定位所需数据并访问它。

6.1.1　概述

HBase 是分布式的面向列的开源数据库，在 Hadoop 生态系统中位于中间层，HDFS 为 HBase 提供可靠的底层数据存储服务，MapReduce 为 HBase 提供高性能的计算能力，ZooKeeper 为 HBase 提供稳定服务和 Failover 机制，因此可以说 HBase 是一个通过大量廉价机器解决海量数据的高速存储和读取的分布式数据库。

HBase 是 Hadoop 生态系统的重要组成部分，图 6-1 总结了各版本 HBase 支持的 Hadoop 版本。未出现在图 6-1 中的较旧版本是不受支持且可能缺少必要的功能的，而未出现在图 6-1 中的较新版本是未经测试但可能适用的。

	HBase-1.2.x	HBase-1.3.x	HBase-1.5.x	HBase-2.0.x	HBase-2.1.x
Hadoop-2.4.x	√	√	×	×	×
Hadoop-2.5.x	√	√	×	×	×
Hadoop-2.6.0	×	×	×	×	×
Hadoop-2.6.1+	√	√	×	√	×
Hadoop-2.7.0	×	×	×	×	×
Hadoop-2.7.1+	√	√	√	√	√
Hadoop-2.8.[0-1]	×	×	×	×	×
Hadoop-2.8.2	①	①	①	①	①
Hadoop-2.8.3+	①	①	①	√	√
Hadoop-2.9.0	×	×	×	×	×
Hadoop-2.9.1+	①	①	①	①	①
Hadoop-3.0.[0-2]	×	×	×	×	×
Hadoop-3.0.3+	×	×	×	√	√
Hadoop-3.1.0	×	×	×	×	×
Hadoop-3.1.1+	×	×	×	√	√

√表示经过测试，可兼容；×表示经过测试，不兼容；①表示未经测试。

图 6-1　各版本 HBase 支持的 Hadoop 版本

6.1.2　特点

HBase 特点如下所示。

1．自动扩展

HBase 的扩展性主要体现在可以通过横向添加 RegionServer，进行水平扩展，而且全程自动化，无须人为操作，提升了 HBase 上层的处理能力，进而提升了处理数据能力。

2．海量存储

HBase 适合存储 PB 级的数据，在 PB 级的数据及采用廉价机器存储的条件下，能在几十到百毫秒内返回数据。这与 HBase 的极易扩展性息息相关。HBase 良好的扩展性，为海量数据的存储提供了便利。

3．列式存储

HBase 是面向列的。列族下面可以有很多列。在创建表的时候必须指定列族。

4．稀疏

稀疏主要针对的是 HBase 列的灵活性。在列族中，用户可以指定任意多的列，在列数据为空的情况下，其不会占用存储空间。

5．高可用、高并发

HBase 底层依赖于 HDFS，HDFS 本身具有高容错、高可用性，而且上层 RegionServer 在故障后也可以自动将故障转移，因此 HBase 具有高可用性。由于 HBase 采用分布式存储，所以其有很好的高并发能力，尤其对于写数据操作而言。

6. 数据多版本

HBase 每个单元中的数据可以有多个版本，在默认情况下，版本号会自动分配。

6.1.3 架构

从功能的角度来说，HBase 是一个数据库，与 Oracle、MySQL 等一样，可对外提供数据的存储和读取服务。从应用的角度来说，HBase 与一般的数据库有所区别。HBase 自身的数据存取接口相当简单，不支持复杂的数据存取，也不支持 SQL 等结构化的查询语言。除 rowkey 外，HBase 没有其他索引，所有数据分布和查询操作都依赖于 rowkey。所以，HBase 在表的设计方面有很严格的要求。

架构上，HBase 是分布式数据库的典范，类似于 MongoDB 的 Sharding 模式，能根据 key 的大小，把数据分布到不同的存储节点上，MongoDB 根据 ConfigServer 来定位数据的分区，HBase 通过访问 ZooKeeper 来获取 Meta 表所在地址，从而获取数据存储的 region。

HBase 是由三种类型的组件服务组成的主从式结构：ZooKeeper 群、Master 群和 RegionServer 群。

- ZooKeeper 群：HBase 集群不可缺少的重要部分，主要用于存储 Master 地址、协调 Master 和 RegionServer 等上下线、存储临时数据等。
- Master 群：主要用于执行一些管理操作，如 region 的分配及维护、DDL（创建/删除表）操作、手动管理操作下发等。一般数据的读写操作并不需要经过 Master，所以一般不需要对 Master 进行很高的配置。
- RegionServer 群：真正存储数据的地方。每个 RegionServer 由若干个 region 组成，RegionServer 提供读取和写入数据服务。RegionServer 可以提供大约 1000 个 region。

6.1.4 工作原理

1. HBase 写数据流程

HBase 写数据流程如下。

（1）客户端通过 ZooKeeper 的调度，向 RegionServer 发出写数据请求。

（2）定位需要写入数据的 RegionServer、region、rowkey。

（3）数据分组。数据分组涉及如下两步：

① 根据 Meta 表找到标有 region 的信息，从而获得对应的 RegionServer 信息。根据 rowkey，将数据写到指定的 region 中。

② 每个 RegionServer 上的数据会一起发送，在数据发送过程中，数据将按照 region 分好组。

（4）发送请求到 RegionServer。

发送数据操作是利用 HBase 自身封装的 RPC 框架来完成的。往多个 RegionServer 发送请求是并行发送的。客户端发送完写数据请求后，会自动等待请求处理结果。如果客户端没有捕获到任何异常，则认为所有数据都已经被写入成功。如果所有数据写入失败，或者部分数据写入失败，那么客户端将获知详细的失败 key 值列表。

（5）region 写数据（主要流程）。

① 获取 region 操作锁（读写锁）。

② 一次获取各行行锁。

③ 写入 MemStore（一个内存排序集合）。

④ 释放已获取的行锁。

⑤ 将数据写入 WAL（Write-Ahead-Log）。

⑥ 释放 region 操作锁。

（6）数据到磁盘 Flush。

以下几种情况会触发 Flush 操作：

① region 中的 MemStore 的总大小达到预设的 Flush Size（可配置）。

② MemStore 占用内存的总量和 RegionServer 总内存的比值超出预设的阈值。

③ WAL 中文件数量达到阈值。

④ HBase 刷新 MemStore（默认周期为 1 小时）。

⑤ 通过 Shell 命令分别对一个表或者一个 region 进行 Flush。

（7）文件合并（Compaction）。

随着写入的数据不断增多，Flush 次数也会不断增多，数据文件将越来越多。数据文件太多会导致数据查询 I/O 次数增多，因此 HBase 尝试不断对这些文件进行合并，该合并过程称为 Compaction。Compaction 分为 Minor、Major 两类。

- Minor：小范围的 Compaction，有最少和最大文件数目限制，通常会选择一些连续时间范围内的小文件进行合并。
- Major：涉及该 region、该列族下的所有数据文件。

2. HBase 读数据流程

HBase 读数据流程如下。

（1）客户端访问 ZooKeeper，查找 root 表，获取 Meta 表信息。

（2）从 Meta 表中获取存放目标数据的 region 信息，从而找到对应的 RegionServer。

（3）通过 RegionServer 获取需要查找的数据。

RegionServer 的内存分为 MemStore 和 BlockCache 两部分，MemStore 主要用于写数据，BlockCache 主要用于读数据。读请求先到 MemStore 中查找数据，若查不到，则将到 BlockCache 中查找数据；若仍查不到，则将到磁盘文件上读数据，并把读得的结果放入 BlockCache。

6.1.5 安装与运行

前面说过 HBase 的底层存储为 HDFS，所以安装 HBase 的首要条件是要有 Hadoop 环境。关于 Hadoop 环境的安装这里不再赘述，下面讲解 HBase 的安装过程。

HBase 有三种运行模式：单机模式、伪分布式模式、分布式模式。这里对伪分布式模式进行介绍。和安装 Hadoop 类似，安装 HBase 也需要安装 JDK 并配置 SSH 免密登录，详细步骤可参考第 3 章。配置好基础环境后先从 HBase 官网下载所需版本的安装包。

下载安装包后，将安装包上传到服务器并解压缩：

```
tar -zxvf hbase-2.1.2-bin.tar.gz
cd hbase-2.1.2
```

配置 conf/hbase-env.sh 文件，增加 export HBASE_MANAGES_ZK=true，即使用 HBase 自带的 ZooKeeper。

配置 conf/hbase-site.xml 文件为：

```
<configuration>
<property>
<name>hbase.rootdir</name>
<value>hdfs://localhost:9000/hbase</value>
</property>
<property>
```

```
<name>hbase.cluster.distributed</name>
<value>true</value>
</property>
</configuration>
```

其中，hbase.rootdir 用于指定 HBase 的存储目录；hbase.cluster.distributed 用于设置集群处于分布式模式。

接下来执行/bin/start-hbase.sh 命令启动 HBase，若安装成功则会出现如图 6-2 所示界面。

```
[hadoop@hadoop conf]$ ../bin/start-hbase.sh
localhost: running zookeeper, logging to /home/hadoop/hbase/bin/../logs/hbase-hadoop-zookeeper-hadoop.out
running master, logging to /home/hadoop/hbase/bin/../logs/hbase-hadoop-master-hadoop.out
: running regionserver, logging to /home/hadoop/hbase/bin/../logs/hbase-hadoop-regionserver-hadoop.out
```

图 6-2　启动 HBase 界面

执行 jps 命令即可查看 HMaster、HRegionServer 进程，如图 6-3 所示。

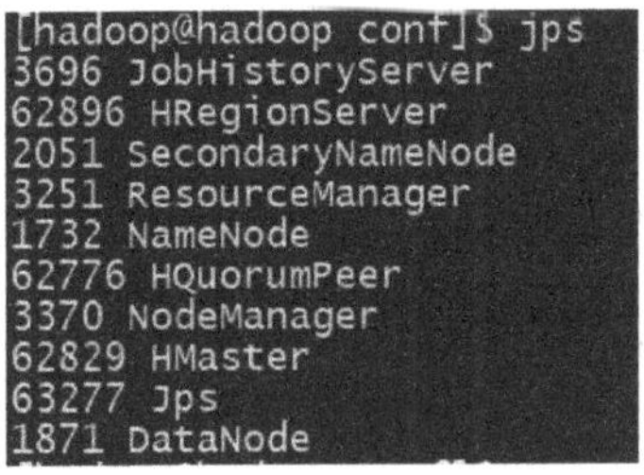

```
[hadoop@hadoop conf]$ jps
3696 JobHistoryServer
62896 HRegionServer
2051 SecondaryNameNode
3251 ResourceManager
1732 NameNode
62776 HQuorumPeer
3370 NodeManager
62829 HMaster
63277 Jps
1871 DataNode
```

图 6-3　jps 命令执行结果

执行./bin/hbase shell 命令进入 Shell 界面，执行 create 命令创建表：

```
create 'student','Sname','Ssex','Sage','Sdept','course'
```

命令运行结果如图 6-4 所示。

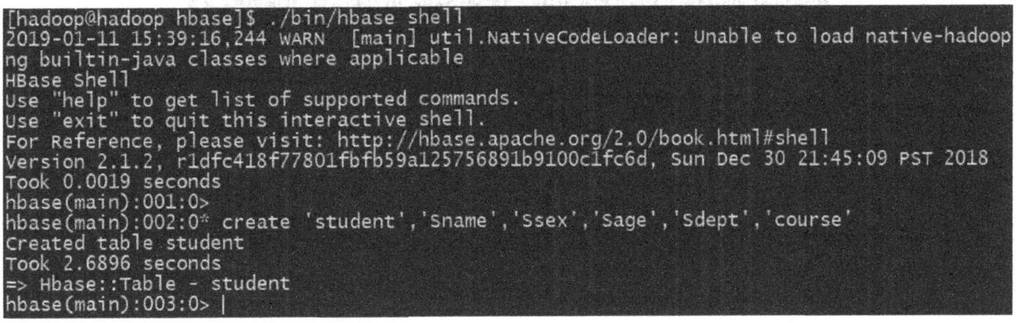

```
[hadoop@hadoop hbase]$ ./bin/hbase shell
2019-01-11 15:39:16,244 WARN  [main] util.NativeCodeLoader: Unable to load native-hadoop
ng builtin-java classes where applicable
HBase Shell
Use "help" to get list of supported commands.
Use "exit" to quit this interactive shell.
For Reference, please visit: http://hbase.apache.org/2.0/book.html#shell
Version 2.1.2, r1dfc418f77801fbfb59a125756891b9100c1fc6d, Sun Dec 30 21:45:09 PST 2018
Took 0.0019 seconds
hbase(main):001:0>
hbase(main):002:0* create 'student','Sname','Ssex','Sage','Sdept','course'
Created table student
Took 2.6896 seconds
=> Hbase::Table - student
hbase(main):003:0> |
```

图 6-4　命令运行结果

这样就在 HBase 中创建了一个 student 表，其属性有：Sname、Ssex、Sage、Sdept、course。

6.1.6 基础操作

（1）添加数据。

HBase 通过 put 命令添加数据：

```
put 'student','95001','Sname','LiYing'
```

命令运行结果如图 6-5 所示。

```
hbase(main):021:0* put 'student','95001','Sname','LiYing'
Took 0.1059 seconds
```

图 6-5 添加数据

（2）删除数据，delete 和 deleteall。

执行命令：

```
delete 'student','95001','Ssex'
```

即可删除 student 表中 95001 行下的 Ssex 列的所有数据。

执行命令：

```
deleteall 'student','95001'
```

即可删除 student 表中的 95001 行的全部数据。

命令运行结果如图 6-6 所示。

```
hbase(main):025:0* delete 'student','95001','Ssex'
Took 0.0117 seconds
hbase(main):026:0> deleteall 'student','95001'
Took 0.0108 seconds
```

图 6-6 删除数据

（3）查询数据，get 和 scan。

执行命令：

```
get 'student','95001'
```

即可查看 student 表中 95001 行的数据。

执行命令：

```
scan 'student'
```

即可查看 student 表中的所有数据。

命令运行结果如图 6-7 所示。

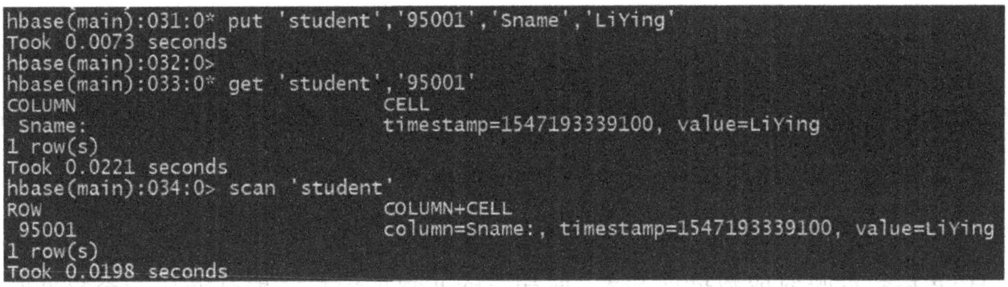

```
hbase(main):031:0* put 'student','95001','Sname','LiYing'
Took 0.0073 seconds
hbase(main):032:0>
hbase(main):033:0* get 'student','95001'
COLUMN                        CELL
 Sname:                       timestamp=1547193339100, value=LiYing
1 row(s)
Took 0.0221 seconds
hbase(main):034:0> scan 'student'
ROW                           COLUMN+CELL
 95001                        column=Sname:, timestamp=1547193339100, value=LiYing
1 row(s)
Took 0.0198 seconds
```

图 6-7　查询数据

（4）删除表。

执行命令：

```
disable 'student'
```

或

```
drop 'student'
```

即可删除 student 表。

命令运行结果如图 6-8 所示。

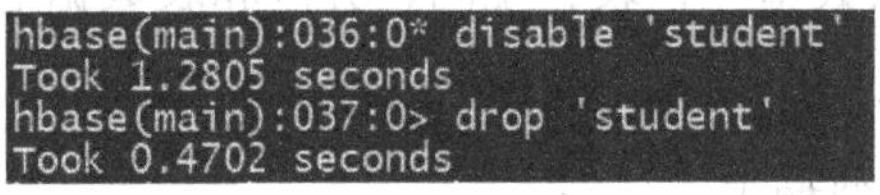

```
hbase(main):036:0* disable 'student'
Took 1.2805 seconds
hbase(main):037:0> drop 'student'
Took 0.4702 seconds
```

图 6-8　删除表

6.2　Hive 介绍

6.2.1　概述

Hive 是一种用类 SQL 语句来协助读写及管理存储在分布式存储系统上大数据集的数据仓库软件。Hive 最初是 Facebook 为了分析海量日志数据而开发的，后来开源给了 Apache 软件基金会。Hive 在 Hadoop 生态体系结构中占有极其重要的地位，在实际业务中得到广泛应用。Hadoop 如此流行在很大程度上是因为 Hive 的存在。

Hive 是建立在 Hadoop 上的数据仓库基础构架，是为了减少 MapReduce 编写工作的批处理系统。Hive 本身不对数据进行存储和计算操作，完全依赖于 HDFS 和 MapReduce。可以将 Hive 理解为一个客户端工具，该工具将 SQL 操作转换为相应的 MapReduce 作业后在 Hadoop 上运行。

6.2.2 特点

Hive 的特点如下。

- Hive 最大的特点是通过类 SQL 语句来分析大数据，避免了通过写 MapReduce 程序来分析数据，这使得数据分析更容易。
- 数据是存储在 HDFS 上的，Hive 本身并不提供数据的存储功能。
- Hive 将数据映射成数据库和表，库和表的元数据信息一般存储在关系数据库中（如 MySQL）。
- 数据存储方面：Hive 能够存储很大的数据集，并且对数据完整性、格式要求并不严格。
- 数据处理方面：因为 Hive 语句最终会生成 MapReduce 作业，所以不适用于实时计算的场景，适用于离线分析。

6.2.3 数据结构

Hive 的存储结构包括数据库、表、视图、分区和表数据等。数据库、表、分区对应 HDFS 上的目录；表数据对应 HDFS 对应目录下的文件。

Hive 中包含的数据模型如下。

database：在 HDFS 中表现为${hive.metastore.warehouse.dir}目录下的一个文件夹。

table：在 HDFS 中表现为 database 目录下的一个文件夹。

external table：与 table 类似，其数据存放位置可以指定任意 HDFS 目录路径。

partition：在 HDFS 中表现为 table 目录下的子目录。

bucket：在 HDFS 中表现为同一个表目录或者分区目录下根据某字段的值进行 Hash 运算之后的多个文件。

view：与传统数据库类似，只读，基于基本表创建。

Hive 的元数据存储在关系数据库中，除元数据外，其他数据都基于 HDFS 存储。在默认情况下，Hive 元数据保存在内嵌的 Derby 数据库中，只允许一个会话连接，只适用于进行简单的测试，在实际生产环境中并不适用。为了支持多用户会话，需要一个独立的元数据库。因为 Hive 内部对 MySQL 提供了很好的支持，建议使用 MySQL 作为元数据库。

Hive 中的表分为内部表、外部表、分区表和 bucket 表。

内部表和外部表的区别如下：

- 删除内部表，删除表元数据和数据。
- 删除外部表，删除元数据，不删除数据。

内部表和外部表的选择原则如下：

- 大多数情况下，内部表和外部表的区别不明显，如果数据的所有处理都在 Hive 中进行，那么倾向于选择内部表；如果 Hive 和其他工具要针对相同的数据集进行处理，那么倾向于选择外部表。
- 使用外部表访问存储在 HDFS 上的初始数据，然后通过 Hive 对数据进行转换并将数据存储到内部表中。
- 使用外部表的场景是针对一个数据集有多个不同的 Schema。

通过外部表和内部表的区别和选择原则可以看出，Hive 其实仅仅只是为存储在 HDFS 上的数据提供了一种新的抽象，而不是管理存储在 HDFS 上的数据。所以不管创建内部表还是外部表，都可以对 Hive 表的数据存储目录中的数据进行增删操作。

6.2.4 架构

Hive 的体系架构可以分为以下几个部分。

（1）用户接口：包括 Shell 命令、JDBC/ODBC 和 Web UI，其中最常用的是 Shell 命令。

（2）Hive 解析器（驱动 Driver）：该组件包括编译器（Compiler）、优化器（Optimizer）、执行器（Executor），Hive 解析器的核心功能就是根据用户编写的 HQL（类似于 SQL）语法进行分析、编译、优化，以及生成逻辑执行计划，生成的逻辑执行计划被存储在 HDFS 中，由 MapReduce 调用执行。

（3）Hive 元数据库（Metastore）：Hive 将表中的元数据信息存储在数据库中，如 Derby（自带的）、MySQL（实际工作中配置的），Hive 中的元数据信息包括表的名字、表的列和分区、表的属性（是否为外部表等）、表中的数据所在的目录等。Hive 中的解析器在运行时会读取元数据库 Metastore 中的相关信息。

在实际业务中不使用 Hive 自带的数据库 Derby 而是重新配置一个新的数据库 MySQL 的原因是，Derby 具有很大的局限性——不允许用户打开多个客户端对其进行共享操作，即同一时刻只能有一个用户使用它。这在工作中很不方便，所以要重新配置一个数据库。

（4）Hadoop：Hive 用 HDFS 进行存储，用 MapReduce 进行计算。

由此可以看出，在 Hadoop 的 HDFS 与 MapReduce 及 MySQL 的辅助下，Hive 其实就是利用 Hive 解析器将用户的 SQL 语句解析成对应的 MapReduce 程序，即 Hive 仅仅是一个客户端工具，这也是在 Hive 的搭建过程中不区分分布式与伪分布式的原因。

6.2.5 工作原理

Hive 的工作原理如下：

（1）Hive 接口将查询发送给 Driver 执行。

（2）编译器获得该用户的执行计划，解析查询，检查语法和查询需求。

（3）编译器根据用户任务从 Metastore 中获取需要的 Hive 的元数据信息。

（4）编译器得到元数据信息，对任务进行编译，先将 HiveQL 转换为抽象语法树，然后将抽象语法树转换成查询块，再将查询块转化成逻辑的查询计划，重写逻辑查询计划，将逻辑计划转化为物理计划（MapReduce），最后选择最佳的策略。

（5）将最终的执行计划提交给 Driver。

（6）Driver 将执行计划转交给 ExecutionEngine 执行，获取元数据信息，提交给 JobTracker（MR1）或者 SourceManager（MR2）执行该任务，任务会直接读取 HDFS 中的文件进行相应操作。

（7）从 DataNode 上获取结果集。

（8）取得并将执行结果返回 Hive 接口。

6.2.6 安装与运行

同 HBase 一样，Hive 依赖 Hadoop，所以在安装 Hive 之前，必须安装 Hadoop（见第 3 章）。

MySQL 用于存储 Hive 的元数据，限于篇幅不再赘述 MySQL 的安装步骤，下面介绍 Hive 的安装。

先到 Hive 官网下载最新稳定版 Hive 安装包。

将安装包解压到指定安装目录：

```
tar -zxvf apache-hive-2.3.4-bin.tar.gz
mv apache-hive-2.3.4-bin /usr/local/hive
```

```
cd /usr/local/hive
```

配置/etc/profile，在/etc/profile 中添加如下语句：

```
export HIVE_HOME=/usr/local/hive
export PATH=$HIVE_HOME/bin:$PATH
```

配置 MySQL：

```
mysql> CREATE DATABASE hive;-- 创建 Hive 数据库
mysql> GRANT ALL PRIVILEGES ON hive.* TO 'hive'@'localhost' IDENTIFIED BY
'hive';-- 创建 Hive 用户，并赋予访问 Hive 数据库的权限
mysql> FLUSH PRIVILEGES;
mysql> set global binlog_format=MIXED;-- 设置 binary log 的格式
```

下载 JDBC Connector，并将其复制至$HIVE_HOME/lib 下。

复制初始化文件并重命名：

```
cp hive-env.sh.template hive-env.sh
cp hive-default.xml.template hive-site.xml
cp hive-log4j2.properties.template hive-log4j2.properties
cp hive-exec-log4j2.properties.template hive-exec-log4j2.properties
```

修改 hive-env.sh：

```
export JAVA_HOME=/usr/local/jdk1.7.0_80            ##Java 路径
export HADOOP_HOME=/usr/local/hadoop               ##Hadoop 安装路径
export HIVE_HOME=/usr/local/hive                   ##Hive 安装路径
export HIVE_CONF_DIR=/usr/local/hive/conf          ##Hive 配置文件路径
```

在 HDFS 中创建如下目录，并授权：

```
hdfs dfs -mkdir -p /user/hive/warehouse
hdfs dfs -mkdir -p /user/hive/tmp
hdfs dfs -mkdir -p /user/hive/log
hdfs dfs -chmod -R 777 /user/hive/warehouse
hdfs dfs -chmod -R 777 /user/hive/tmp
hdfs dfs -chmod -R 777 /user/hive/log
```

修改 hive-site.xml 文件：

```
<property>
    <name>hive.exec.scratchdir</name>
    <value>/user/hive/tmp</value>
</property>
<property>
    <name>hive.metastore.warehouse.dir</name>
    <value>/user/hive/warehouse</value>
</property>
```

```
<property>
    <name>hive.querylog.location</name>
    <value>/user/hive/log</value>
</property>
## 配置 MySQL 数据库连接信息
<property>
    <name>javax.jdo.option.ConnectionURL</name>
<value>jdbc:mysql://localhost:3306/metastore?createDatabaseIfNotExist=true&amp;
characterEncoding=UTF-8&amp;useSSL=false</value>
  </property>
  <property>
    <name>javax.jdo.option.ConnectionDriverName</name>
    <value>com.mysql.jdbc.Driver</value>
  </property>
  <property>
    <name>javax.jdo.option.ConnectionUserName</name>
    <value>hive</value>
  </property>
  <property>
    <name>javax.jdo.option.ConnectionPassword</name>
    <value>hive</value>
  </property>
```

初始化 Hive：

```
schematool -dbType mysql -initSchema hive hive
```

启动 Hive 客户端：

```
hive
```

6.3 Pig 介绍

6.3.1 概述

Pig 是雅虎捐献给 Apache 的一个项目，它是类 SQL 语言，是在 MapReduce 上构建的高级查询语言。Pig 把一些运算编译进 MapReduce 模型的 Map 和 Reduce 中，并且用户可以定义自己的功能。

Pig 是 MapReduce 的抽象，是一个工具/平台，用于分析更大的数据集，并将它们表示为数据流。Pig 通常用于 Hadoop，可以用来执行 Hadoop 中的所有数据操作。为了编写数据分析程序，Pig 提供了一种被称为 Pig Latin 的高级语言。该语言提供了各种操作，具体使用哪些由程序员根据开发的功能来进行读取、写入和处理数据的操作。要使用 Pig 分析数据，程序员需要使用 Pig Latin 语言编写脚本，这些脚本都将在内部转换为 Map 和 Reduce 任务。

Pig 是一种探索大规模数据集的脚本语言。MapReduce 的一个缺点是开发周期太长，从编写 Mapper 和 Reducer 到对代码进行编译和打包、提交作业，再到获取结果，整个过程耗时很长。即便使用流处理（Streaming）能去除该过程中的代码的编译和打包步骤，该过程仍然很耗时。Pig 的诱人之处在于它通过控制台上的五六行 Pig Latin 代码能够轻松处理 TB 级的数据。雅虎 90%的 MapReduce 作业是由 Pig 生成的；Twitter 作业 80%以上的 MapReduce 作业是由 Pig 生成的。对于不太擅长 Java 的程序员，Pig 是福音，特别是在执行任一 MapReduce 作业时。

6.3.2　特点

Pig 具有如下特点。

- 丰富的运算符集：Pig 提供了许多运算符，如 join、sort、filer 等。
- 易于编程：Pig Latin 与 SQL 类似，如果善于使用 SQL，则很容易编写 Pig 脚本。
- 自动优化：Pig 中的任务自动优化其执行，因此程序员只需关注语言的语义。
- 可扩展性：使用现有操作符，用户可以开发自己的功能来读取、处理和写入数据。
- 用户定义函数：Pig 提供了在其他编程语言（如 Java）中创建用户定义函数的功能，并且可以调用或嵌入 Pig 脚本。
- 处理各种数据：Pig 可分析各种数据，无论是结构化数据还是非结构化数据，它将结果存储在 HDFS 中。

6.3.3　运行模式

1. 本地模式

在本地模式下，Pig 运行在单一的 JVM 中，可访问本地文件。本地模式使用本地主机和文件系统安装和运行所有文件，适用于处理小规模数据或学习。使用-x 标志指定本地模式（pig-x local）。

2. MapReduce 模式

基于 MapReduce 模式运行 Pig，需要访问 Hadoop 集群和安装 HDFS。MapReduce 模

式是默认模式，不需要使用-x标志指定。

3. Tez模式

Tez是一个针对Hadoop数据处理应用程序的新分布式执行框架，可以将多个有依赖的作业转换为一个作业，从而大幅提升性能。基于Tez模式运行Pig，需要在安装Hadoop集群时，修改Hadoop配置文件mapred-site.xml，将属性mapreduce.framework.name的值设置为yarn-tez。使用-x标志（-x tez）指定Tez模式。

4. Spark模式

要在Spark模式下运行Pig，需要访问Spark、YARN或Mesos群集，并安装HDFS。使用-x标志（-x spark）指定Spark模式。在Spark模式下，需要将env :: SPARK_MASTER设置为适当的值（本地、YARN-Client模式、Mesos、Spark）。更多信息请参阅主URL上的Spark文档，目前不支持YARN-Cluster模式。在Spark上运行的Pig脚本可以利用动态分配功能（只需启用spark.dynamicAllocation.enabled即可启用该功能）。

6.3.4 安装与运行

1. Pig的安装

Pig作为客户端程序运行，即使准备在Hadoop集群上使用Pig，也不需要在集群上做任何安装。Pig从本地提交作业，并和Hadoop进行交互。

Pig依赖Hadoop 2.x及JDK 1.7以上版本，需要提前准备好环境。

（1）下载Pig。

前往Pig官网，从一个Apache中下载镜像，下载最新的稳定版本。

（2）解压文件到合适的目录：

```
tar -xzf pig-0.17.0 -C /usr/local
```

（3）设置环境变量：

```
export PIG_INSTALL=/usr/local/pig-0.17.0
export PATH=$PATH:$PIG_INSTALL/bin
```

（4）验证。

执行以下命令，查看Pig是否可用：

```
pig -help
```

2. 运行 Pig 程序

Pig 程序的运行方式有几种。

（1）脚本方式。

直接运行包含 Pig 脚本的文件。运行如下命令将运行本地 scripts.pig 文件中的所有命令：

```
pig scripts.pig
```

（2）Grunt 方式。

Grunt 提供了交互式运行环境，可以在命令行编辑执行命令。

Grunt 支持访问命令的历史记录，通过上下方向键访问。

Grunt 支持命令的自动补全功能。例如，在输入 a = foreach b g 时，按下“Tab”键，命令行将自动变成 a = foreach b generate。Grunt 还支持自定义命令自动补全功能。

（3）嵌入式方式。

可以在 Java 中运行 Pig 程序，类似于使用 JDBC 运行 SQL 程序。

（4）Pig Latin 编辑器。

PigPen 是一个 Eclipse 插件，提供了在 Eclipse 中开发运行 Pig 程序的常用功能，如脚本编辑、运行等，因此 Eclipse 增加了 PigPen 插件来作为 Pig Latin 的编辑器。其他编辑器也提供了编辑 Pig 脚本的功能，如 VIM 等。

6.4 Sqoop 介绍

6.4.1 概述

Sqoop 项目开始于 2009 年，最早作为一个 Hadoop 的第三方模块存在，后来为了让使用者能够快速部署，也为了让开发人员能够更快速地迭代开发，Sqoop 独立为一个 Apache 项目。

Sqoop 即 SQL - to - Hadoop，是一个用来将关系数据库和 Hadoop 中的数据进行相互转移的工具，其可以将关系数据库（如 MySQL、Oracle）中的数据导入 Hadoop（如 HDFS、Hive、HBase），也可以将 Hadoop（如 HDFS、Hive、HBase）中的数据导入关系数据库（如 MySQL、Oracle）。

6.4.2 版本介绍

Sqoop 发展至今主要演化了两大版本，即 Sqoop 1 和 Sqoop 2。目前企业使用的主要是 Sqoop 1，Sqoop 2 还不稳定。

Sqoop 1 和 Sqoop 2 是两个完全不同的版本，不兼容。

- 版本号为 1.4.x 的 Sqoop 为 Sqoop 1。

在架构上：Sqoop 1 使用 Sqoop 客户端直接提交的方式。

访问方式：CLI 控制台方式。

安全性：通过命令或脚本指定用户数据库名及密码。

- 版本号为 1.99x 的 Sqoop 为 Sqoop 2。

在架构上：Sqoop 2 引入了 Sqoop Server，对 Connector 实现了集中管理。

访问方式：REST API、Java API、Web UI，以及 CLI 控制台。

通过 CLI 控制台方式访问 Sqoop，会通过交互过程界面，输入的密码信息不会被看到。Sqoop 2 引入了基于角色的安全机制，比 Sqoop 1 多一个服务端。

总之，Sqoop 2 与 Sqoop 1 相比改进之处有以下几点。

- 引入 Sqoop Server，集中化管理 Connector 等。
- 多种访问方式：REST API、Web UI、CLI 控制台。
- 引入基于角色的安全机制。

6.4.3 特点

Sqoop 的特点如下。

（1）高效可控地利用资源、任务并行度。

当涉及数据导入和导出时，Sqoop 会使用 YARN 框架，在并行性的基础上提供容错功能。

（2）数据类型映射与转化。

数据加载可自动进行，用户也可自定义，可以直接将数据加载到 Hive 或 NoSQL 数据库 HBase 中，且提供增量加载的功能。

（3）支持多种主流数据库。

对于主流的关系数据库，Sqoop 提供了几乎所有主流数据库的连接器，如 MySQL、Oracle、SQL Server、DB2 等。

6.4.4　安装与运行

（1）下载 Sqoop。

前往 Sqoop 官网，从一个 Apache 中下载镜像，下载最新的稳定版本。

（2）将文件解压到合适的目录：

```
tar -zxvf sqoop-1.4.7bin_hadoop-2.6.0.tar.gz -C  /usr/local
```

（3）设置环境变量：

```
export HADOOP_COMMON_HOME = /usr/local/sqoop-1.4.7bin_hadoop-2.6.0
export HADOOP_MAPRED_HOME = /usr/local/sqoop-1.4.7bin_hadoop-2.6.0
```

（4）验证。

执行如下命令，查看 Sqoop 是否可用：

```
sqoop -help
```

（5）将数据从数据库导入 Hadoop：

```
sqoop import -connect jdbc:mysql://hostname:port/database -username XXX -
password XXX -table example -m 1
```

其中，-connect jdbc:mysql://hostname:port/database 表示指定 MySQL 数据库主机名、端口号和数据库名；-username XXX 表示指定数据库用户名；-password XXX 表示指定数据库密码；-table example 表示 MySQL 中即将导出的表；-m 1 表示指定启动一个 Map 进程，当表很大时，可以启动多个 Map 进程。

6.4.5　工作原理

以从 MySQL 导入数据到 HDFS 为例，对 Sqoop 的工作原理进行介绍。

Sqoop 的 import 工具会运行一个 MapReduce 作业，该作业会连接 MySQL 数据库并读取表中的数据。在默认情况下，该作业会并行使用四个 Map 任务来加速导入过程，每个 Map 任务都会将其导入的数据写到一个单独的文件中，但四个文件位于同一个目录下。

在默认情况下，Sqoop 会将导入的数据保存为以逗号分隔的文本文件。如果导入数据的字段内容存在逗号分隔符，可以另外指定分隔符（字段包围字符和转义字符）。使用命令行参数可以指定分隔符、文件格式、压缩等。Sqoop 支持文本文件（--as-textfile）、AVRO

文件（--as-avrodatafile）、Sequence 文件（--as-sequencefile），默认值为文本文件。

Sqoop 启动的 MapReduce 作业会用到 InputFormat，它可以通过 JDBC 从一个数据库表中读取部分内容。Hadoop 提供的 DataDrivenDBInputFormat 能够为几个 Map 任务对查询结果进行划分。

为了更好地导入性能，可以将查询划分到多个节点上执行。查询时根据列来进行划分（确定根据哪一列划分）。根据表中的元数据，Sqoop 会选择一个合适的列作为划分列（通常是表的主键）。主键列中的最小值和最大值会被读出，并与目标任务数一起决定每个 Map 任务要执行的查询。用户也可以通过 split-by 参数指定一个列作为划分列。

回顾一下本章所介绍的内容，Hadoop HDFS 为 HBase 提供了高可靠性的底层存储支持，Hadoop MapReduce 为 HBase 提供了高性能的计算能力。Pig 和 Hive 为 HBase 提供了高层语言支持，使得在 HBase 上进行数据统计处理变得非常简单。Sqoop 为 HBase 提供了方便的关系数据库数据导入功能，使得传统数据库数据向 HBase 中迁移变得非常方便。

第 7 章 NoSQL

NoSQL 泛指非关系数据库。NoSQL 的拥护者提倡运用非关系数据存储，相对于铺天盖地的关系数据库运用，这一概念无疑是一条全新的道路。本章介绍常用的与 NoSQL 相关的知识及常见的 NoSQL 数据库。

7.1 NoSQL 介绍

随着互联网 Web 2.0 网站、移动互联网的兴起，NoSQL 数据库成了一个极其热门的领域。表 7-1 所示为常见的 NoSQL 数据的类型及代表产品。

表 7-1 常见的 NoSQL 数据的类型及代表产品

类　型	部分代表产品
列存储	ClickHouse Cassandra Vertica Riak
key-value 存储	HBase Redis MemcacheDB
文档存储	MongoDB CouchDB
图存储	Neo4j FlockDB

续表

类　型	部分代表产品
搜索引擎	ElasticSearch Solr
其他	db4o Versant Berkeley DB

7.2 NewSQL 介绍

数据的海量增长，对数据库的存储及运行能力都提出了更高的要求，这使得传统关系数据库（如 Oracle、MS SQL Server 等）的绝对垄断地位受到挑战，推动了新型数据库——NoSQL 数据库和 NewSQL 数据库的产生。NoSQL 数据库中的 No 表明不用 SQL 了，NewSQL 数据库中的 New 表明对传统的基于 SQL 的数据库的创新，如 SequoiaDB、TiDB。

1. SequoiaDB 数据库

SequoiaDB 数据库是一款金融级分布式数据库，包括分布式 NewSQL、分布式文件系统与对象存储、高性能 NoSQL 三种存储模式，分别对应分布式在线交易、非结构化数据和内容管理，以及海量数据管理和高性能访问场景。

SequoiaDB 3.0 在对象存储 API 的基础上提供了标准 POSIX 文件系统接口，该接口能够接入任何支持 POSIX 协议标准的操作系统，用户无须对应用程序进行任何改造即可将数据从 NAS 迁移至 SequoiaDB。

在使用 POSIX 文件系统的基础上，SequoiaDB 3.0 完全避免了传统文件系统在存储大量文件时产生的性能瓶颈。得益于 SequoiaDB 的分布式架构，其对象存储与文件系统特性在对应用程序零改造的前提下，成百上千倍地提高了存储的扩展性及并发吞吐能力。

2. TiDB 数据库

TiDB 是国内 PingCAP 团队开发的分布式 SQL 数据库。其灵感来自 Google 的 F1 和 Google Spanner，TiDB 同时具有传统关系数据库和 NoSQL 数据库的特性。TiDB 数据库的技术架构如图 7-1 所示。

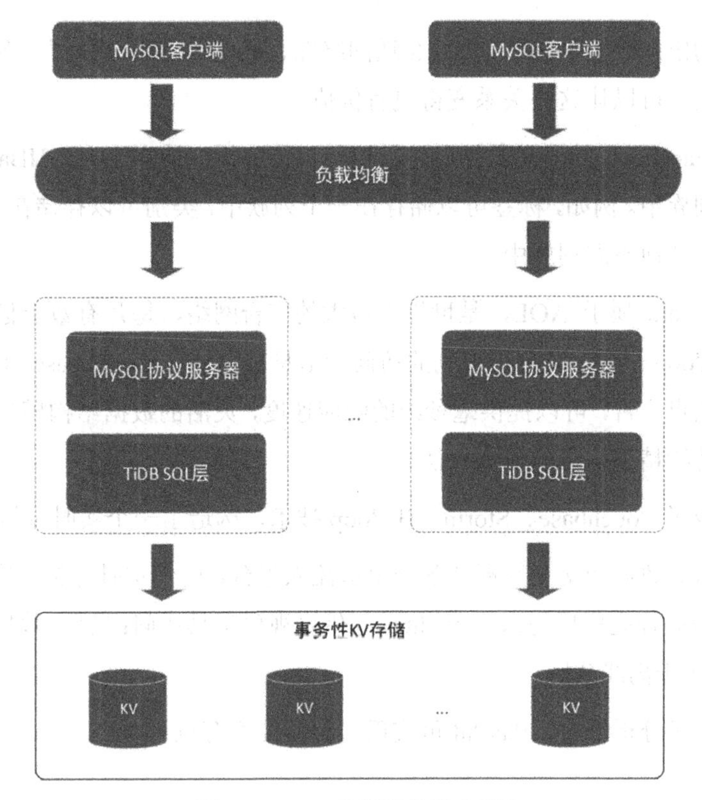

图 7-1　TiDB 数据库的技术架构

7.3　NoSQL 应用场景

Redis 通常用于股票价格分析、实时数据搜集、实时通信。

O2O 快递应用：将骑手及商家的信息（包含位置信息）存储在 MongoDB，然后通过 MongoDB 的地理位置查询，实现查找附近商家、骑手等功能，使得骑手能就近接单。

MongoDB 还可以用于日志分析。

游戏场景：使用 MongoDB 存储游戏用户信息，用户的装备、积分等直接以内嵌文档的形式存储，方便查询、更新。

物流场景：使用 MongoDB 存储订单信息，在商品运送过程中物流状态会不断更新，以 MongoDB 内嵌数组的形式来存储订单信息，可实现通过一次查询将订单的所有变更读取出来。

社交场景：使用 MongoDB 存储用户信息，以及用户发表的朋友圈信息，通过地理位置索引实现附近的人、地点等功能。

Neo4j 通常用于社会关系图、公共交通网络图、地图等网络拓扑图。图数据库提供的跨领域遍历功能，可以让这些关系变得更有价值。

HBase 是 Facebook 的消息数据库，被用于日志分析、博客平台。HBase 将每条信息储存到不同的列族中。例如，标签可以储存在一个列族中，类别可以存储在另一个列族中，文章可以存储在其他不同列族中。

Advertising.com 属于 AOL，是世界上最大的广告网络，每月有数十亿次的访问点击流数据进入 Hadoop 平台，经分析得到的访问者信息被存储在 Couchbase，Couchbase 内置缓存中存放着热点广告，可以提供毫秒级的响应速度，灵活的数据结构模型可以方便地扩充数据，进而持续精进广告的目标算法。

PayPal 集成了 Couchbase、Storm、Hadoop 技术，构造了一个实时分析平台。

用户的点击流数据和交互数据从各个渠道流入平台，用于实时分析；数据被 Storm 过滤、聚合；数据被处理完成后写入 Couchbase，供可视化工具访问；最后，数据从 Couchbase 导向 Hadoop，用于离线分析。

通过这个实时分析平台，PayPal 可实现实时监控所有流量。

7.4 能承受海量压力的键值型数据库：Redis

Redis 是一个开源的高级的键值存储系统和一个实用的缓存解决方案，用于构建高性能、可扩展的 Web 应用程序。

Redis 因有如下三个主要特点，而优于其他键值数据存储系统。

（1）Redis 将其数据库完全保存在内存中，仅使用磁盘进行持久化。

（2）与其他键值数据存储相比，Redis 有一组相对丰富的数据类型。

（3）Redis 可以将数据复制到任意数量的从机中。

7.5 处理非结构化数据的利器：MongoDB

MongoDB 是一个介于关系数据库和非关系数据库之间的产品，是非关系数据库中功能最丰富、最像关系数据库的数据库。MongoDB 支持的数据结构非常松散，类似 JSON 的 BSON 格式，因此可以存储比较复杂的数据类型。MongoDB 最大的特点是支持的查询语言非常强大，语法类似于面向对象的查询语言，几乎可以实现类似关系数据库单表查询的绝大部分功能，而且还支持对数据建立索引。

MongoDB 集群如图 7-2 所示。MongoDB 支持横向扩展集群，这有利于支持更多的数据计算。

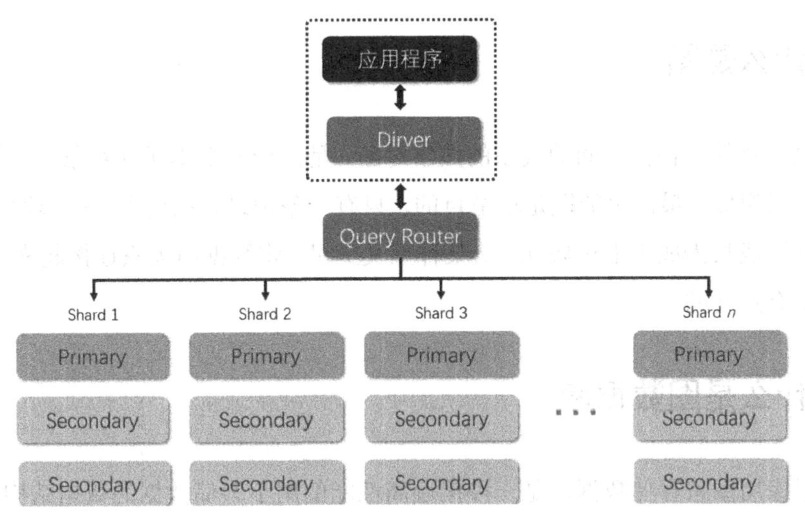

图 7-2 MongoDB 集群

MongoDB 具有高性能、易部署、易使用的特点，存储数据非常方便，其主要功能特性有：

- 面向集合存储，易存储对象类型的数据。
- 模式自由。
- 支持动态查询。
- 支持完全索引，包含内部对象。
- 支持查询。
- 支持复制和故障恢复。
- 使用高效的二进制数据存储，包括大型对象（如视频等）。
- 自动处理碎片，以支持云计算层次的扩展性。
- 支持 Ruby、Python、Java、C++、PHP 等多种语言。
- 文件存储格式为 BSON（JSON 的一种扩展）。
- 可通过网络访问。

7.6 图数据库：Neo4j

近几年图数据库变得越来越流行，为表述数据提供了极大的灵活性。本节简单介绍一下最常用的图数据库 Neo4j。

7.6.1 什么是图

图是表示物件与物件之间的关系的数学对象，是图论的基本研究对象。一个图由无数的节点和关系组成。最简单的图是单节点的，只有一条记录，记录了一些属性。一个节点可以从单属性成长为成千上亿属性，从某种意义上讲，将数据用关系连接起来分布到不同节点上才是有意义的。

7.6.2 什么是图数据库

图数据库用图来存储数据，是一种接近高性能的用于存储数据的数据结构方式。

7.6.3 Neo4j 简介

Neo4j 是一个用 Java 实现的完全兼容 ACID 的有商业支持的开源图形数据库。数据以一种针对图形网络进行过优化的格式保存在磁盘上。Neo4j 的内核是一种极快的图形引擎，具有数据库产品期望的所有特性，如恢复、两阶段提交、符合 XA 等。Neo4j 自 2003 年被作为 24/7 的产品使用。2019 年 Neo4j 4.0 发布，这是关于伸缩性和社区测试的一个里程碑。2021 年的版本已支持通过联机备份实现的高可用性和主从复制功能。Neo4j 既可作为无须任何管理开销的内嵌数据库使用，也可以作为单独的服务器使用。在作为单独的服务器时，Neo4j 提供了广泛使用的 REST 接口，能够方便地集成到基于 PHP、NET 和 JavaScript 的环境中。本书的重点在于讨论 Neo4j 的直接使用。

开发者可以通过 Java-API 直接与图形模型交互，这个 API 具有非常灵活的数据结构。对于 JRuby/Ruby、Scala、Python、Clojure 等语言，社区也贡献了优秀的绑定库。

Neo4j 的典型数据特征如下。

- 对于 Neo4j，数据结构不是必需的，甚至可以完全没有，这可以简化模式变更和延迟数据迁移。

- 使用 Neo4j 可以方便地对常见的复杂领域数据集建模，如 CMS 中的访问控制可被建模成细粒度的 ACL、类对象数据库的用例、TripleStore 等。

自适应规模的 Neo4j 无须任何额外的工作便可处理包含数十亿节点、关系和属性的图。它的读性能可以很轻松地实现每毫秒遍历 2000 关系（每秒一二百万遍历步骤），这完全是事务性的，每个线程都有热缓存。

Neo4j 使用最短路径计算在处理包含数千个节点的小型图时，甚至比 MySQL 快 1000 倍，随着图规模的增加两者间的差距越来越大。

Neo4j 的典型使用领域有语义网、RDF、LinkedData、GIS、基因分析、社交网络数据建模、深度推荐算法等。

第 8 章　Spark 生态系统

8.1　Spark 在大数据生态中的定位

提到大数据计算引擎，除了 MapReduce，Spark 也是大家不容忽视的。经过多年的发展，Spark 在大数据行业中的市场占有率不断提高。由于 Spark 既可以独立支持集群运行，又可以与 Hadoop 生态系统集成运行，因此受到广泛欢迎。接下来，我们来看看 Spark 在大数据生态当中的定位。

8.1.1　Spark 简介

Spark 通过 Scala 语言进行实现，它是一种面向对象、函数式编程语言，能够像操作本地集合对象一样轻松地操作分布式数据集。Apache 官方对 Spark 的定义是：通用的大数据快速处理引擎。

Spark 是由伯克利 AMP 实验室开发的通用内存并行计算框架，是一种 One Stack Rule Them All 的大数据计算框架，其期望使用一个技术堆栈完美地解决大数据领域的各种计算任务。基于内存的计算使得 Spark 的速度可以达到 MapReduce、Hive 的数倍甚至数十倍。

Spark 在 2013 年 6 月进入 Apache 成为孵化项目，8 个月后成为 Apache 顶级项目。Spark 因其先进的设计理念迅速成为社区的热门项目。人们围绕 Spark 推出了 Spark SQL、Spark Streaming、MLlib 和 GraphX 等组件，即 BDAS（伯克利数据分析栈），这些组件逐渐形成大数据处理一站式解决平台，成功解决了大数据领域中的离线批处理、交互式查询、实时流计算、机器学习与图计算等问题。

1. Spark 四大特性

Spark 四大特性如下。

- 高效性：Spark 使用最先进的 DAG 调度程序，查询优化程序和物理执行引擎，实现了批量和流式数据的高性能，运行速度提高了 100 倍。
- 易用性：Spark 支持 Java、Python 和 Scala 的 API，还支持超过 80 种高级算法，这使得用户可以快速构建不同的应用。Spark 支持交互式的 Python 和 Scala 的 Shell，可以非常方便地在这些 Shell 中使用 Spark 集群来验证解决问题的方法。
- 通用性：Spark 可以用于批处理、交互式查询、实时流处理、机器学习和图计算，而且这些不同类型的处理可以在同一个应用中无缝使用。这是非常具有吸引力的，毕竟任何公司都想用统一的平台处理遇到的问题，以减少开发、维护的人力成本及部署平台的物力成本。
- 兼容性：Spark 可以非常方便地与其他开源产品进行融合。例如，Spark 可以使用 Hadoop 的 YARN 和 Mesos 作为它的资源管理和调度器，并且可以处理所有 Hadoop 支持的数据，包括 HDFS、HBase 和 Cassandra 等。这使得已经部署 Hadoop 集群的用户不需要做任何数据迁移就可以使用 Spark。Spark 不依赖第三方的资源管理和调度器，即可实现 Standalone 作为其内置的资源管理和调度框架，这进一步降低了 Spark 的使用门槛。此外，Spark 还提供了在 EC2 上部署 Standalone 的 Spark 集群的工具。

2. Spark 应用场景

Spark 是基于内存的迭代计算框架，适用于需要反复操作特定数据集的应用场合，需要操作的次数越多，所需读取的数据量越大，受益越大；数据量小但是计算密集度较大的场合，受益相对较小。由于 RDD 的特性，Spark 不适用于异步细粒度更新状态的应用，如 Web 服务的存储或增量的 Web 爬虫和索引，即 Spark 不适用于增量修改的应用模型。总的来说，Spark 的适用面比较广，应用场景示例如下：

- 复杂的批量处理（Batch Data Processing），偏重于对海量数据的处理。
- 基于历史数据的交互式查询（Interactive Query）。
- 基于实时数据流的数据处理（Streaming Data Processing）。

3. Spark 商业案例

互联网公司主要将 Spark 应用在广告、报表、推荐系统等业务中。对于广告业务，需要利用大数据进行应用分析、效果分析、定向优化等；对于推荐系统，需要利用大数据优化相关排名、个性化推荐及热点点击分析等。这些应用场景的共同点是计算量大、效率要求高。

4. Spark 术语介绍

以下对 Spark 术语进行简单介绍。

- Application：Spark 构建的应用程序，实际上是 Spark Submit 提交的程序，主要完成数据源（如 HDFS）的获取并生成 RDD，通过 RDD 的 Transformation 和 Action 进行计算、输出或存储。
- Driver：用户提交的程序运行起来就是一个 Driver，它是一段特殊的 Executor 进程，这个进程除普通 Executor 都具有的运行环境外，还运行着 DAG Scheduler、Task Scheduler、SchedulerBackend 等组件。在 YARN-Cluster 模式下，Driver 运行在 AM 中，这个 AM 既完成划分 RDD、生成 DAG、提交 Task 等任务，也负责管理与这个程序运行有关的 Executor。在 YARN-Client 模式下，AM 负责管理 Executor，其余的任务由 Driver 完成。
- Cluster Manager：集群的资源管理器，在集群上获取资源的外部服务。Spark 有自带的资源管理器（在 Standalone 模式下使用），也可以依赖外部的资源管理器（如 Mesos、YARN）。
- WorkerNode：集群中任何可以运行 Spark 应用代码的节点，即物理节点，如集群中的一台电脑，可以在上面启动 Executor 进程。
- Executor：一个应用程序运行的监控和执行容器。主要职责为初始化应用程序要执行的上下文 SparkEnv，解决应用程序需要运行时的 jar 包的依赖加载类；有一个 ExecutorBackend 向 Cluster Manager 汇报当前的任务状态，类似于 Hadoop 的 TaskTracker 和 Task。
- Job：Spark 中的 Job 和 MapReduce 中的 Job 不一样。MapReduce 中的 Job 主要是 MapJob 或 ReduceJob。Spark 中的 Job 其实很好区别，一个 Action 算子就算一个 Job，如 count、first 等。
- Stage：每个 Job 分为多组 Task，每组 Task 被称为一个 Stage，类似于 Map Stage 和 Reduce Stage。

- Task：Executor 上执行的工作单元，主要分为 ShuffleMapTask 和 ResultTask 两类。ShuffleMapTask 是不同 Stage 的中间过渡任务，输出的是 Shuffle 所需数据；ResultTask 为一个 Job 中最后一个 Task，结果提交到下一个 Job 中。
- Partition：Spark RDD 是一种分布式的数据集，因为数据量很大，所以数据被切分为多个部分，并分别存储在各个节点的分区中。RDD 操作实际上是对每个分区中的数据进行操作。

8.1.2 Spark 系统定位

Spark 系统定位图如图 8-1 所示。

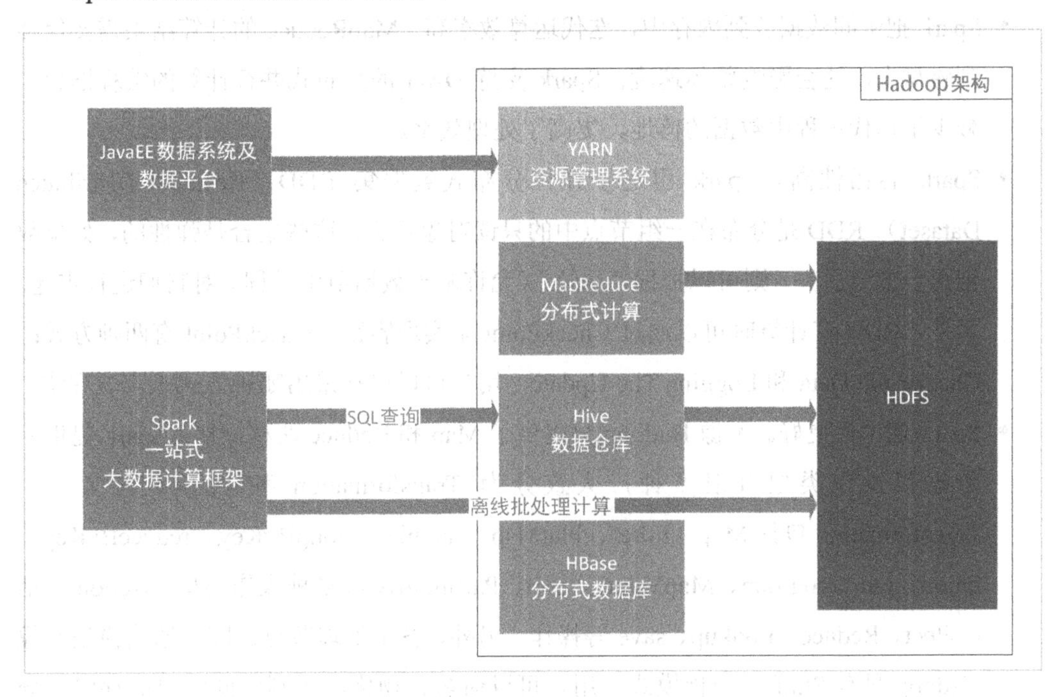

图 8-1　Spark 系统定位图

1. Spark 的地位

Spark 在国内发展愈发火爆，2015 年开始有大量的公司开始重点部署或使用 Spark 来代替 MapReduce、Hive、Storm 等传统大数据计算框架，这是否意味着 Spark 最终会取代 Hadoop 并成为王者这种观点是正确的呢？

毫无疑问，这种观点是错误的，Spark 只会代替 Hadoop 的一部分，也就是 Hadoop 的 MapReduce、Hive 查询引擎。因为 Spark 只是一个通用大数据计算框架，本身不对数据进行存储，所以 Spark 是无法完全取代 Hadoop 的。但是，由于 Spark 强大的功能和高效率，在大数据领域其地位是无可替代的。

2. Spark 与 Hadoop 的差异

Spark 是借鉴了 MapReduce 发展而来的，继承了 MapReduce 分布式并行计算的优点并改进了 MapReduce 明显的缺陷。直接比较 Spark 和 Hadoop 有一定难度，因为它们处理的许多任务都一样，但是在一些方面并不互相重叠。例如，Spark 没有文件管理功能，因而必须依赖 Hadoop 分布式文件系统或采用其他解决方案。整体上 Hadoop 包含的组件比较多，涉及的功能范围比 Spark 更广泛，Spark 只是 Hadoop 生态中的一个模块，在运算效率、容错性和通用性方面更优秀，具体如下。

- Spark 把中间数据放到内存中，迭代运算效率高。MapReduce 的计算结果需要保存到磁盘上，这会影响整体速度；Spark 支持 DAG 的分布式并行计算的编程框架，减少了迭代过程中数据的落地，提高了处理效率。
- Spark 容错性高。Spark 引进了弹性分布式数据集 RDD（Resilient Distributed Dataset）。RDD 是分布在一组节点中的只读对象集合，这些集合是弹性的，如果数据集一部分丢失，则可以根据“血统”（允许基于数据衍生过程）对它们进行重建。另外，RDD 在计算时可以通过 CheckPoint 来实现容错。CheckPoint 有两种方式：CheckPoint Data 和 Logging The Update，用户可以选择采用哪种方式来实现容错。
- Spark 通用性更好。不像 Hadoop 只提供了 Map 和 Reduce 两种操作，Spark 提供的数据集操作类型有很多种，大致分为 Transformation 和 Action 两大类。Transformation 包括 Map、Filter、FlatMap、sample、groupByKey、reduceByKey、union、join、cogroup、MapValues、sort、PartitionBy 等多种操作类型；Action 包括 Collect、Reduce、Lookup、save 等操作。另外，各个处理节点之间的通信模型不像 Hadoop 只有 Shuffle 一种模式，用户可以命名、物化、控制中间结果的存储、分区等。

Spark 和 Hadoop 各有优缺点，希望大数据方面的学习者和从业者，能根据实际情况选择需要使用的组件，充分发挥各自的优势，以更好地实现所要达成的目的。

8.1.3 基本术语

1. Spark 运行模式

Spark 运行模式如表 8-1 所示，包括本地运行模式和四种集群运行模式。

表 8-1 Spark 运行模式

运行环境	模式	描述
Local	本地运行模式	常用于本地开发测试，本地还分为 Local 单线程和 Local-Cluster 多线程
Standalone	集群运行模式	典型的 Mater/Slave 模式，Master 存在单点故障；Spark 支持 ZooKeeper 来实现高可用
YARN	集群运行模式	运行在 YARN 资源管理器框架上，由 YARN 负责资源管理，Spark 负责任务调度和计算
Mesos	集群运行模式	运行在 Mesos 资源管理器框架上，由 Mesos 负责资源管理，Spark 负责任务调度和计算
Cloud	集群运行模式	如 AWS 的 EC2，使用该模式能很方便地访问 Amazon 的 S3；Spark 支持多种分布式存储系统：HDFS 和 S3

2. Spark 常用术语

如表 8-2 所示，Spark 有一些常用的术语，了解这些术语，有利于理解 Spark 的相关技术。

表 8-2 Spark 常用术语

术语	描述
Application	Spark 的应用程序，包含一个 Driver Program 和若干个 Executor
SparkContext	Spark 应用程序的入口，负责调度各个运算资源，协调各个 WorkerNode 上的 Executor
Driver Program	运行 Application 的 main()函数并创建 SparkContext
Executor	是 Application 运行在 WorkerNode 上的一个进程，该进程负责运行 Task，并且负责将数据存在内存或者磁盘上。 每个 Application 都会申请各自的 Executor 来处理任务
Cluster Manager	在集群上获取资源的外部服务（如 Standalone、Mesos、YARN）
WorkerNode	集群中任何可以运行 Application 代码的节点，运行一个或多个 Executor 进程
Task	运行在 Executor 上的工作单元
Job	SparkContext 提交的具体 Action 操作，常和 Action 对应
Stage	每个 Job 会被拆分为很多组 Task，每组 Task 被称为 Stage，也称 TaskSet
RDD	Resilient Distributed Dataset 的简称，中文为弹性分布式数据集；是 Spark 最核心的模块和类
DAG Scheduler	根据 Job 构建基于 Stage 的 DAG，并提交 Stage 给 Task Scheduler
Task Scheduler	将 Stage 提交给 WorkerNode 集群运行，并返回结果
Transformation	是 Spark API 的一种类型，Transformation 返回值是一个 RDD。所有 Transformation 采用的都是懒策略，如果只是将 Transformation 提交是不会执行计算的
Action	是 Spark API 的一种类型，Action 返回值不是一个 RDD，而是一个 Scala 集合；只有在 Action 被提交的时候计算才被触发

8.2 Spark 主要模块介绍

Spark 生态系统是伯克利 AMP 实验室打造的，力图通过大规模集成来在算法（Algorithms）、机器（Machines）、人（People）之间展现大数据应用。伯克利 AMP 实验室运用大数据、云计算、通信等资源及各种灵活的技术方案，对海量不透明的数据进行甄别，并将其转化为有用的信息，以便人们更好地理解。该生态系统涉及机器学习、数据挖掘、数据库、信息检索、自然语言处理和语音识别等多个领域。Spark 生态系统架构如图 8-2 所示。

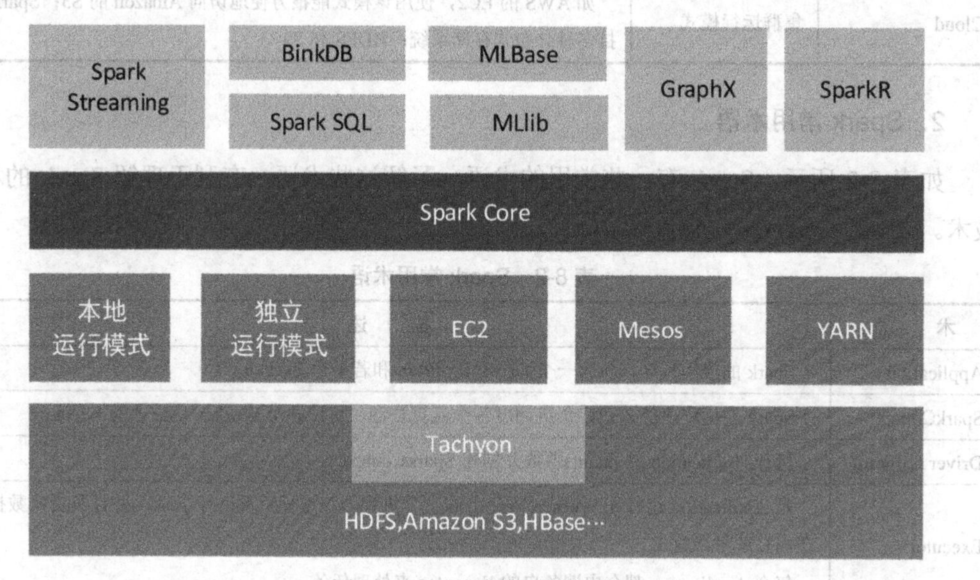

图 8-2 Spark 生态系统架构

Spark 生态系统以 Spark Core 为核心，从 HDFS、Amazon S3 和 HBase 等持久层读取数据，以 Mesos、YARN 和自身携带的 Standalone 为资源管理器调度 Job 完成 Spark 应用程序的计算。这些应用程序可以来自不同的组件，如 spark-shell/spark-submit 的批处理、Spark Streaming 的实时处理应用、Spark SQL 的即时查询、BlinkDB 的权衡查询、MLlib/MLBase 的机器学习、GraphX 的图处理和 SparkR 的数学计算等。

8.2.1 Spark Core

Spark Core 是 Spark 的核心，提供 Spark 最基础、最核心的功能，主要包含 SparkContext、存储体系、计算引擎、部署模式等。

- SparkContext——一般情况下，Driver Application 的执行与输出都是通过 SparkContext 来完成的。在正式提交 Application 之前，需要先初始化 SparkContext。SparkContext 隐藏了网络通信、分布式部署、消息通信、存储能力、计算能力、缓存、测量系统、文件服务、Web 服务等内容，应用程序开发者只需使用 SparkContext 提供的 API，即可完成功能开发。SparkContext 内置的 DAG Scheduler 负责创建 Job，将 DAG 中的 RDD 划分到不同的 Stage，提交 Stage 等功能；内置的 Task Scheduler 负责资源的申请，任务的提交及请求集群对任务的调度等工作。
- 存储体系——Spark 优先考虑使用各节点的内存作为存储，当内存不足时才会考虑使用磁盘，这极大地减少了磁盘 I/O，提升了任务执行的效率，使得 Spark 适用于实时计算、流式计算等场景。此外，Spark 还提供了以内存为中心的高容错的分布式文件系统 Tachyon 供用户选择。Tachyon 能够为 Spark 提供可靠的内存级的文件共享服务。
- 计算引擎——计算引擎由 SparkContext 中的 DAG Scheduler、RDD 及具体节点上的 Executor 负责执行的 Map 和 Reduce 任务组成。DAG Scheduler 和 RDD 虽然位于 SparkContext 内部，但是在任务正式提交与执行之前会将 Job 中的 RDD 组织成 DAG，并对 Stage 进行划分，决定了任务执行阶段的任务数量、迭代计算、Shuffle 等。
- 部署模式——由于单节点不能提供足够的存储和计算能力，所以作为大数据处理的 Spark 在 SparkContext 的 Task Scheduler 组件中提供了对 Standalone 部署模式的实现和 YARN、Mesos 等分布式资源管理系统的支持。通过使用 Standalone、YARN、Mesos 等部署模式为 Task 分配计算资源，提高任务的并发执行效率。

下面将从 Spark 架构、Spark 计算模型和 Spark 工作机制三方面来解读 Spark Core 的原理及基本功能。

1. Spark 架构

Spark 采用了分布式计算中的 Master-Slave 模型。Master 作为整个集群的控制器，负责整个集群的正常运行；Worker 是计算节点，接收主节点命令并进行状态汇报；Executor 负责 Task 的调度和执行；Client 作为用户的客户端负责提交应用；Driver 负责控制一个应用的执行，如图 8-3 所示。

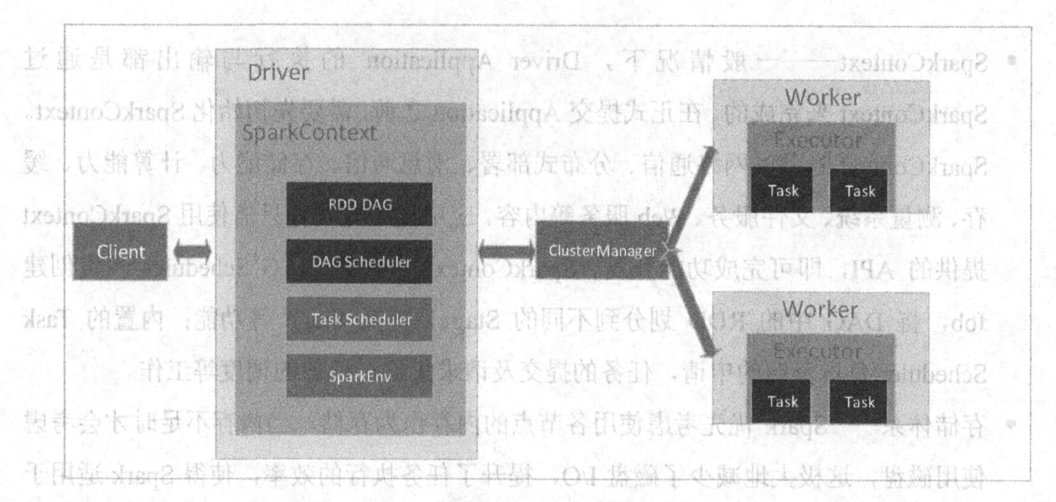

图 8-3　Spark 架构

Spark 集群在启动时，需要从主节点和从节点分别启动 Master 进程和 Worker 进程，对整个集群进行控制。在一个 Spark 应用的执行过程中，Driver 是应用的逻辑执行起点，运行应用的 main()函数并创建 SparkContext，DAG Scheduler 根据依赖关系，把 Job 中的 RDD DAG 划分为多个 Stage，Task Scheduler 把 Task 分发给 Worker 中的 Executor；Worker 启动 Executor，Executor 启动线程池用于执行 Task。Spark 任务调度示意图如图 8-4 所示。

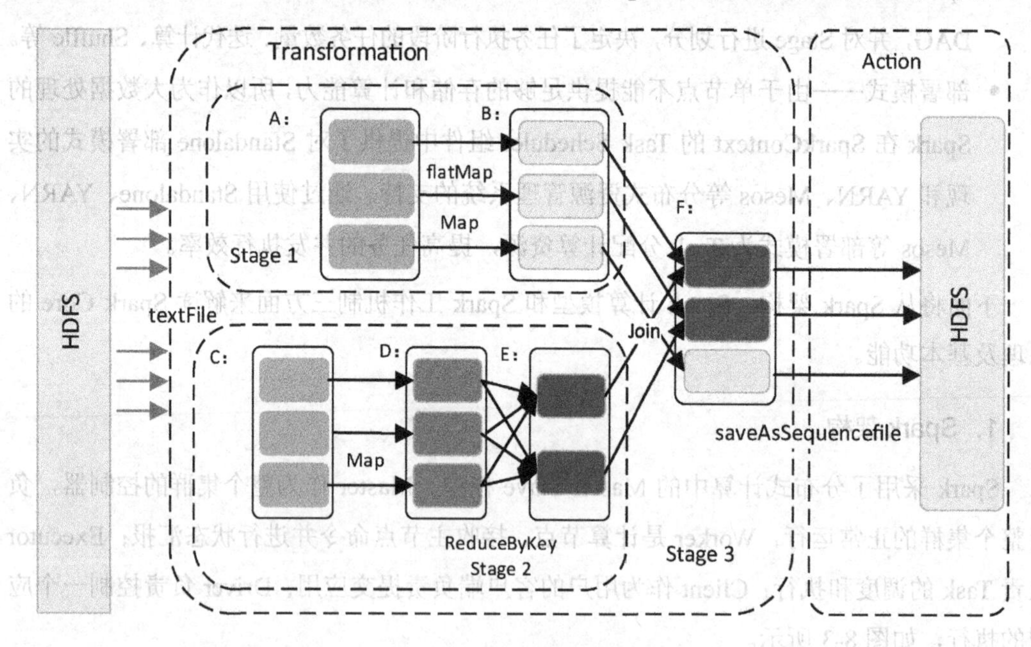

图 8-4　Spark 任务调度示意图

2. Spark 计算模型

RDD——弹性分布式数据集，是一种内存抽象，可以理解为一个大数组，其存储分布图如图 8-5 所示，数组的元素是 RDD 的分区（Partition），分布在集群上。在物理数据存储上，RDD 的每一个分区对应一个 Block，Block 可以存储在内存中，当内存不够时可以存储在磁盘上。

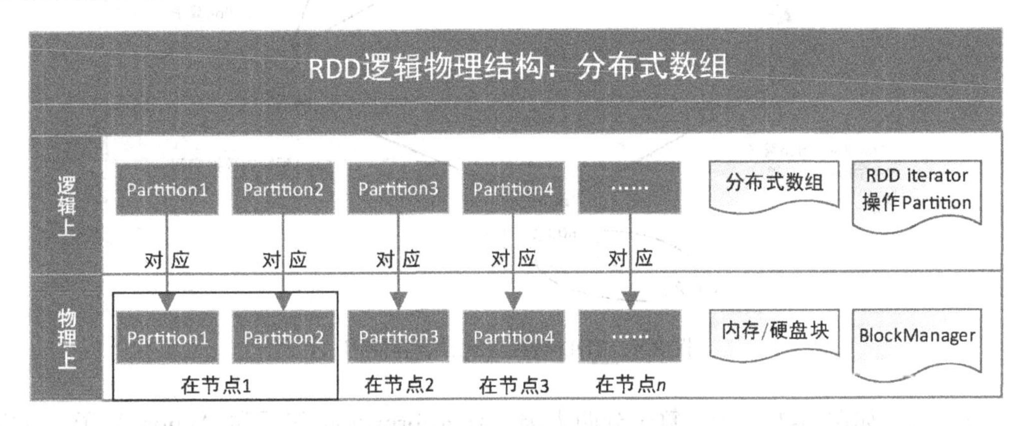

图 8-5　RDD 存储分布图

RDD 物理结构——Hadoop 将 MapReduce 计算的结果写入磁盘，在机器学习、图计算、PageRank 等迭代计算下，重用中间结果导致反复的 I/O 操作，耗时过长，成了计算性能的瓶颈。为了提高迭代计算的性能和分布式并行计算下共享数据的容错性，设计者依据如下两个特性设计了 RDD：

- 数据集分区存储在节点的内存中，减少迭代过程（如机器学习算法）反复的 I/O 操作，从而提高性能。
- 数据集不可变，记录其转换过程，从而实现无共享数据读写同步及出错的可重算性。

operations——RDD 中定义的函数，可以对 RDD 中的数据进行转换、执行、存储操作，如图 8-6 所示，Spark 从外部数据空间（HDFS）读取数据形成 RDD_0，Transformation 算子对数据进行操作（如 Filter）并将其转化为 RDD_1、RDD_2，通过 Action 算子（如 Collect/count）触发 Spark 提交作业。可以看出，Transformation 算子并不会触发 Spark 提交作业，直至 Action 算子触发 Spark 才会提交作业，这是一个延迟计算的设计技巧，可以避免内存过快被中间计算占满，从而提高内存的利用率。

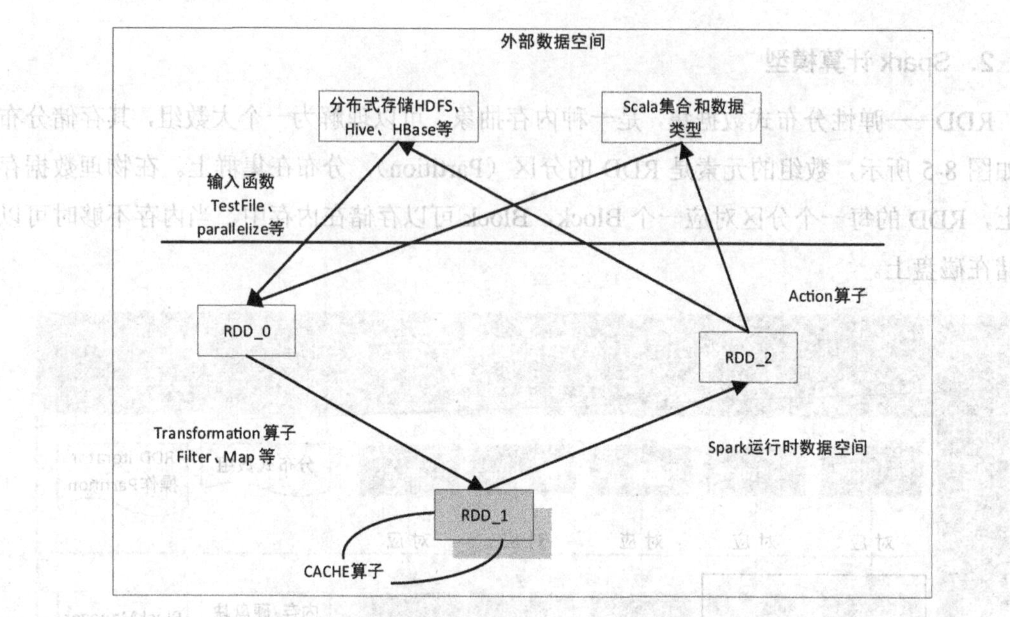

图 8-6 RDD 转换、执行、存储图

算子列表如图 8-7 所示。算子分两大类，Transformation 算子和 Action 算子，其中 Transformation 算子又分为 Value 数据类型的 Transformation 算子和 key-value 数据类型的 Transformation 算子。

Transformation 算子	map(f:T=>U):RDD[T]=>RDD[U] filter(f:T=>Bool):RDD[T]=>RDD[T] flatMap(f:T=>Seq[U]):RDD[T]=>RDD[U] sample(fraction:Float):RDD[T]=>RDD[T](Deterministic sampling) groupByKey():RDD[(K,V)]=>RDD[K,Seq[V]] reduceByKey(f(V,V)=>V):RDD[(K,V)]=>RDD[(K,V)] union():(RDD[T],RDD[T])=>RDD[T] join():(RDD[(K,V)],RDD[(K,W)])=>RDD[(K,V,W)] cogroup():(RDD[(K,V)],RDD[(K,W)])=>RDD[(K,(Seq(v),Seq(W)))] mapValues(f:V=>W) :RDD[(K,V)]=>RDD[(K,W)](Preserves partitioning) sort(c:comparator[K]):RDD[(K,V)]=>RDD[(K,V)] partitionBy(p:partitionerK[):RDD[(K,V)]=>RDD[(K,V)]
Action 算子	count:RDD[T]=>long collect:RDD[T]=>Seq[T] Reduce(f:(T,T)=>t): RDD[T]=>T Lookup(k:K):RDD[K,V]=>Seq[V](on hash/range partitioned RDDS) Save(path:String):Outputs RDD to storage system, e.g.,HDFS

图 8-7 算子列表

Lineage Graph——血统关系图，图 8-8 第一阶段生成 RDD 的 DAG，即血统关系图，记录了 RDD 的更新过程，当该 RDD 的部分分区数据丢失时，它可以通过 Lineage 获取足够的信息来重新运算和恢复丢失的数据分区。DAG Scheduler 依据 RDD 的依赖关系将 DAG 划分为多个 Stage，一个 Stage 对应一系列的 Task，由 Task Scheduler 分发给 Worker 进行计算。

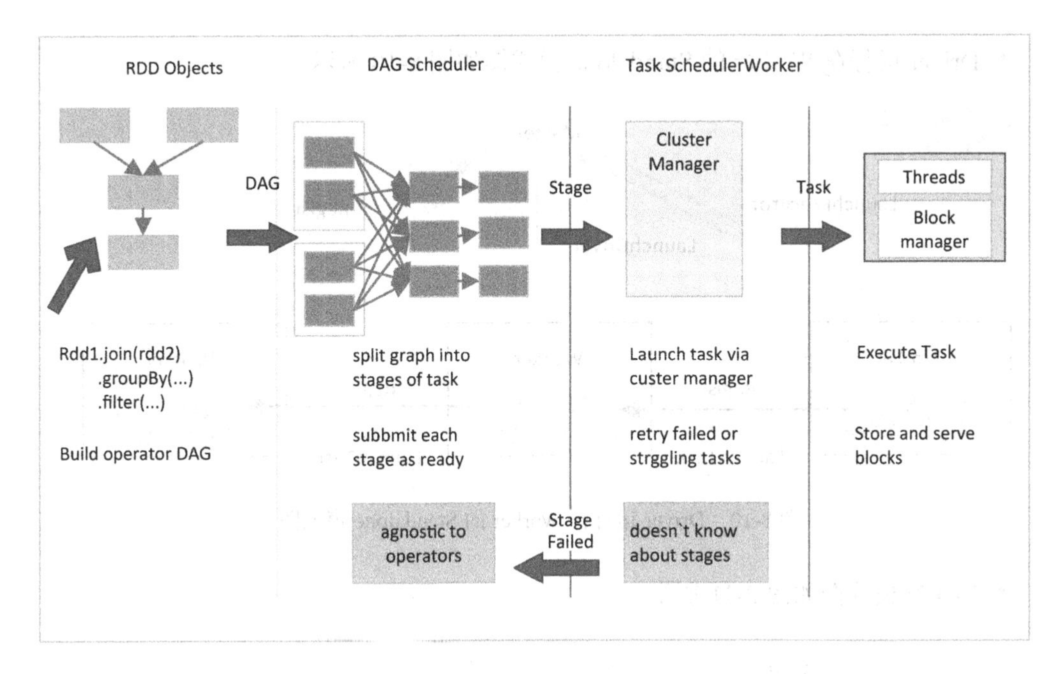

图 8-8　RDD 血统关系图

3. Spark 工作机制

1）应用执行机制

Spark Application 是用户提交的应用程序，执行模式有 Local、Standalone、YARN、Mesos。根据 Application 的 Driver Program（或者 YARN 的 ApplicationMaster）是否在集群中运行，Spark 应用的运行方式又可以分为 Cluster 模式和 Client 模式。

- Driver 运行在客户端的 Standalone 模式图如图 8-9 所示。

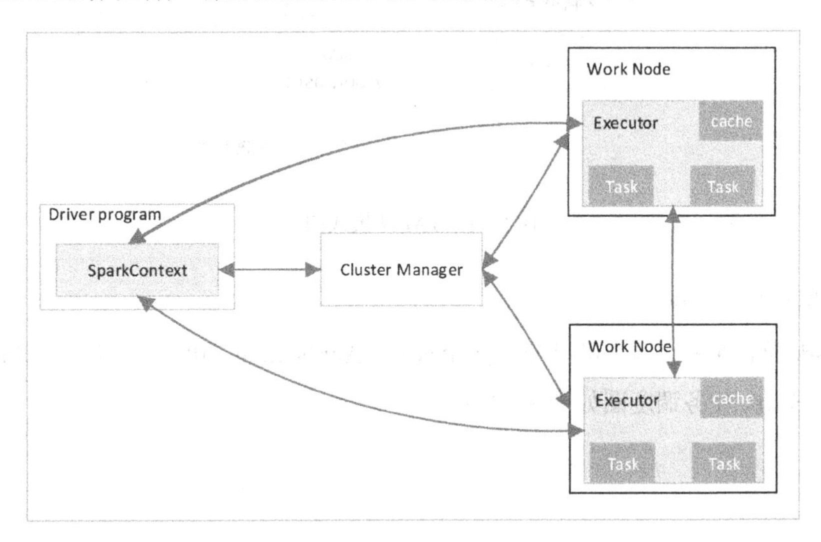

图 8-9　Driver 运行在客户端的 Standalone 模式图

- Driver 运行在 Worker 的 Standalone 模式图如图 8-10 所示。

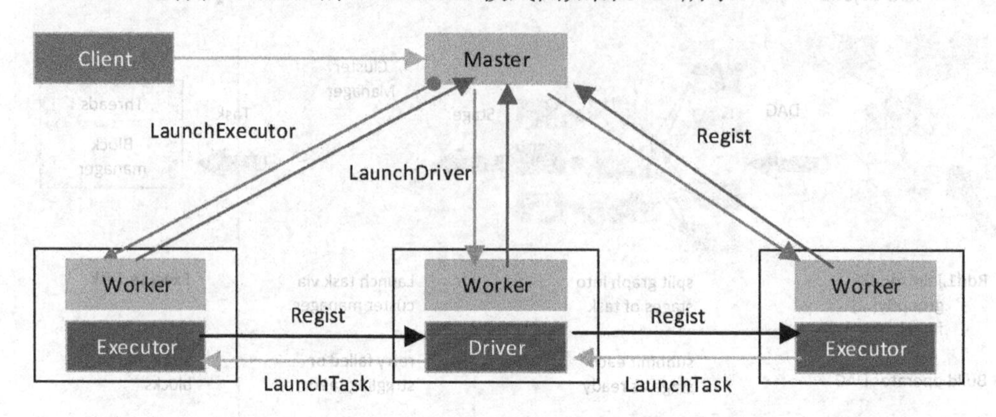

图 8-10　Driver 运行在 Worker 的 Standalone 模式图

- YARN 模式图如图 8-11 所示。

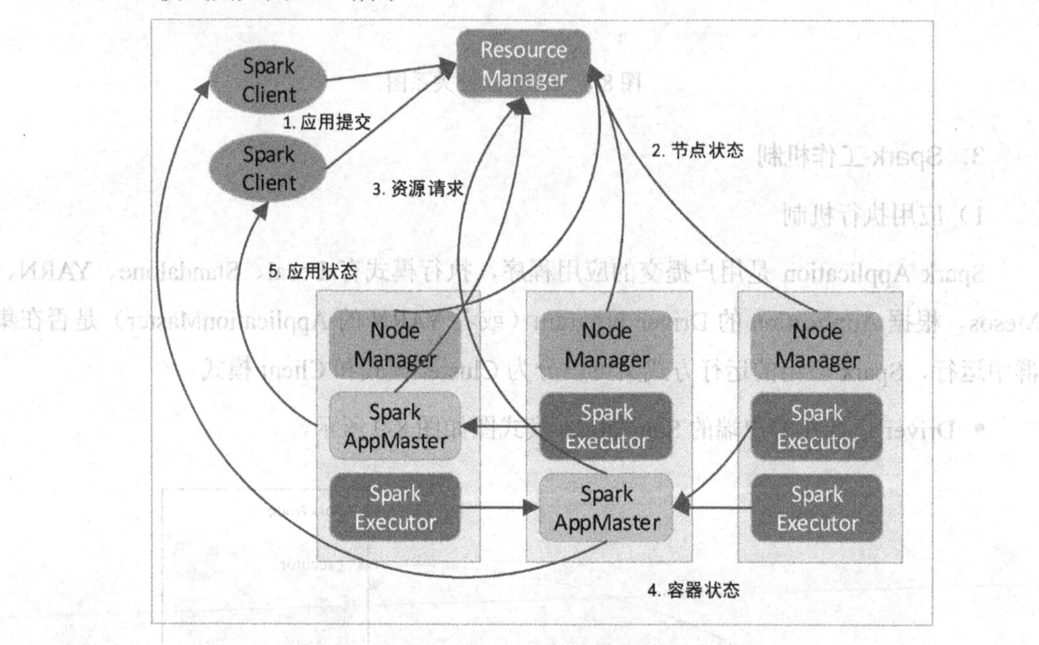

图 8-11　YARN 模式图

2）调度与任务分配

从 Spark 整体来看，调度可以分为四个级别：Application 调度、Job 调度、Stage 调度、Task 调度。Spark 任务调度图如图 8-12 所示。

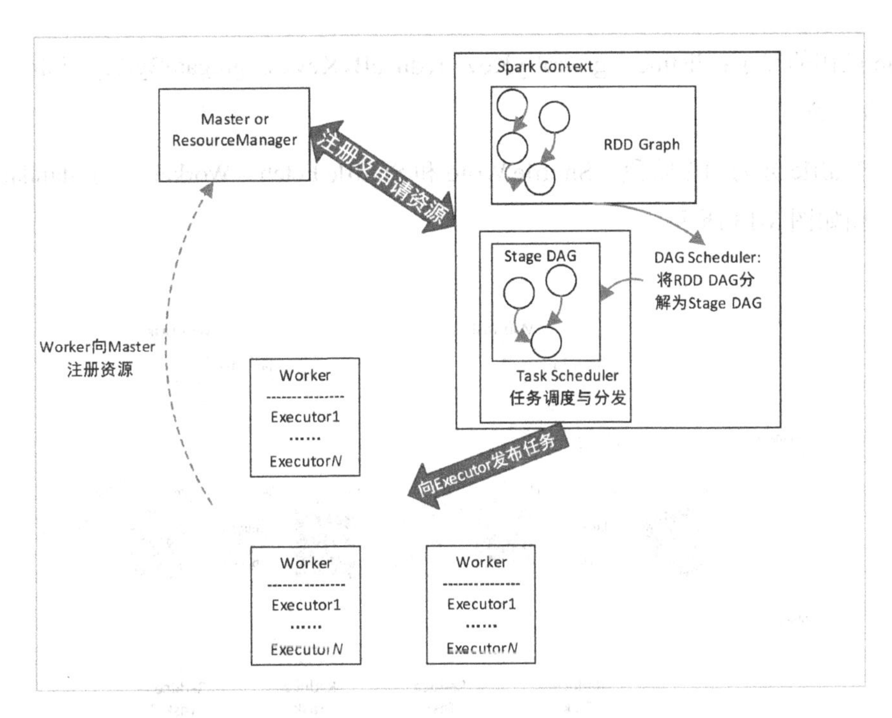

图 8-12　Spark 任务调度图

3）I/O 机制

主要保留序列化、块管理。

4）通信机制

Spark 在模块间通信使用的是 AKKA 框架。AKKA 框架是基于 Scala 开发的，用于编写 Actor 应用。Actor 是一些包含状态和行为的对象，它们通过显式传递消息来进行通信，这些消息会被发送到它们的收信箱中（消息队列）。

5）容错机制

- Lineage 机制：记录粗粒度的更新。
- CheckPoint 机制：将 RDD 写入 Disk 作 CheckPoint。CheckPoint 的本质是作为 Lineage 的辅助容错，Lineage 过长会造成容错成本过高。在计算的中间阶段作 CheckPoint，如果之后的节点因出现问题而丢失分区，从作 CheckPoint 的 RDD 开始重做 Lineage 可以降低成本。

6）Shuffle 机制

当单进程空间无法容纳所有计算数据进行计算时，通过 Shuffle 将各个节点上相同的 key 拉取到某个节点上的一个 Task 再进行处理。例如，在按照 key 进行聚合或 join 等操作时，如果某个 key 对应的数据量特别大，那么就会发生数据倾斜。数据倾斜可能会触发

Shuffle 操作的算子：distinct、groupByKey、reduceByKey、aggregateByKey、join、cogroup、repartition 等。

- Shuffle 分为两个阶段：Shuffle Write 和 Shuffle Fetch。Worker 下的 Standalone 模式图如图 8-13 所示。

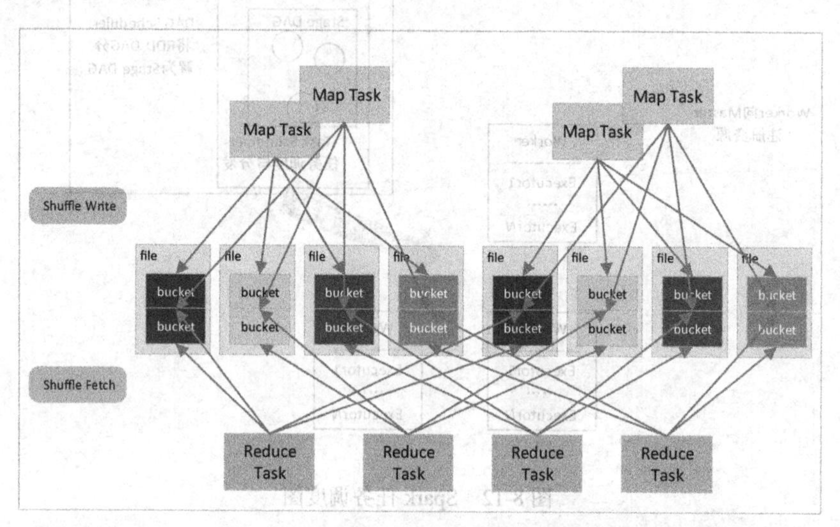

图 8-13　Worker 下的 Standalone 模式图

8.2.2　Spark SQL

1. Spark SQL 衍生背景

Hadoop 初期使用的是 MapReduce 自带的分布式计算系统，但是 MapReduce 使用难度较大，所以开发了 Hive。Hive 编程使用的语言是类 SQL 的 HQL，大大降低了编程的难度，HQL 语句经过语法解析、逻辑计划、物理计划转化成 MapReduce 程序后被执行。有了 Spark 以后，Spark 团队开发了 Shark，就是在 Spark 集群上安装一个 Hive 的集群，执行引擎是 Hive 转化成 MapReduce 的执行引擎，该框架就是 Hive on Spark，但是这是有局限性的，因为 Shark 的版本升级依赖 Hive 的版本，所以 2014 年 7 月 1 日 Spark 团队就将 Shark 转给 Hive 进行管理。Spark 团队开发了 Spark SQL，这个计算框架就是将 Hive on Spark 中的 SQL 语句转化为 Spark RDD 的执行引擎换成自己团队开发的执行引擎。

2. Spark SQL 定义

Spark SQL 是 Spark 的一个模块，主要用于进行结构化数据的处理。它提供的最核心的编程抽象就是 DataFrame。

3. Spark SQL 作用及运行原理

Spark SQL 提供一个编程抽象（DataFrame）并且作为分布式 SQL 查询引擎。DataFrame 可以根据很多源进行构建，包括结构化的数据文件、Hive 中的表、外部的关系数据库（MySQL）、RDD 等。Spark SQL 的运行原理是将 Spark SQL 转化为 RDD，然后提交到集群执行。

4. Spark SQL 的架构

Spark SQL 架构图如图 8-14 所示。

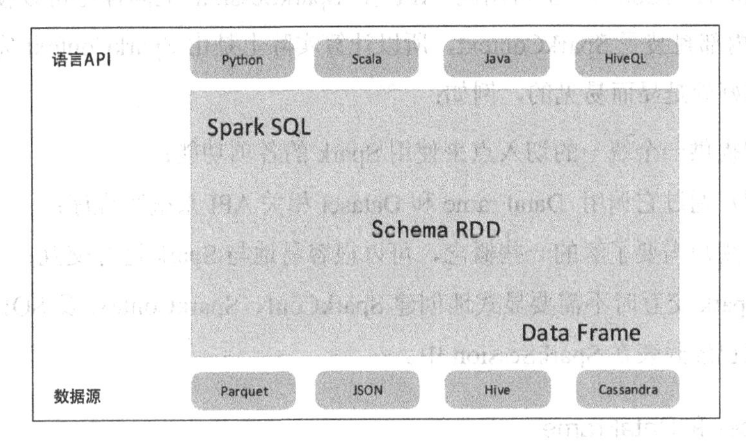

图 8-14 Spark SQL 架构图

Spark SQL 的架构包含三层。

（1）语言 API：Spark 的语言 API 可以让我们使用各种编程语言运行 Spark 代码，API 本身也是由这些语言开发而成的（Python、Scala、Java、HiveQL）。

（2）Schema RDD：Spark Core 是使用称为 RDD 的特殊数据结构设计的。通常，Spark SQL 适用于模式、表和记录，因此可以使用 Schema RDD 作为临时表，可以将 Schema RDD 称为数据帧。

（3）数据源：Spark Core 的数据源是文本文件、AVRO 文件等；Spark SQL 的数据源是 Parquet 文件、JSON 文档、Hive 表和 Cassandra 数据库。

5. SparkSession

SparkSession 是 Spark 2.0 引入的新概念。SparkSession 为用户提供了统一的切入点，以便用户学习 Spark 的各项功能。

在 Spark 的早期版本中，SparkContext 是 Spark 的主要切入点，RDD 是主要的 API，

所以通过 SparkContext 来创建和操作 RDD。对于不同 API，需要使用不同的 Context。例如，对于 Streaming，需要使用 StreamingContext；对于 SQL，需要使用 SQLContext；对于 Hive，需要使用 HiveContext。随着 Dataset 和 DataFrame 的 API 逐渐成为标准 API，需要为它们建立接入点。所以 Spark 2.0 引入 SparkSession 作为 Dataset 和 DataFrame API 的切入点，SparkSession 封装了 SparkConf、SparkContext 和 SQLContext，为了向后兼容，SQLContext 和 HiveContext 也被保存下来。

SparkSession 实质上是 SQLContext、HiveContext 和 StreamingContext 的组合，所以在 SQLContext 和 HiveContext 上可用的 API 在 SparkSession 上同样是可以使用的。由于 SparkSession 内部封装了 SparkContext，所以计算实际上是由 SparkContext 完成的。这给使用者带来的好处是显而易见的，例如：

- 为用户提供一个统一的切入点来使用 Spark 的各项功能；
- 允许用户通过它调用 DataFrame 和 Dataset 相关 API 来编写程序；
- 减少了用户需要了解的一些概念，可以很容易地与 Spark 进行交互；
- 在与 Spark 交互时不需要显式地创建 SparkConf、SparkContext 及 SQLContext，这些对象已经封装在 SparkSession 中。

6. Dataset 和 DataFrame

Dataset ——分布式的数据集合，是 Spark 1.6 中添加的一个新接口，是特定域对象中的强类型集合。Dataset 可以使用函数或者相关操作并行地进行转换等操作，数据集可以由 JVM 对象构造，然后使用函数转换（Map、FlatMap、Filter 等）进行操作。Dataset 支持 Scala 和 Java API，不支持 Python API。由于 Dataset 集成了 RDD 和 DataFrame 的优点，所以可以像操作 RDD 和 DataFrame 一样来操作 Dataset。

DataFrame——由列组成的数据集，在概念上等同于关系数据库中的表或 R 语言/Python 语言中的 DataFrame，但在查询引擎上进行了丰富的优化。

DataFrame 与 RDD 的主要区别——前者带有 Schema 元信息，即 DataFrame 所表示的二维表数据集的每一列都带有名称和类型。这使得 Spark SQL 得以洞察更多结构信息，从而对藏于 DataFrame 背后的数据源及作用于 DataFrame 上的变换进行了针对性的优化，最终大幅提升了运行时效。反观 RDD，由于无从得知所存数据元素的具体内部结构，Spark Core 只能在 Stage 层面进行简单、通用的流水线优化。

7. Spark SQL 数据源

Spark SQL 主要支持的数据源有 JSON、Parquet、MySQL、Hive。

8.2.3 Spark Streaming

随着大数据的发展，人们对大数据的处理要求越来越高，原有的批处理框架 MapReduce 适合离线计算，但无法满足实时性要求较高的业务，如实时推荐、用户行为分析等。Spark Streaming 应运而生，这是一种流式实时计算框架。Spark Streaming 建立在 Spark 的基础上，通过 Spark 提供的丰富的 API，基于内存的高速执行引擎完成实时数据流的实时计算。在介绍 Spark Streaming 前，先介绍一下批量计算和流计算的概念。

1. 批量计算和流计算

静态数据和流数据是什么？静态数据是存放在数据仓库中的大量的历史数据，流数据是以大量、快速、时变的流形式持续到达的数据。静态数据和流数据对应两种截然不同的计算模式：批量计算和流计算。

- 批量计算：有充裕时间处理静态数据，如 Hadoop。Hadoop 设计的初衷是面向大规模数据的批量处理，每台机器并行运行 MapReduce 任务，最后对结果进行汇总输出。
- 流计算：实时获取来自不同数据源的海量数据，并通过对其进行实时分析处理，获得有价值的信息。

流计算秉承一个基本理念，即数据的价值随着时间的流逝而降低，如用户点击流。因此，当事件出现时应该立即进行处理，而不是缓存起来再进行批处理。为了及时处理流数据，就需要一个低延迟、可扩展、高可用的处理引擎。

一个流计算系统应满足如下需求。

- 高性能：处理大数据的基本要求，如每秒处理几十万条数据。
- 海量式：支持 TB 级甚至是 PB 级的数据规模。
- 实时性：保证较低的延迟时间，达到秒级别，甚至毫秒级别。
- 分布式：支持大数据的基本架构，必须能够平滑扩展。
- 易用性：能够快速进行开发和部署。
- 可靠性：能可靠地处理流数据。

2. Spark Streaming 实时计算框架

Spark Streaming 是建立在 Spark 基础上的一种流式实时计算框架，扩展了 Spark 处理大规模流式数据的能力。相比于其他实时计算框架，Spark Streaming 能够与 Spark SQL、机器学习及图像处理框架无缝对接，用途更广泛，更有优势。Spark Streaming 的优势体现在如下几方面：

- 能运行在 100 多个节点上，并达到秒级延迟；
- 使用基于内存的 Spark 作为执行引擎，具有高效和容错的特性；
- 能集成 Spark 的批处理和交互查询；
- 为实现复杂的算法提供和批处理类似的简单接口。

Spark 流处理流程图如图 8-15 所示。Spark Streaming 处理流程为输入—计算—输出。输入就是将数据输入，数据的来源有多种，如 Kafka、Flume、Kinesis 等；计算就是使用复杂的算法读数据并进行处理，计算算法有 Map、Reduce、join 和 Window 等高级函数；输出就是把计算结果推送到数据库、文件系统等。

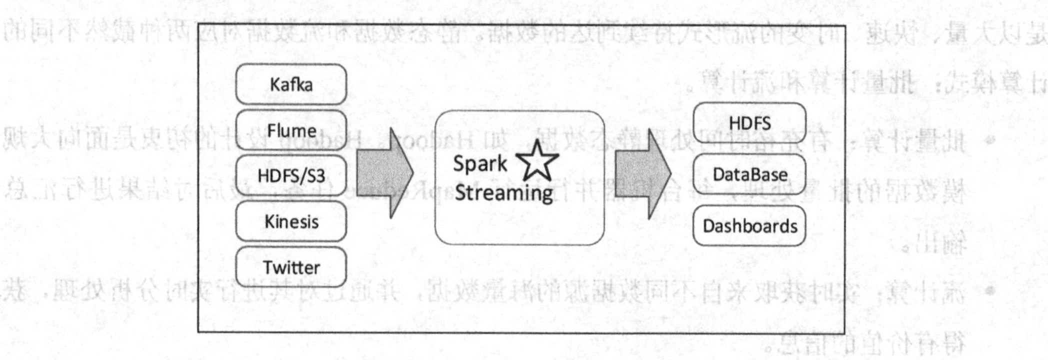

图 8-15　Spark 流处理流程图

Spark Streaming 接收实时输入数据流并将数据分批，然后由 Spark 引擎处理，以批量生成最终结果流。Spark Streaming 详细介绍参见第 9 章。

8.2.4　GraphX

1．GraphX 背景

Spark GraphX 是一个分布式图处理框架，是基于 Spark 平台提供的针对图计算和图挖掘的简洁易用的接口，极大地方便了分布式图处理。

众所周知，社交网络中人与人之间有很多关系链，Twitter、Facebook、微博、微信等都是大数据产生的地方，都需要进行图计算。图处理基本都是分布式的图处理，并非单机处理。GraphX 底层是基于 Spark 来处理的，是一个分布式的图处理系统。

图的分布式或并行处理其实是把图拆分成很多个子图，然后分别对这些子图进行计算，如在计算时对子图迭代进行分阶段计算，即对图进行并行计算。图 8-16 所示为 Spark 图计算的简单示例。

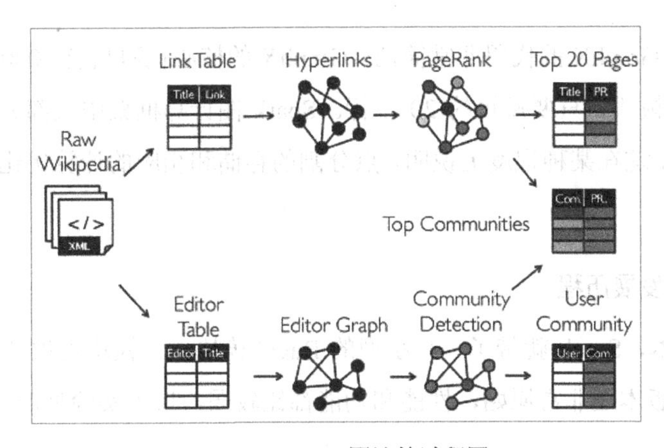

图 8-16　Spark 图计算过程图

图 8-16 上面的路径是在获取 Wikipedia 的文档后，将其变成 Link Table 形式的视图，然后基于 Link Table 形式的视图分析 Hyperlinks 超链接，最后使用 PageRank 分析得出排名靠前的社区（Top Communities）。图 8-16 下面路径中的 Editor Graph 到 Community Detection 的过程称为 Triangle Computation，这是计算三角形的一个算法，基于此会发现一个社区。通过分析可以发现图计算有多种算法，且图和表格可以进行互相转换。

2. GraphX 框架

在设计 GraphX 时，点分割和 GAS 都已成熟，故在设计和编码中针对它们进行了优化，并在功能和性能之间寻找最佳平衡点。Spark 图计算框架如图 8-17 所示。

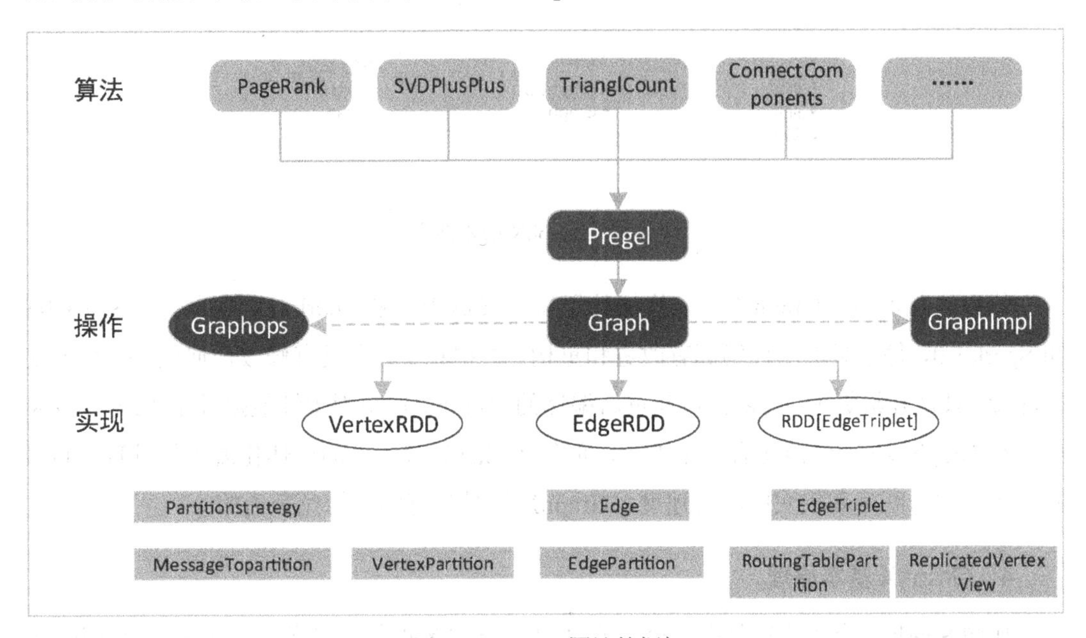

图 8-17　Spark 图计算框架

如同 Spark，GraphX 的代码非常简洁。GraphX 的核心代码只有 3000 多行，而在此之上实现的 Pregel 模式，只要短短的 20 多行。Spark 图计算框架中大部分实现都是围绕分区的优化进行的。这在某种程度上说明，点分割的存储和相应的计算优化是图计算框架的重点和难点。

3. GraphX 发展历程

早在 0.5 版本，Spark 就带了一个小型的 Bagel 模块，该模块提供了类似 Pregel 的功能。当然，这个版本还非常原始，性能和功能都比较弱，属于实验型产品。

到 0.8 版本，鉴于业界对分布式图计算的需求日益增大，Spark 开始独立一个分支 GraphX-Branch，作为独立的图计算模块，并借鉴 GraphLab 开始设计开发 GraphX。

在 0.9 版本中，GraphX-Branch 模块被正式集成到主干，虽然是 Alpha 版本，但已开始试用，Bagel 告别舞台。

1.0 版本，GraphX 正式投入生产使用。

GraphX 版本演变如图 8-18 所示。

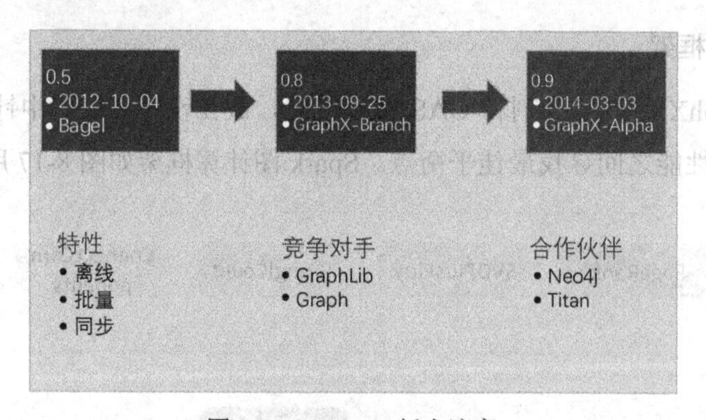

图 8-18　GraphX 版本演变

值得注意的是，GraphX 目前依然处于快速发展中，从 Spark 0.8 的分支到 Spark 0.9 和 Spark 1.0，每个版本的代码都有改进和重构。根据观察，在没有修改任何代码逻辑和运行环境，只是升级版本、切换接口和重新编译的情况下，每个版本性能提升了 10%～20%。虽然和 GraphLab 的性能还有一定差距，但凭借 Spark 整体上的一体化流水线处理，以及社区极高的活跃度和较快的改进速度，GraphX 还是具有强大的竞争力的。

4. GraphX 基本原理

如同 Spark 每个子模块都有一个核心抽象，GraphX 的核心抽象是 Resilient Distributed

Property Graph，一种点和边都带属性的有向多重图。GraphX 扩展了 Spark RDD 的抽象，有 Table 和 Graph 两种视图，只需一份物理存储。两种视图都有自己独有的操作符，因此操作灵活和执行效率高。GraphX 统一存储示意图如图 8-19 所示。

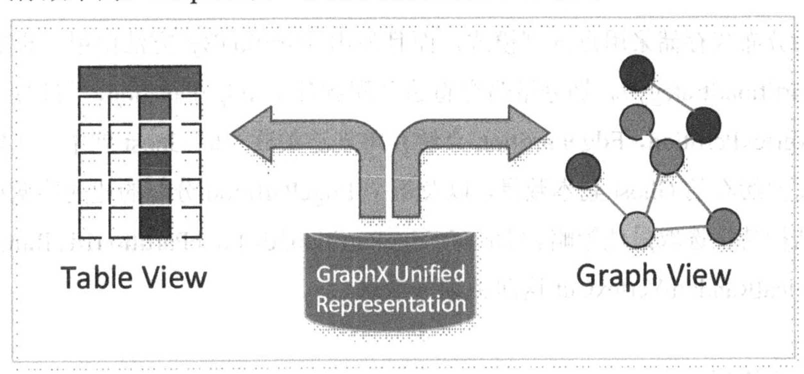

图 8-19　GraphX 统一存储示意图

GraphX 的底层设计有以下几个关键点。

所有对 Graph 视图的操作最终都会转换成其关联的 Table 视图的 RDD 操作，因此对一个图的计算，在逻辑上等价于一系列 RDD 的转换过程，如图 8-20 所示。因此，GraphX 具备 RDD 的三个关键特性：Immutable（不变性）、Distributed（分布式）和 Fault-Tolerant（容错），其中最关键的是 Immutable（不变性），在逻辑层面，所有图的转换和操作都产生了一个新图；在物理层面，GraphX 会有一定程度的不变顶点和边的复用优化，且对用户透明。

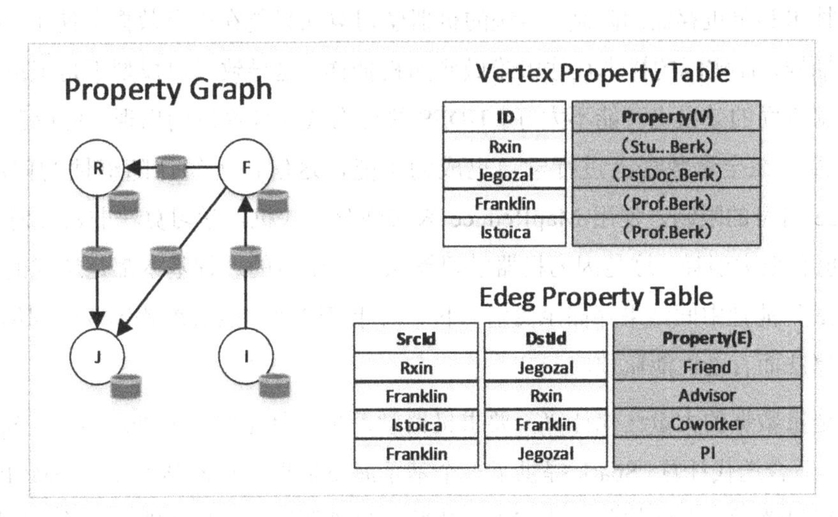

图 8-20　GraphX Table 视图及 RDD 转换

两种视图底层共用的物理数据由 RDD[VertexPartition]和 RDD[EdgePartition]组成。实

际上点和边都不是以表 Collection[tuple]的形式存储的，而是由 VertexPartition/EdgePartition 在内部存储一个带索引结构的分片数据块，从而加速了不同视图下的遍历速度。不变的索引结构在 RDD 转换过程中是共用的，从而降低了计算和存储开销。

图的分布式存储采用点分割模式，而且使用 PartitionBy 方法由用户指定不同的划分策略（PartitionStrategy）。划分策略会将边分配到各个 EdgePartition，将顶点 Master 分配到各个 VertexPartition，EdgePartition 会缓存本地边关联点的 Ghost 副本。划分策略的不同会影响需要缓存的 Ghost 副本数量，以及每个 EdgePartition 分配的边的均衡程度，需要根据图的结构特征选取最佳策略。目前有 EdgePartition2d、EdgePartition1d、RandomVertexCut 和 CanonicalRandomVertexCut 这四种划分策略。

8.2.5 MLlib

1. 机器学习概念

机器学习是利用数据或经验优化计算机程序的性能标准。机器学习的三个关键词为算法、经验、性能。在数据的基础上，通过算法构建出模型并对模型进行评估，评估的性能如果达到要求，就用该模型来测试其他数据；如果未达到要求，则调整算法重新建立模型，再次评估。如此循环，得到满意的经验后再处理其他数据。

2. Spark 机器学习的优势

由于技术和单机存储的限制，传统的机器学习算法只能在少量数据上使用。机器学习依赖数据抽样，而实际的样本往往很难做到随机抽样，这导致学习模型不是很准确，因此在测试数据方面的效果也可能不太好。HDFS 等分布式文件系统的出现，使得存储海量数据成为可能，在全量数据上进行学习也成为可能，这解决了统计随机性的问题。由于 MapReduce 自身的限制，使用 MapReduce 来实现分布式机器学习算法非常耗时，并且对磁盘 I/O 也有很大消耗。这是因为机器学习算法参数学习的过程基本都是迭代的，若使用 MapReduce 只能把中间结果存储至磁盘，下一次计算时要从磁盘重新读取中间结果，这对多次迭代算法而言是性能瓶颈。

进行全量数据的大量迭代计算，要求机器学习平台具备强大的处理能力。Spark 立足内存计算，适合迭代计算。Spark 提供了一个基于海量数据的机器学习库——MLlib，MLlib 提供了常用机器学习算法的分布式实现。开发者只需要有 Spark 基础，且了解机器学习算法的原理、方法及相关参数的含义，就可以通过调用相应的 API 来实现基于海量数据的机器学习过程。除此之外，spark-shell 的即席查询也是关键，算法工程师可以边写代码，边运行，边看结果。Spark 官方网站的首页展示了 Logistic Regression 算法在 Spark 和 Hadoop 中运行的性能的对比，在 Spark 中运行的性能约是在 Hadoop 中运行的 100 倍，如图 8-21 所示。

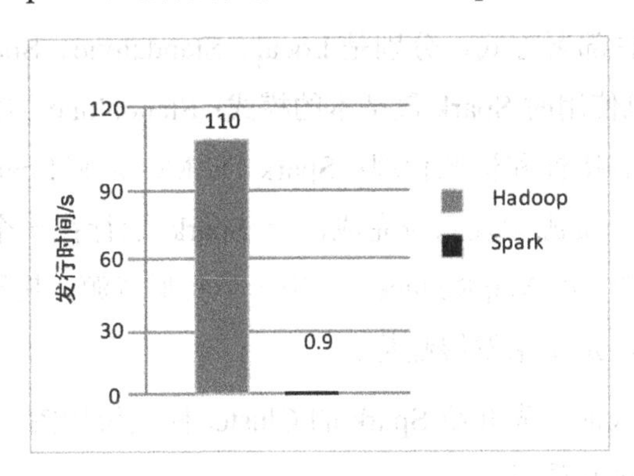

图 8-21　Logistic Regression 算法在 Spark 中运行和在 Hadoop 中运行的性能对比

Spark 提供的各种高效的工具使得机器学习过程更加直观、便捷。例如，通过 sample 函数，可以非常方便地进行抽样。随着技术的发展，Spark 拥有了实时批计算、批处理、算法库、SQL、流计算等模块，可以看成是一个全平台系统。MLlib 基于 RDD，天生就可以与 Spark SQL、GraphX、Spark Streaming 无缝集成，以 RDD 为基石，四个子框架可联手构建大数据计算中心。

3．MLlib 概述

MLlib 旨在简化机器学习的实践工作，并方便扩展到更大规模。MLlib 由一些通用的学习算法和工具组成，包括分类、回归、聚类、协同过滤、降维等，还包括底层的优化原语和高层的管道 API，主要包含内容具体如下。

- 算法工具：常用的机器学习算法，如分类、回归、聚类和协同过滤；
- 特征化工具：特征提取、转化、降维和选择工具；
- 管道（Pipeline）：用于构建、评估和调整机器学习管道的工具；
- 持久性：保存和加载算法、模型和管道；
- 实用工具：线性代数、统计、数据处理等工具。

MLlib 一般应用于商品和资讯的推荐、用户画像、垃圾邮件处理等场景。

8.3 Spark 部署模型介绍

目前 Spark 支持四种部署方式，分别是 Local、Standalone、Spark On Mesos 和 Spark On YARN。Local 是单机使用时 Spark 最基本的模式；Standalone 类似于 MapReduce 1.0 采用的模式，内部实现了容错性和资源管理；Spark On Mesos 和 Spark On YARN 将部分容错性和资源管理交由统一资源管理系统完成，让 Spark 运行在一个通用的资源管理系统上，可以与其他计算框架（如 MapReduce）共用一个集群资源，其最大的好处是降低运维成本和提高资源利用率，是未来发展趋势。

在介绍四种部署模式前，先介绍 Spark 的 Cluster 模式架构图，如图 8-22 所示，该模式架构图可在 Spark 官网中看到。

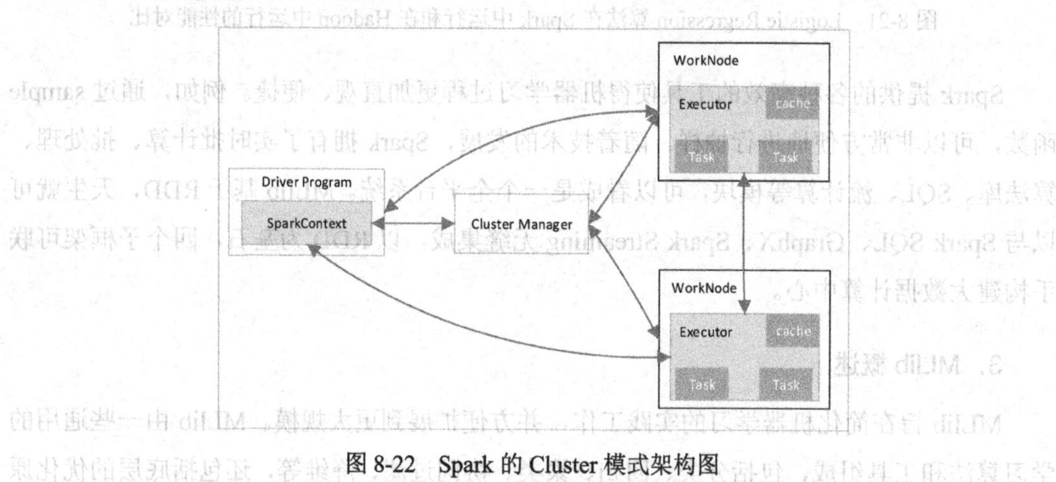

图 8-22 Spark 的 Cluster 模式架构图

- Driver Program 就是程序员设计的 Spark 程序，Spark 程序中必须包含 SparkContext，它是开发 Spark 应用程序的入口。
- SparkContext 通过 Cluster Manager 管理整个集群，集群中包含多个 WorkNode，每个 WorkNode 都有 Executor 在执行。

SparkContext 通过 Cluster Manager 管理整个集群，意味着 Spark 可以在多种集群模式下运行，具体如下。

- Local——本地运行模式，单机使用时，直接引用 Spark 链接库，在命令窗口中直接启动 spark-shell 命令窗口，即会生成一个 SparkContext 上下文对象 sc，此时可以开始进行开发测试。本地运行模式适合用户刚入门时使用，测试使用，比较简单方便。

- Standalone——独立运行模式，是由 Spark 提供的 Cluster 管理模式，自带完整的服务，可单独部署到一个集群中，无须依赖任何其他资源管理系统。在 Standalone 模式下的服务可以原封不动地部署到 YARN 或 Mesos 上运行。
- Spark On Mesos——一个通用的集群管理器，也可以用来运行 Hadoop MapReduce 和服务应用，支持粗粒度和细粒度两种模式，相比于 YARN 更灵活。
- Spark On YARN——Hadoop 2 的资源管理器，因为 YARN 上的 Container 资源是不可以动态伸缩的，一旦启动 Container 后，可使用的资源将不能再发生变化，所以目前只支持粗粒度模式，已被列入 YARN 计划，前景较好。

第 9 章 Spark SQL 实战案例

Spark SQL 是 Spark 用来结构化数据处理的一个模块，为 Spark 提供了很多关于数据和正在进行的计算的结构化信息，并针对这部分信息进行了额外优化。用户可以使用 SQL 和 Dataset API 与 Spark SQL 进行交互。在进行计算时，用户使用的计算引擎已经脱离最初的代码语言和请求 API，这意味着开发人员可以很容易地在不同的 API 之间进行切换。

Spark SQL 的一个用途是执行 SQL 查询，从已经存在的 Hive 环境中读取数据，读取结果会作为一个 Dataset 或者 DataFrame 返回。当然，Hive 原生支持的 JDBC/ODBC 和命令行还是可以使用的。

9.1 Spark SQL 前世今生

9.1.1 大数据背景

在大数据时代初期，Hadoop 体系就代表大数据，一提大数据便意指 Hadoop。使用过 Hadoop 的人都知道，Hadoop 默认的计算引擎是 MapReduce，但是 MapReduce 开发框架的使用是有一定的门槛的：第一，要有一定的 Java 基础；第二，要知道功能逻辑的调用接口；第三，MapReduce 有很多配置项，除配置文件外，有些可以在代码中通过特定方式进行配置，但是这些配置是否会覆盖配置文件中的设置值是有条件的。所以对于想使用 Hadoop 的人而言，MapReduce 的使用难度是比较大的。

在 NoSQL 数据库出来之前，大数据存储一直是关系数据库的天下。在各个数据库厂商间已经达成了协议，除了特定数据库特定的函数和稍微变化的语法，SQL 使用语法基本一致，所以 SQL 的使用基本上是技术人员的必备技能之一。为了吸引更多公司及更多技术人员使用 Hadoop，Hadoop 团队内部开始思考能否让 SQL 出现在 Hadoop 生态系统中，基于此 Hive 诞生了。Hive 使用的是类 SQL 的 HQL，这使得编程难度大大降低，而 Hive 也成了当时唯一运行在 Hadoop 上的 SQL on Hadoop 工具。Hive 的运行原理是将 HQL 语句经过语法解析、语义转换、逻辑计划、物理计划转化成 MapReduce 程序，运行 MapReduce 的 Job。但是 MapReduce 算法有一个致命的缺点，即速度慢，MapReduce 在计算过程中会消耗大量的磁盘 I/O，在大批量数据需要实时计算的场景下并不适用。因此 Storm、Spark 等产品相继在大数据领域引领风骚。

Databricks 公司是有野心的公司，该公司的 Spark 产生于 Hadoop，能够和 Hadoop 生态系统完美兼容，但是在看到 MapReduce 算法的致命缺点及 MapReduce 算法更新缓慢之后，就有了替代 Hadoop 成为大数据领域首选技术的想法。随着 Spark 版本的迭代，新的特性、新的功能层出不穷，而针对 SQL 部分使用的就是 Spark SQL。

9.1.2 Spark 和 Spark SQL 的产生

2009 年，伯克利大学一个新的项目启动了，该项目的名字就是 Spark。2011 年，在 Spark 诞生两年之后，Spark 团队开发了一个 Shark，就是在 Spark 集群上安装一个 Hive 的集群，计算引擎是 MapReduce 引擎，这就是最早的 Hive on Spark。但是 Shark 对于 Hive 的依赖程度太高了，不太符合 Spark 的 On Stack Rule Them All 的既定方针，也制约了各个组件的相互集成。于是，在 2014 年 Spark 团队将 Shark 转给 Hive 进行管理，并开发了 Spark SQL，它使用最新开发的执行引擎将 Hive on Spark 的 SQL 语句转化为 Spark RDD。Spark SQL 和 Spark 的时间发展关系如图 9-1 所示。

图 9-1 Spark SQL 和 Spark 的时间发展关系

9.1.3 版本更迭

Spark SQL 经历了几次更新，演变历程如下。

- 1.0 版本之前：Hive on Spark Shark。

- 1.0.x 版本：Spark SQL Alpha 版本（测试版本，不建议商业项目使用），该版本让 Spark 成了 Apache 的顶级孵化项目。
- 1.3.x 版本：Spark SQL DataFrame Release（成熟版本，可以使用）。
- 1.5.x 版本：Project Tungsten（钨丝计划）底层代码的优化，让 Spark 更接近灯丝（Rare Metal）。
- 1.6.x 版本：Dataset Alpha 版本。
- 2.x.x 版本：Dataset 正式版，替代 DataFrame Structured Streaming。

Spark 项目并不是使用 Java 语言开发的项目，而是使用 Scala 语言编写的工程，但 Spark 支持使用 Java 语言开发，毕竟 Scala 语言是一门依赖 JVM 的语言，这一点也是 Spark 被业界两大使用语言之一——Java 语言的使用者接受的原因之一。Java 文件可以直接在 Spark 项目上运行，再学习的成本极低。实际上，对于是否用 Java 语言开发 Spark 有过很热烈的讨论，图 9-2 罗列了支持和反对的理由。

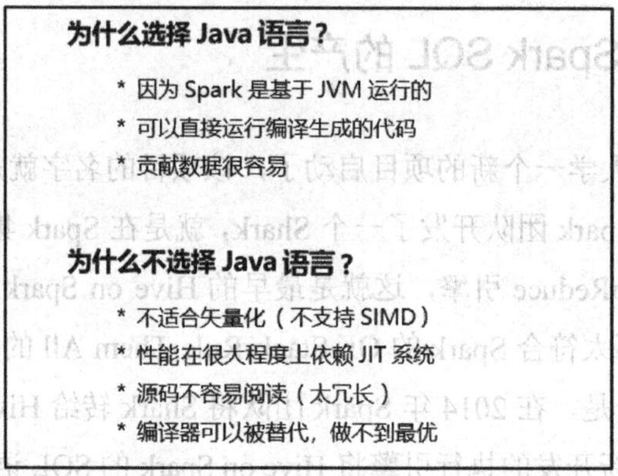

为什么选择 Java 语言？

* 因为 Spark 是基于 JVM 运行的
* 可以直接运行编译生成的代码
* 贡献数据很容易

为什么不选择 Java 语言？

* 不适合矢量化（不支持 SIMD）
* 性能在很大程度上依赖 JIT 系统
* 源码不容易阅读（太冗长）
* 编译器可以被替代，做不到最优

图 9-2　支持和反对用 Java 语言开发 Spark 的理由

9.2　RDD、DataFrame 及 Dataset

Dataset 是分布式数据集（Distributed Collection of Data），是 Spark 1.6 新加入的一种接口，通过使用 Spark SQL 优化执行引擎来更便利地使用 RDD。Dataset 可以根据 JVM 对象构建，使用 transform 函数来进行操作。Dataset API 支持 Scala 语言和 Java 语言，虽然没有确切的 Python API、R API，但是由于 Python、R 具有动态特性，Dataset 的使用依然可以在 Python、R 上实现。

DataFrame 是 Dataset 针对具体列名称的具体化。构造 DataFrame 的数据来源更宽泛，如结构化数据文件、Hive 表、外部数据库、已经存在的 RDD 等。DataFrame 的 API 支持 Scala 语言、Java 语言、Python 语言、R 语言。在 Scala 和 Java 中，DataFrame 代表一个 Dataset 的多个行。两者不同的是，在 Scala 中使用 Dataset[Row]代表 DataFrame，在 Java 中使用 Dataset<Row>代表 DataFrame。

9.2.1 Spark SQL 基础

要使用 Spark SQL 需要先引入 Spark SQL 环境，这里使用的是 Spark 2.3.2，可以引入 Maven 配置，导入 Spark 依赖的 jar 包，也可以直接从官网下载 jar 包导入工程。

Maven 配置如下：

```
<dependency>
   <groupId>org.apache.spark</groupId>
   <artifactId>spark-core_2.11</artifactId>
   <version>2.3.2</version>
</dependency>
<dependency>
   <groupId>org.apache.spark</groupId>
   <artifactId>spark-sql_2.11</artifactId>
   <version>2.3.2</version>
</dependency>
```

其中，spark-core 是 Spark 的核心 jar 包，spark-sql 是 Spark SQL 的 jar 包。

1. 引入 SparkSession

接入 API 的第一步是引入 SparkSession。

（1）Java API：获取 SparkSession（Java）对象，代码如图 9-3 所示。

```
import org.apache.spark.sql.SparkSession;

SparkSession spark = SparkSession
  .builder()
  .appName("Java Spark SQL basic example")
  .config("spark.some.config.option", "some-value")
  .getOrCreate();
```

图 9-3 获取 SparkSession（Java）对象

（2）Scala API：获取 SparkSession（Scala）对象，代码如图 9-4 所示。

```
import org.apache.spark.sql.SparkSession

val spark = SparkSession
  .builder()
  .appName("Spark SQL basic example")
  .config("spark.some.config.option", "some-value")
  .getOrCreate()
```

图 9-4　获取 SparkSession（Scala）对象

SparkSession.builder().getOrCreate()是在创建一个 SparkSession 对象，builder()、getOrCreate()是 SparkSession 的内部方法，builder()创建一个内部类 builder，该类是 SparkSession 的对象控制类，若存在全局有效的 SparkSession 则 get（获取），否则 Create（创建）。

appName()方法用于指定 Spark 应用的名称；config 用于指定配置项，将配置项写入一个可变的 HashMap。Spark 在创建 Session 时，会将设置的配置信息写入 config。

2. 创建 DataFrame

Java API（以 Java API 为主）：获取 Dataset，代码如图 9-5 所示。

```
import org.apache.spark.sql.Dataset;
import org.apache.spark.sql.Row;

Dataset<Row> df = spark.read().json("examples/src/main/resources/people.json");

// 显示DataFrame的内容
df.show();
```

图 9-5　获取 Dataset（Java）

Scala API：获取 Dataset，代码如图 9-6 所示。

```
val df = spark.read.json("examples/src/main/resources/people.json")

// Displays the content of the DataFrame to stdout
df.show()
// +----+-------+
// | age|   name|
// +----+-------+
// |null|Michael|
// |  30|   Andy|
// |  19| Justin|
// +----+-------+
```

图 9-6　获取 Dataset（Scala）

这里读取了一个结构化的 JSON 文件，结果会根据 JSON 文件的属性生成行。

df.show()方法用于展示数据，默认情况下只展示前 20 行，如图 9-7 所示。

```
+----+-------+
| age|   name|
+----+-------+
|null|Michael|
|  30|   Andy|
|  19| Justin|
|  19| Justin|
|  19| Justin|
|  19| Justin|
|  19| Justin|
|  19| Justin|
|  19| Justin|
|  19| Justin|
|  19| Justin|
|  19| Justin|
|  19| Justin|
|  19| Justin|
|  19| Justin|
|  19| Justin|
|  19| Justin|
|  19| Justin|
|  19| Justin|
|  19| Justin|
+----+-------+
only showing top 20 rows
```

图 9-7　结果展示

3. UnTyped Dataset 操作

DataFrame 为结构化数据操作提供了邻域特定语言。在 Spark 2.0 中，这类操作被称为"UnTyped transformations"（Scala、Java 中的强类型 Dataset 被称为"typed transformations"）。

示例：UnTyped transformations：

```
df.printSchema();                        //以格式树的方式打印出表结构
df.select("name").show();                //类似于 select name from table，挑选指定列打印
//相当于 select name,age+1 from table，这里进行了加操作
df.select(col("name"),col("age").plus(1)).show();
df.filter(col("age").gt(21)).show(); //相当于过滤 age 大于 21 的数据
select * from table where age>21;
df.groupby("age").count().show();        //根据 age 分组
```

完整代码如图 9-8 所示。

```
SparkSession spark = SparkSession
        .builder()
        .master("local")
        .appName("Java Spark SQL basic example")
        .config("spark.some.config.option", "some-value")
        .getOrCreate();
spark.sparkContext().setLogLevel("WARN");
Dataset<Row> df = spark.read().json("examples\\src\\main\\resources/people.json");
df.show();
System.out.println("---------------schema----------------");
df.printSchema();
System.out.println("---------------select name---------------");
df.select("name").show();
System.out.println("---------------select name,age+1---------------");
df.select(col("name"), col("age").plus(1)).show();
System.out.println("---------------where age>21---------------");
df.filter(col("age").gt(21)).show();
System.out.println("---------------select count(1) from table group by age----------
df.groupBy("age").count().show();
spark.close();
```

图 9-8　完整代码

数据：examples/src/main/resources/people.json 中的数据如下：

```
{"name":"Michael"}
{"name":"Andy", "age":30}
{"name":"Justin", "age":19}
```

图 9-8 所示代码输出结果如图 9-9 所示。

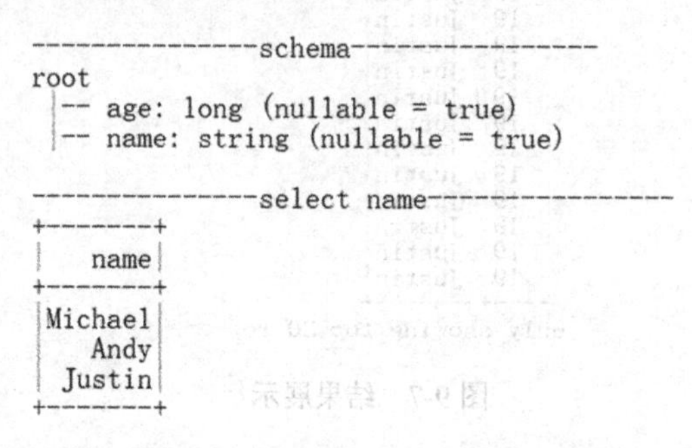

```
---------------schema---------------
root
 |-- age: long (nullable = true)
 |-- name: string (nullable = true)

---------------select name---------------
+-------+
|   name|
+-------+
|Michael|
|   Andy|
| Justin|
+-------+
```

图 9-9　图 9-8 所示代码输出结果

常用的 DataFrame 函数有很多，除了上面列举的还有 abs，有余力的读者建议阅读 Spark 官方文档中的 functions.html。

4. 在程序中使用 SQL 查询

根据上文可知是不存在表的（数据在 people.json 文件中），所以在使用 SQL 查询前需要注册临时视图，如图 9-10 所示。

```
// Register the DataFrame as a SQL temporary view
df.createOrReplaceTempView("people");
```

图 9-10　创建临时视图

创建临时视图后就可以使用 SQL 查询了。

完整代码如图 9-11 所示。

```
SparkSession spark = SparkSession
        .builder()
        .master("local")
        .appName("Java Spark SQL basic example")
        .config("spark.some.config.option", "some-value")
        .getOrCreate();
spark.sparkContext().setLogLevel("WARN");
Dataset<Row> df = spark.read().json("D:\\soft\\spark-2.3.0-bi
df.createOrReplaceTempView("user");
Dataset<Row> sqlDF = spark.sql("SELECT * FROM user");
sqlDF.show();
spark.close();
```

图 9-11　完整代码

图 9-11 所示代码输出结果如图 9-12 所示。

```
+----+-------+
| age|   name|
+----+-------+
|null|Michael|
|  30|   Andy|
|  19| Justin|
+----+-------+
```

图 9-12　图 9-11 所示代码输出结果

在 Spark SQL 里，临时视图是 Session 的，在当前 Session 失效时，临时视图就会消失。还有一种全局的临时表叫作 Global temporary view，如果当前程序没有终止，那么所有 Session 都可以共享该临时表。调用 Dataset 的 createGlobalTempView (“tableName”)方法，创建 Global temporary view。需要注意的是，因为 Global temporary view 与系统的 global_temp 库是绑定的，即引入了数据库的概念，所以在调用 Global temporary view 时需要使用 global_temp.tableName，这和 HQL 调用数据库表名的语法是一致的。

5．创建 Dataset

Dataset 和 RDD 类似，但 Dataset 并没有使用 Java 序列化框架或 Kryo 序列化框架，为了在网络中传输 Dataset 使用了一种特殊的编码方式进行对象序列化。这种编码器是动态生成的，是使 Spark 无须将字符转化为对象就可以执行过滤、排序、散列操作的字节编码器。

序列化对象代码如图 9-13 所示。

```
public static class User implements Serializable{
    private String name;
    private int age;
    public String getName() {
        return name;
    }
    public void setName(String name) {
        this.name = name;
    }
    public int getAge() {
        return age;
    }
    public void setAge(int age) {
        this.age = age;
    }
}
```

图 9-13　序列化对象代码

这里需要注意的是，序列化类必须是 public 的，而且必须实现 Serializable 接口，要序列化的属性必须实现 get()、set()方法。

下面看一段示例代码，如图 9-14 所示。

```
SparkSession spark = SparkSession
        .builder()
        .master("local")
        .appName("Java Spark SQL basic example")
        .config("spark.some.config.option", "some-value")
        .getOrCreate();
User user = new User();
user.setAge(30);
user.setName("master");
Encoder<User> userEncoder = Encoders.bean(User.class);
Dataset<User> javaBeanDS = spark.createDataset(
  Collections.singletonList(user),
  userEncoder
);
javaBeanDS.show();
}
```

图 9-14　示例代码

运行图 9-14 所示代码输出结果如图 9-15 所示。

```
+---+----+
|age|name|
+---+----+
| 32|Andy|
+---+----+
```

图 9-15　运行图 9-14 所示代码输出结果

再看另一段简单的代码，如图 9-16 所示。

```
// Encoders for most common types are provided in class Encoders
Encoder<Integer> integerEncoder = Encoders.INT();
Dataset<Integer> primitiveDS = spark.createDataset(Arrays.asList(1, 2, 3), integerEncoder);
Dataset<Integer> transformedDS = primitiveDS.map(
    (MapFunction<Integer, Integer>) value -> value + 1,
    integerEncoder);
transformedDS.collect(); // Returns [2, 3, 4]
```

图 9-16　Dataset 操作

图 9-16 所示代码创建了 List<Integer>的编码器，将 List（1，2，3）通过编码器转化成了一个 Integer 的 Dataset，并通过 MapFunction 实现 Dataset 元素加 1。org.apache.spark.sql.Encoders 类提供了包括 Boolean、Byte、Short、Integer、Long、Float、Double、String 八种基本类型对应的包装类型的编码器，以及 BigDecimal、Date、Timestamp、Array[Byte] 等常用类型，还有 Class[T] 等复杂自定义类型和用于序列化的 def kryo[T](clazz: Class[T]):Encoder[T]、def kryo[T:ClassTag]:Encoder[T]、def javaSerialization[T:ClassTag]: Encoder[T]、def javaSerialization[T](clazz:Class[T]):Encoder[T]。

再看一个例子，从文件中获取序列化对象的 Dataset，示例代码如图 9-17 所示。

```
String path = "examples/src/main/resources/people.json";
Dataset<Person> peopleDS = spark.read().json(path).as(personEncoder);
```

图 9-17　示例代码

要注意的是，JSON 文件的字段需要和 Person 的属性对应，否则会报错。

6. 与 RDD 的交互

从代码的角度来看，Dataset 和 RDD 相互转化相对比较简单直接的方式如下：

```
Dataset==>RDD:df.JavaRDD()
RDD==>Dataset:Dataset<Row> df=spark.createDataFrame(rdd,User.class)
```

或者

```
df.toJavaRDD()
RDD==>Dataset:Dataset<Row> df=spark.createDataFrame(rdd,User.class)
```

对于直接构造 Dataset 的场景，可以参看图 9-18 所示的获取 Dataset 示例，根据场景需要构建 Dataset。

```
//构建列
List<StructField> fields = new ArrayList<>();
StructField field1 = DataTypes.createStructField("name", DataTypes.StringType, true);
StructField field2 = DataTypes.createStructField("age", DataTypes.IntegerType, true);
fields.add(field1);
fields.add(field2);
StructType schema = DataTypes.createStructType(fields);

Dataset<Row> peopleDataFrame = spark.createDataFrame(rddRow, schema);
```

图 9-18 获取 Dataset 示例

首先 RDD 需要是 JavaRDD<Row>类型的；其次存储 Column（列）的 List 的顺序需要和 Row（行）中的存储顺序一致，否则数据不再准确；最后数据类型和对应字段设置的类型一定要一致，否则 Spark 会报错。

9.2.2 Dataset、DataFrame、RDD 的区别

就本书使用的版本而言，DataFrame 属于框架内部的概念，DataFrame 的前身是 Schema RDD，早期是 RDD 的一个功能子类，自 Spark 1.3.0 开始，DataFrame 替代 Schema RDD，并且去掉了 RDD 的继承父类，当时 DataFrame 是 public 的，全限定名是 org.apache.spark.sql.DataFrame。Dataset 是 Spark 1.6.0 引入的功能类，是一个强类型的对象作用域集合，此时 DataFrame 的定义也发生了变化，其被称为一个 UnTyped 的视图，是一个[[Row]]类型的 Dataset。之后版本的 DataFrame 的 jar 包发生变化，class 被从 jar 包中剔除，但是在引用框架时还是可以使用 DataFrame，但是在自主开发时 DataFrame 已经不可用。

RDD 和 Dataset 都支持快速的分布式计算，很多方法也类似，彼此可以相互转化，两者最大的区别也是最根本的区别是：Dataset 采用列式存储数据，可以存储表形式的 Schema，RDD 没有这个功能，在进行 Spark 内部优化时 Spark SQL 的出发点也基于此。

在 API 使用的变化上，RDD 基于 RDD 算子，只要掌握了算子，即可对业务方法驾轻就熟；Dataset 则是提供了一系列方法，对于大部分需求直接调用其方法即可，这要求熟练掌握方法。

9.3 使用外部数据源

9.3.1 读写文件

Spark SQL 支持通过 DataFrame 的接口对数据源进行操作。DataFrame 可以用来进行关系转换操作，也可以用来创建临时视图，通过临时视图进行数据查询。

比较常用的外部数据源的使用是读取文件，常用的文件有 txt 文件、log 文件、csv 文件、JSON 文件等，通常可以使用 load()方法加载文件，使用 save()方法保存文件。

spark.read().load(path)默认读取的是 parquet 文件。parquet 文件是一种列式存储文件，可以高效地压缩编码，降低存储数据的磁盘占用空间；可以跳过不符合条件的数据，只获取需要的数据，降低 I/O 调用；支持向量运算，可以获得更好的扫描性能。如果 load()方法加载的不是 parquet 文件，则需要指定加载的文件格式，否则会抛出“is not a parquet file”异常。默认文件格式是可以通过 spark.sql.sources.default 配置项进行配置的。

如果要加载默认格式之外的文件，可以使用 format()方法。需要注意的是，format()方法接受的数据类型是有限定的，只有 HadoopFSRelationProvider 的子类类型提供的源才是可以使用的，一般而言，有 JDBC、JSON、parquet、ORC、text、csv，DataFrameReader 中提供了对应的类型匹配方法。示例代码可以参照如图 9-19 所示的加载文件示例。

```
SparkSession spark = SparkSession
        .builder()
        .master("local")
        .appName("TestFile")
        .getOrCreate();

Dataset<Row> df=spark.read().
      format("text").
      load("D:\\test/t001.txt");
df.show();
```

图 9-19　加载文件示例

如果存储文件，那么可以使用 df.write().save(path)。值得注意的是，Spark 给出了写文件的可选择模式。可选择模式的可选项可以参看如表 9-1 所示的 Spark 保存模式解读，代码引用方式可以参看如图 9-20 所示的文件操作模式。

表 9-1 Spark 保存模式解读

保存模式可选项	一 般 代 指	含 义
SaveMode.ErrorIfExists	“error” “errorifexists”	当文件已经存在时，向外抛出异常
SaveMode.Append	“append”	当文件已经存在时，在文件后面追加写入内容
SaveMode.Overwrite	“overwrite”	当文件已经存在时，删除原来的内容，重新写文件
SaveMode.Ignore	“ignore”	当文件已经存在时，放弃当前操作，什么也不做

```
df.write().mode(SaveMode.Overwrite).save("");
```

图 9-20 文件操作模式

9.3.2 parquet 文件

DataFrame 中的 saveAsTable()方法的作用是将数据持久化到 Hive Table 中，默认有一个 Derby 数据库存储 Hive 的元数据，但是建议搭建一个 Hive。

对于基于文件的数据，如 text、parquet、JSON 等，可以通过指定路径的方式写入 Hive Table 中，这时即便表被 drop（删除），由于路径依然存在，所以数据依然存在。如果不指定路径，则默认使用 warehouse 的路径，由于删除 Hive Table 后，对应 Hive Table 目录下的东西都会被清空，所以数据目录就不存在了，将造成数据丢失。Spark SQL 的简单示例可以参照如图 9-21 所示的 Dataset 对表的操作。

```
Dataset<Row> df=spark.read().
        format("text").
        load("D:/test/月销售量统计/传足.txt");
df.show();
df.write().option("path", "D:/test/txt1").saveAsTable("ttt");
spark.sql("drop table ttt");
```

图 9-21 Dataset 对表的操作

从 Spark 2.1 开始，在 Hive 的元数据中会存储每个分区的数据源，因此只需查询特定数据分区即可查询数据，从而提高了查询的性能。2.1 版本后的 Spark 支持 DDL 语法（Spark 2.1 版本前不支持）。

```
df.write().partitionBy("colName1").bucketBy(numBuckets,colName2).sortBy("colName3").format("json").option("path","/tmp/path/spark").saveAsTable("tableName");
```

上述代码，首先根据 colName1 将 Dataset 中的数据分区，然后根据 colName2 分成 numBuckets 个桶，最后根据 colName3 进行排序，持久化到/tmp/path/spark/目录下，并存储为 JSON 文件，关联表名为 tableName。

示例代码如图 9-22 所示。

```
Encoder<String> stringEncoder=Encoders.STRING();
Dataset<String> df=spark.createDataset(Arrays.asList("关羽","周仓","关平","廖化","马良"), stringEncoder);
List<StructField> bufferFields = new ArrayList<>();
bufferFields.add(DataTypes.createStructField("name", DataTypes.StringType, true));
bufferFields.add(DataTypes.createStructField("age", DataTypes.IntegerType, true));
bufferFields.add(DataTypes.createStructField("id", DataTypes.IntegerType, true));
bufferFields.add(DataTypes.createStructField("level", DataTypes.StringType, true));
StructType bufferSchema = DataTypes.createStructType(bufferFields);

Random random=new Random();
JavaRDD<Row> rdd=df.javaRDD().map(x->{return RowFactory.create(x,random.nextInt(100),random.nextInt(200),"大将军");});
Dataset<Row> df1=spark.createDataFrame(rdd,bufferSchema);

df1.write().partitionBy("name").bucketBy(2, "age").sortBy("id").format("json").option("path", "D:/test/txt2").saveAsTable("tableName");
```

图 9-22 示例代码

图 9-22 所示代码输出结果如图 9-23 所示。

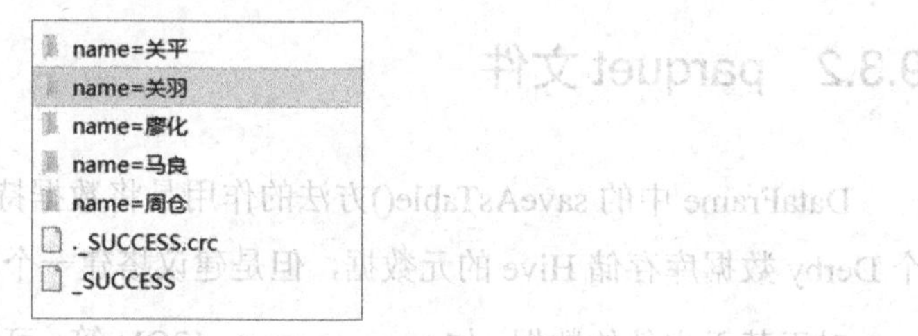

图 9-23 图 9-22 所示代码输出结果

从目录下读取文件示例如图 9-24 所示。

```
Dataset<Row>  df=spark.read().format("json").load("D:/test/txt2");
df.show();
```

图 9-24 从目录下读取文件示例

图 9-24 所示代码输出结果如图 9-25 所示。

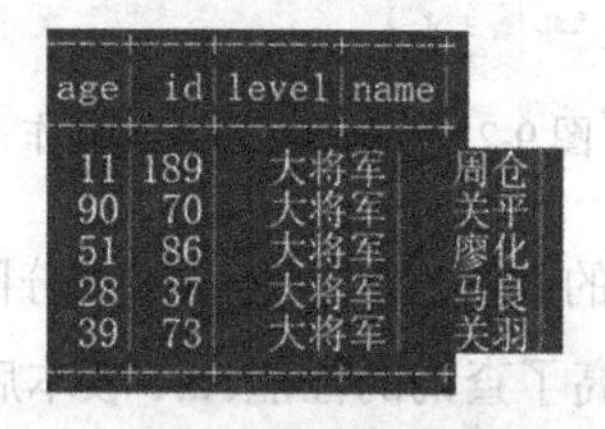

age	id	level	name
11	189	大将军	周仓
90	70	大将军	关平
51	86	大将军	廖化
28	37	大将军	马良
39	73	大将军	关羽

图 9-25 图 9-24 所示代码输出结果

若是直接存入 Hive Metastore 数据库中的数据，则可以直接使用：

```
    Dataset<Row> parquetFileDF = spark.read().parquet("parquet 文件名或者文件的路径");
```

代码读取。

DataFrameWriter(df.writer())和 DataFrameReader(df.read())都有一个 parquet 方法可直接将数据写成或者读出为 parquet 格式。

因为 Spark 内部支持的 DataSource 只有有限几种，所以对于 PartitionBy 而言，内置的文件格式有 5 种：csv、text、ORC、JSON、parquet。可以参见如图 9-26 所示的 Spark 内部的 DataSource。

```
/** A map to maintain backward compatibility in case we move data sources around. */
private val backwardCompatibilityMap: Map[String, String] = {
  val jdbc = classOf[JdbcRelationProvider].getCanonicalName
  val json = classOf[JsonFileFormat].getCanonicalName
  val parquet = classOf[ParquetFileFormat].getCanonicalName
  val csv = classOf[CSVFileFormat].getCanonicalName
  val libsvm = "org.apache.spark.ml.source.libsvm.LibSVMFileFormat"
  val orc = "org.apache.spark.sql.hive.orc.OrcFileFormat"
  val nativeOrc = classOf[OrcFileFormat].getCanonicalName

  Map(
    "org.apache.spark.sql.jdbc" -> jdbc,
    "org.apache.spark.sql.jdbc.DefaultSource" -> jdbc,
    "org.apache.spark.sql.execution.datasources.jdbc.DefaultSource" -> jdbc,
    "org.apache.spark.sql.execution.datasources.jdbc" -> jdbc,
    "org.apache.spark.sql.json" -> json,
    "org.apache.spark.sql.json.DefaultSource" -> json,
    "org.apache.spark.sql.execution.datasources.json" -> json,
    "org.apache.spark.sql.execution.datasources.json.DefaultSource" -> json,
    "org.apache.spark.sql.parquet" -> parquet,
    "org.apache.spark.sql.parquet.DefaultSource" -> parquet,
    "org.apache.spark.sql.execution.datasources.parquet" -> parquet,
    "org.apache.spark.sql.execution.datasources.parquet.DefaultSource" -> parquet,
    "org.apache.spark.sql.hive.orc.DefaultSource" -> orc,
    "org.apache.spark.sql.hive.orc" -> orc,
    "org.apache.spark.sql.execution.datasources.orc.DefaultSource" -> nativeOrc,
    "org.apache.spark.sql.execution.datasources.orc" -> nativeOrc,
    "org.apache.spark.ml.source.libsvm.DefaultSource" -> libsvm,
    "org.apache.spark.ml.source.libsvm" -> libsvm,
    "com.databricks.spark.csv" -> csv
  )
}
```

图 9-26 Spark 内部的 DataSource

parquet 方法会根据输入类型获取类加载器已经加载的 DataSource，若没有，则会报对应 DataSource 没找到异常。需要注意的是，分区列的数据类型是自动推断的，目前支持数字类型、Date、Timestamp 和 String。自动类型映射可以通过配置项 spark.sql.sources.partitionColumnTypeInference.enabled 来配置，默认是 true；若设为 false，则表示分区数据类型会设为 String。从 Spark 1.6 开始，对于数据路径，当把分区目录也加入路径内（如上个示例中的 D:\test\txt2\name=关平）时，分区目录在本次查询中将不再作为分区列（其实质就是数据路径不对，把 Spark 写入的数据路径引入到了本地路径内）。

parquet 支持模式合并，但是因为模式合并是一种相对比较昂贵的操作，且在大多数场景中用不到，所以从 Spark 1.5 开始默认关闭该操作。如果想执行该操作，可以在读取 parquet 文件时将数据源的 mergeSchema 设为 true，或者将全局配置项 spark.sql.parquet.mergeSchema 设置为 true。

使用实体类代码示例如图 9-27 所示，测试方法代码示例如图 9-28 所示。

```java
public static class Square implements Serializable {
    private int value;
    private int square;
    public int getValue() {□

    public void setValue(int value) {□

    public int getSquare() {□

    public void setSquare(int square) {□
}
public static class Cube implements Serializable {□
    private int value;
    private int cube;
    public int getValue() {□
    public void setValue(int value) {□
    public int getCube() {□
    public void setCube(int cube) {□

}
```

图 9-27 使用实体类代码示例

```java
List<Square> squares = new ArrayList<>();
for (int value = 1; value <= 5; value++) {
    Square square = new Square();
    square.setValue(value);
    square.setSquare(value * value);
    squares.add(square);
}

Dataset<Row> squaresDF = spark.createDataFrame(squares, Square.class);
squaresDF.write().parquet("data/test_table/key=1");
List<Cube> cubes = new ArrayList<>();
for (int value = 6; value <= 10; value++) {
  Cube cube = new Cube();
  cube.setValue(value);
  cube.setCube(value * value * value);
  cubes.add(cube);
}
Dataset<Row> cubesDF = spark.createDataFrame(cubes, Cube.class);
cubesDF.write().parquet("data/test_table/key=2");
Dataset<Row> mergedDF = spark.read().option("mergeSchema", true).parquet("data/test_table");
mergedDF.printSchema();
mergedDF.show();
```

图 9-28 测试方法代码示例

输出结果如图 9-29 所示。

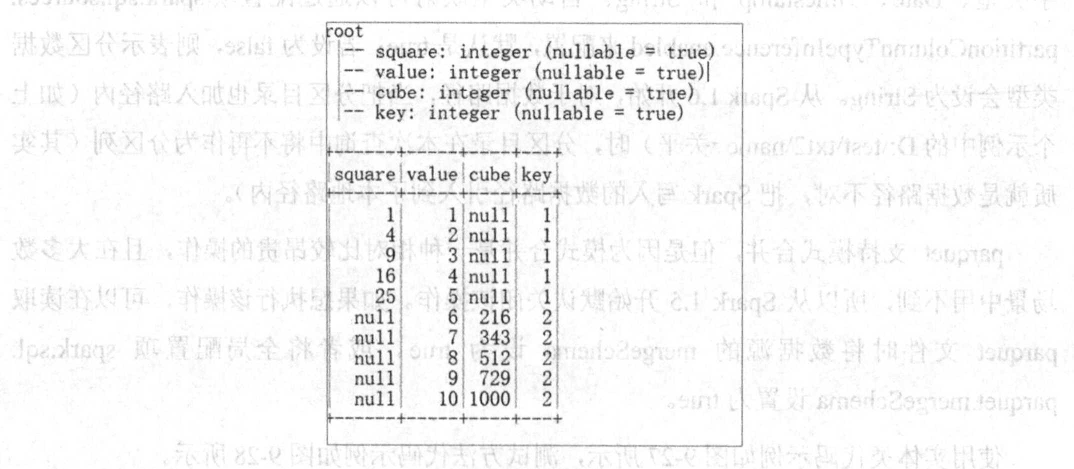

```
root
 |-- square: integer (nullable = true)
 |-- value: integer (nullable = true)
 |-- cube: integer (nullable = true)
 |-- key: integer (nullable = true)
```

square	value	cube	key
1	1	null	1
4	2	null	1
9	3	null	1
16	4	null	1
25	5	null	1
null	6	216	2
null	7	343	2
null	8	512	2
null	9	729	2
null	10	1000	2

图 9-29 输出结果

在读写 parquet 文件时，Spark SQL 使用的是自己支持的 parquet 而不是 Hive SerDe（Serialize/Deserilize 的简称，目的是用于序列化和反序列化），spark.sql.hive.convertMetastoreParquet 来配置，该配置默认是打开的。在转换过程中，因为 Hive Schema 和 parquet Schema 有区别（Hive Schema 区分大小写，而 parquet Schema 不区分大小写；Hive 默认都可以是 null，而 parquet 对于 null 字段比较敏感），所以 Hive Schema 和 parquet Schema 的对应字段类型必须保持一致。考虑 null 的限制，对于只出现在 parquet Schema 中的字段需要删除，对于只出现在 Hive Schema 中的字段需要在 parquet Schema 中添加非 null 的对应字段。因为 Spark SQL 会缓存表结构，如果有多个客户端访问，那么 catch 数据和实际数据可能会出现偏差，对于这种情况需要使用 spark.catalog().refreshTable("table_name")来刷新缓存。

parquet 的配置项可以在 SparkSession 的配置中指定或者在执行 SQL 时使用 set key=value 的形式来指定。下面七种配置均为 parquet 属性配置。

spark.sql.parquet.binaryAsString：兼容性配置，在 Impala、Hive 和老版本的 Spark SQL 系统中，在写入 parquet Schema 时并不区分二进制数据和字符串，但是 Spark 2.0 是区分的，所以默认值是 false。

spark.sql.parquet.int96AsTimestamp：在 Impala、Hive 中 Timestamp 被存储为 INT96，该配置项用于配置在对接这些系统时是否将 INT96 作为时间戳处理，默认值是 true。

spark.sql.parquet.compression.codec：设置写 parquet 文件时数据的压缩编码格式。压缩格式的设置有三种，该配置是优先级最低的一个，在指定的表的操作和配置中有 compression、parquet.compression，优先级最高的是 compression。可以选择的配置项有 none、uncompressed、snappy、gzip、lzo，默认值是 snappy。

spark.sql.parquet.filterPushdown pushdown：一种 SQL 优化，这里是优先使用过滤，数据在过滤后再进行处理，默认值是 true。

spark.sql.hive.convertMetastoreParquet：默认值是 true，表示使用 Spark 内部支持的 parquet Schema 来进行元数据转化，若设为 false，则使用 Hive SerDe。

spark.sql.parquet.mergeSchema：设为 true 时，在对 parquet 数据源进行模式合并操作时，将对从所有数据文件中统计；设为 false 时，若有 summary 文件，则从 summary 文件中读取，若没有 summary 文件，则随机读取一个文件，默认值是 false。

spark.sql.optimizer.metadataOnly：在设置为 true 时，只采用元数据产生的分区列的查询优化，默认值是 true。在需要全表扫描的列是分区列及查询为聚合操作时，建议使用该配置。

9.3.3 ORC文件

从 Spark 2.3 开始，Spark 支持带有 ORC 文件的新 ORC 文件格式的矢量化 ORC 阅读器，并为此添加了两条配置。

- spark.sql.orc.impl ORC：使用什么方式实现，有 native 和 hive 两个可选值，默认值是 hive。native 表示 native，ORC 支持 Apache ORC 1.4.1 创建的 ORC 文件；hive 表示使用 Hive 1.2.1 的 lib 包。
- spark.sql.orc.enableVectorizedReader：默认值是 true。该配置项只对 native 实现方式有效。true 表示在 native 实现中使用矢量化 ORC 阅读器读取，false 表示在 native 实现中使用新的非矢量阅读器读取。

9.3.4 JSON Dataset

Spark SQL 可以识别 JSON 数据，并将其转化为 Dataset<Row>，使用的是 DataFrameReader 的 json()方法。

- 路径: spark.read().json(path);
- Dataset<String>: spark.read().json(Dataset<String>);

示例代码如图 9-30 所示。

```
String path="D:/soft/spark-2.3.0-bin-hadoop2.7/examples/src/main/resources/people.json";
Dataset<Row> df1=spark.read().json(path);
df1.show();
List<String> jsonData = Arrays.asList(
        "{\"name\":\"Yin\",\"address\":{\"city\":\"Columbus\",\"state\":\"Ohio\"}}");
Dataset<String> anotherPeopleDataset = spark.createDataset(jsonData, Encoders.STRING());
Dataset<Row> anotherPeople = spark.read().json(anotherPeopleDataset);
anotherPeople.show();
```

图 9-30 示例代码

9.4 连接 Metastore

9.4.1 Hive table

Spark SQL 支持从 Hive 中读写数据，不过 Hive 有许多依赖 jar 包，而 Spark 默认没有 Hive 依赖 jar 包，所以如果要使用 Hive，需要提前准备 Hive 的相关依赖。

Spark 使用 Hive 需要将 Hive 所在集群的 hive-site.xml 文件、core-site.xml 文件、hdfs-site.xml 文件放入 Spark 的 conf 文件下（若是使用本地 IDE 搭建的项目，如 Eclipse，在本地运行，则需要将配置文件放入 classpath 下，即 resources）。

如果想要 Hive 工作，那么在 SparkSession 初始化时，必须执行连接 Hive Metastore 的操作，这是为了支持 Hive serdes 和 Hive 自定义函数。需要注意的是，如果没有配置 hive-site.xml，context 将自动在当前目录下创建一个 metastore_db，并在 spark.sql.warehouse.dir 指定的目录下创建一个配置文件。

示例

引入 Hive 的相关 jar：

```
<!-- https://mvnrepository.com/artifact/org.apache.spark/spark-hive -->
<dependency>
    <groupId>org.apache.spark</groupId>
    <artifactId>spark-hive_2.11</artifactId>
    <version>2.3.2</version>
    <scope>provided</scope>
</dependency>
```

具体代码引用如图 9-31 所示。

```
public static void main(String[] args) {
    String warehouseLocation = new File("spark-warehouse").getAbsolutePath();
    SparkSession spark = SparkSession
      .builder()
      .master("local")
      .appName("Java Spark Hive Example")
      .config("spark.sql.warehouse.dir", warehouseLocation)
      .enableHiveSupport()
      .getOrCreate();
    String sql="show databases";
    spark.sql(sql).show();
    spark.close();
}
```

图 9-31 Spark SQL 关联 Hive

这里要注意的是，SQL 的内容就是使用 Hive 命令行的命令，SparkSession 的 sql()方法返回的是一个 Dataset，如果 SQL 命令在命令行无法执行通过，那么将会报异常。由于 Hive 是分库的，所以在进行表查询操作时，不要忘记加上 Database 的名字，否则会报错。

9.4.2 和不同版本的 Hive Metastore 交互

Spark SQL 对 Hive Metastore 的访问支持确保了 Spark SQL 能够获取 Hive 的元数据。下面的配置项可以用于检索不同版本的 Hive Metastore 信息。

- spark.sql.hive.metastore.version：Hive Metastore 的版本，可选值有两个，0.12.0 和 1.2.1，默认值是 1.2.1。

- spark.sql.hive.metastore.jars：HiveMetastoreClient 实例化时加载的 jar 的位置。可选值有三个：①builtin，当 Hive 版本是 1.2.1 时该选项有用，和 Spark 的 assembly 包绑定，如果配置为 builtin，那么 spark.sql.hive.metastore.version 的配置项可不定义，若定义必须是 1.2.1；②Maven，直接从 Maven 的中央仓库下载指定 Hive 版本使用的 jar，不建议在生产环境下使用该值；③JVM 标准格式的路径，路径内要包含 Hive 的所有 jar、Hive 的依赖 jar，以及相关版本的 Hadoop 的 jar，这些 jar 需要在驱动中加载，若是在集群模式下，则需要确保每个应用都可以访问相关 jar。
- spark.sql.hive.metastore.sharedPrefixes：需要 Hive 和 Spark SQL 共用的类加载器加载的类的前缀列表，默认值是加载 JDBC 驱动使用的类的路径前缀。需要加载的类是和已经加载的类进行交互的类，如 log4j 使用的 custom appenders 开头的类。
- spark.sql.hive.metastore.barrierPrefixes：使用逗号分隔的需要重新加载的类的前缀列表。

9.4.3 JDBC 连接其他数据库

Spark SQL 包含使用 JDBC 连接其他数据库的数据源，JDBC 连接其他数据库功能返回的是一个 DataFrame，便于进行数据处理。Spark SQL 在启动时需要包含指定数据库的驱动，可以在数据源部分指定 JDBC 连接属性。

Spark 支持的连接属性如下：

- url：JDBC 连接的 URL。
- dbtable JDBC：查询使用的表。
- driver JDBC：驱动的名称。
- partitionColumn、lowerBound、upperBound：三个被绑定的属性，描述了在多个 Worker 节点并行工作的场景下表是如何分区的，如果其中一个属性被指定，那么另外两个属性也要被指定。partitionColumn 必须是一个数字类型的列。lowerBound 和 upperBound 是一次划分的幅度。表中所有的行都将被划分、返回。这些项都是只读项。
- numPartitions：在表读写过程中，并行处理的最大的分区数，决定了 JDBC 连接的最大数目。在写过程中如果超过了该值，那么就需要调用 coalesce(numPatitions)合并分区数目，以达到减少分区的目的，以使最终写时不超过该设置。

- fetchsize JDBC：获取的字节大小，决定了每个来回能够获取多少行。该配置可以提高 JDBC 驱动的性能，JDBC 驱动默认获取的值比较小，Oracle 是 10 行。该配置项仅适用于读操作。
- batchsize JDBC：批处理的字节大小，决定了每个来回可以插入多少行。该配置项可以用来改善 JDBC 的性能。该配置项仅作用于写操作，默认值是 1000。
- isolationLevel：JDBC 连接的标准的事务隔离级别。可选值有 NONE READ_COMMITTED、READ_UNCOMMITTED、REPEATABLE_READ 和 SERIALIZABLE，默认值是 READ_UNCOMMITTED。该配置项仅用于写操作。
- sessionInitStatement：在每次打开一个远程 Database 连接之后，在读数据之前，该配置项会执行一个 SQL 语句，以初始化 Session 代码。
- truncate：默认值是 false，仅作用于写操作。在 SaveMode.Overwrite 下，该配置项会产生删除重建表的效果。
- createTableOptions：仅作用于写操作。如果指定，那么在创建表时，允许设置指定数据库的表和分区选项。
- createTableColumnTypes：在创建表时，使用列的数据类型。数据类型必须是 Spark SQL 有效的，该配置项仅作用于写操作。
- customSchema JDBC：在连接读数据时使用的自定义的表结构。

JDBC 连接其他数据率的示例如图 9-32～图 9-34 所示。

读取数据、保存数据的示例如图 9-32 和图 9-33 所示。

```
Dataset<Row> jdbcDF = spark.read()
          .format("jdbc")
          .option("url", "jdbc:postgresql:dbserver")
          .option("dbtable", "schema.tablename")
          .option("user", "username")
          .option("password", "password")
          .load();

jdbcDF.write()
  .format("jdbc")
  .option("url", "jdbc:postgresql:dbserver")
  .option("dbtable", "schema.tablename")
  .option("user", "username")
  .option("password", "password")
  .save();
```

图 9-32　Spark SQL 使用 JDBC（一）

```
Properties connectionProperties = new Properties();
connectionProperties.put("user", "username");
connectionProperties.put("password", "password");
Dataset<Row> jdbcDF2 = spark.read()
  .jdbc("jdbc:postgresql:dbserver", "schema.tablename", connectionProperties);

jdbcDF2.write()
  .jdbc("jdbc:postgresql:dbserver", "schema.tablename", connectionProperties);
```

图 9-33　Spark SQL 使用 JDBC（二）

修改表结构示例代码如图 9-34 所示。

```
Properties connectionProperties = new Properties();
connectionProperties.put("user", "username");
connectionProperties.put("password", "password");
jdbcDF.write()
  .option("createTableColumnTypes", "name CHAR(64), comments VARCHAR(1024)")
  .jdbc("jdbc:postgresql:dbserver", "schema.tablename", connectionProperties);
spark.stop();
```

图 9-34　修改表结构示例代码

9.5　自定义函数

9.5.1　聚合函数——非标准化类型（UnTyped）UADF 开发

DataFrame 架构提供了丰富的函数，其中 count()、countDistinct()、avg()、max()、min() 等函数是常用的聚合函数，考虑到业务需求的多样化，Spark 架构内部不限制自定义函数。

自定义的聚合函数需要继承抽象类 org.apache.spark.sql.expressio-ns.UserDefinedAggregateFuncation，实现一组抽象方法：

```
StructType bufferSchema();    //返回聚合缓存中的数据类型
DataType datatype();          //返回值的类型
Boolean deterministic();      //聚合函数是否是幂等的，即如果输入相同，返回值是否一样
//这一部分使用计算最终的结果，从缓存中取出缓存数据进行最终计算
Object evaluate(Row buffer);
//用于初始化聚合缓存，为缓存赋初值
void  initializer(MutableAggregationBuffer buffer);
StructType inputSchema();     //聚合函数输入的数据类型
//在进行最后计算前，需要把多个缓存数据合并，该方法就是用来合并缓存数据的
void merge(MutableAggregationBuffer buffer1,Row buffer2);
//根据输入的数据，更新聚合缓存区的缓存数据，该操作比较频繁，有多少条数据就会更新多少次
void update(MutableAggregationBuffer buffer,Row input);
```

求平均值代码示例如图 9-35 所示。

```
public class MyAverage extends UserDefinedAggregateFunction{
    private StructType inputSchema; //表结构
    private StructType bufferSchema; //表结构
    public MyAverage() {
        List<StructField> inputFields = new ArrayList<>();
        inputFields.add(DataTypes.createStructField("inputColumn", DataTypes.LongType, true));
        inputSchema = DataTypes.createStructType(inputFields);
        List<StructField> bufferFields = new ArrayList<>();
        bufferFields.add(DataTypes.createStructField("sum", DataTypes.LongType, true));
        bufferFields.add(DataTypes.createStructField("count", DataTypes.LongType, true));
        bufferSchema = DataTypes.createStructType(bufferFields);
    }
    //聚合缓存中的数据类型
    public StructType bufferSchema() {
        // TODO Auto-generated method stub
        return bufferSchema;
    }
    //返回值的数据类型
    public DataType dataType() {
        // TODO Auto-generated method stub
        return DataTypes.DoubleType;
    }

    //在指定的输入上是否返回相同的输出
    public boolean deterministic() {
        // TODO Auto-generated method stub
        return true;
    }
    //计算逻辑
    public Object evaluate(Row buffer) {
        return ((double)buffer.getLong(0))/buffer.getLong(1);
    }
```

```
//初始给定的聚合缓冲区。缓冲区本身就是一个Row(abstract class MutableAggregationBuffer extends Row),
//提供了一个修改指定索引位置值的方法。
//缓冲区里的map和array依然是不可变的--》scala immutable
public void initialize(MutableAggregationBuffer buffer) {
    buffer.update(0,0L);
    buffer.update(1,0L);
}
//聚合函数输入的数据类型
public StructType inputSchema() {
    // TODO Auto-generated method stub
    return inputSchema;
}
//合并两个聚合缓存的值，存储已经更新的缓存值到buffer1
public void merge(MutableAggregationBuffer buffer1, Row buffer2) {
    long mergeSum=buffer1.getLong(0)+buffer2.getLong(0);
    long mergeCount=buffer1.getLong(1)+buffer2.getLong(1);
    buffer1.update(0,mergeSum);
    buffer1.update(1,mergeCount);
}

//根据input中输入的数据，更新buffer缓冲区聚合缓存数据
public void update(MutableAggregationBuffer buffer, Row input) {
    if(!input.isNullAt(0)) {
        long updatedSum=buffer.getLong(0)+input.getLong(0);
        long updatedCount=buffer.getLong(1)+1;
        buffer.update(0, updatedSum);//数据求和
        buffer.update(1, updatedCount);//数据个数
    }
}
```

图 9-35 求平均值代码示例

函数注册及使用代码示例如图 9-36 所示。

```
SparkSession spark = SparkSession
        .builder()
        .master("local")
        .appName("Java Spark SQL user-defined DataFrames aggregation example")
        .getOrCreate();

    // $example on:untyped_custom_aggregation$
    // Register the function to access it
    spark.udf().register("myAverage", new MyAverage());

    Dataset<Row> df = spark.read().json("D:\\soft\\spark-2.3.0-bin-hadoop2.7\\examples\\src\\main\
    df.createOrReplaceTempView("employees");
    df.show();
    // +-------+------+
    // |   name|salary|
    // +-------+------+
    // |Michael|  3000|
    // |   Andy|  4500|
    // | Justin|  3500|
    // |  Berta|  4000|
    // +-------+------+

    Dataset<Row> result = spark.sql("SELECT myAverage(salary) as average_salary FROM employees");
    result.show();
    // +--------------+
    // |average_salary|
    // +--------------+
    // |        3750.0|
    // +--------------+
    // $example off:untyped_custom_aggregation$

    spark.stop();
```

图 9-36　函数注册及使用代码示例

上述示例使用的数据文件是 Hadoop 包下的 examples 文件夹下的 employees.json 资源文件。

9.5.2　类型安全的自定义聚合函数——Type-safe 的 UDAF

类型安全的自定义聚合函数需要继承的抽象类是 org.apache.spark.sql.Aggregator[-IN, BUF,OUT]，其中，IN 是输入数据类型；BUF 是合并过程中的中间值的类型；OUT 是最终输出值的类型。在该类中有一个 toColumn 方法，该方法将数据作为一种 TypeColumn 类型被 Dataset 使用，除了该方法，其他都是抽象方法，没有方法体。

def zero:BUF、def reduce(b:BUF,a:IN):BUF、def merge(b1:BUF,b2:BUF):BUF、def finish(reduction:BUF):OUT、def bufferEncoder:Encoder[BUF]、def outputEncoder:Encoder[OUT]等方法分别对应如下 Java 实现类中的方法。

public BUF zero()：相当于初始化函数，在执行 createAggregationBuffer 时，会调用该方法，其源代码如图 9-37 所示。

public BUF reduce(BUF b,IN a)：将输入的数据和缓存区的数据进行合并处理，可以处理业务逻辑。

public BUF merge(BUF b1,BUF b2)：在每个缓存区的 BUF 处理完各自的数据需要合并的时候调用该方法。

public OUT finish(BUF reduction)：对缓存区的结果进行处理，将输出类型的结果变为最终输出类型。

public Encoder[BUF] bufferEncoder()：缓存区的编码器。

public Encoder[OUT] outputEncoder()：输出结果的数据类型编码器。

```
override def createAggregationBuffer(): Any = aggregator.zero
```

图 9-37 public BUF zero()的源代码

求平均值示例如下所示。

输入类型定义代码，如图 9-38 所示。

```
public static class Employee implements Serializable{
    private String name;
    private long salary;
    public String getName() {
        return name;
    }
    public void setName(String name) {
        this.name = name;
    }
    public long getSalary() {
        return salary;
    }
    public void setSalary(long salary) {
        this.salary = salary;
    }
    @Override
    public String toString() {
        return "Employee [name=" + name + ", salary=" + salary + "]";
    }
}
```

图 9-38 输入类型定义代码

缓存类型的实体类，如图 9-39 所示。

```
public static class Average implements Serializable{
    private long sum;
    private long count;
    public Average() {}
    public Average(long sum, long count) {
        this.sum=sum;
        this.count=count;
    }
    public long getSum() {
        return sum;
    }
    public void setSum(long sum) {
        this.sum = sum;
    }
    public long getCount() {
        return count;
    }
    public void setCount(long count) {
        this.count = count;
    }
}
```

图 9-39 缓存类型的实体类

输出类型为 Double。

自定义聚合函数代码及对应测试函数如图 9-40 所示。

```
public static class MyAverage extends Aggregator<Employee,Average,Double>{
    //为中间值类型指定编码器(缓冲数据编码器)
    public Encoder<Average> bufferEncoder() {
        return Encoders.bean(Average.class);
    }
    //修改reduction的输出,得出最终的计算数据
    public Double finish(Average reduction) {
        return ((double)reduction.getSum())/reduction.getCount();
    }
    //将两个中间值合并——将所有中间值合并
    public Average merge(Average b1, Average b2) {
        long mergedSum=b1.getSum()+b2.getSum();
        long mergedCount=b1.getCount()+b2.getCount();
        b1.setSum(mergedSum);
        b1.setCount(mergedCount);
        return b1;
    }
    //指定最终输出值类型的编码器——最终输出的编码器
    public Encoder<Double> outputEncoder() {
        return Encoders.DOUBLE();
    }
    //对buffer中的值进行处理，存入新的值——值更新操作
    public Average reduce(Average buffer, Employee employee) {
        long newSum=buffer.getSum()+employee.getSalary();
        long newCount=buffer.getCount()+1;
        buffer.setSum(newSum);
        buffer.setCount(newCount);
        return buffer;
    }
    //对于任意的b，满足b+zero=b——初始化函数
    public Average zero() {
        return new Average(0L,0L);
    }
}
```

```
SparkSession spark = SparkSession
        .builder()
        .master("local")
        .appName("Java Spark SQL user-defined Datasets aggregation example")
        .getOrCreate();
String path = "D:\\soft\\spark-2.3.0-bin-hadoop2.7\\examples/src/main/resources/employees.j
Encoder<Employee> employeeEncoder = Encoders.bean(Employee.class);
Dataset<Employee> ds = spark.read().json(path).as(employeeEncoder);
ds.show();
MyAverage myAverage = new MyAverage();
// Convert the function to a `TypedColumn` and give it a name
TypedColumn<Employee, Double> averageSalary = myAverage.toColumn().name("average_salary");
Dataset<Double> result = ds.select(averageSalary);
result.show();
spark.close();
```

图 9-40　自定义聚合函数代码及对应测试函数

自定义聚合函数不能注册，因为注册函数的注册类需要是 UserDefinedAggregateFunction 的子类，而自定义聚合函数的继承类是 Aggregator 抽象类，应调用 toColumn 方法为聚合数据提供结果输出的列。

比较两种使用方式不难发现，UserDefinedAggregateFunction 是一个自定义的函数类，不需要额外实体，简化了 JavaBean 结构，内部处理业务需求，通过注册函数的方式，可以直接在 SQL 中调用；Aggregator 抽象类需要函数体、输出类型、输入类型，可以处理复合实体的输入，内部处理业务需求，使用实体编码方式手动转化对应类型的 Dataset，调用函数查询结果。

9.6　Spark SQL 与 Spark Thrift server

9.6.1　分布式 SQL 引擎

Spark SQL 可以使用其 JDBC/ODBC 或者命令行界面充当分布式查询引擎接口，在这种模式下，无须编写任何代码即可执行查询操作。

Thrift JDBC/ODBC server 是基于 Hive 1.2.1 的 HiveServer2 实现的。运行 Spark 目录下的./sbin/start-thriftserver.sh 脚本，即可启动 JDBC/ODBC server。这个脚本接受所有 bin/spark-submit 的命令行的选项，不过需要加上 Hive 的配置项。使用--hiveconf 指定 Hive 的配置文件。图 9-41 所示的脚本命令可以定义监听端口和监听主机，将值赋予指定环境变量，在运行该脚本命令的过程中这些变量将被引用。默认的监听端口是：localhost:10000，可以通过命令行覆盖该端口；或者使用系统变量配置项指定监听端口（见图 9-42）。系统变量配置项将直接作为启动脚本的配置参数传入。

```
export HIVE_SERVER2_THRIFT_PORT=<listening-port>
export HIVE_SERVER2_THRIFT_BIND_HOST=<listening-host>
./sbin/start-thriftserver.sh \
  --master <master-uri> \
```

图 9-41　定义监听端口和监听主机脚本命令

```
./sbin/start-thriftserver.sh \
  --hiveconf hive.server2.thrift.port=<listening-port> \
  --hiveconf hive.server2.thrift.bind.host=<listening-host> \
  --master <master-uri>
```

图 9-42　使用系统配置项

测试 Thrift JDBC/ODBC server，要先执行/bin/beeline 命令进入 beeline 命令行，之后再连接 JDBC/ODBC server，如图 9-43 所示。

```
beeline> !connect jdbc:hive2://localhost:10000
Connecting to jdbc:hive2://localhost:10000
Enter username for jdbc:hive2://localhost:10000: hive
Enter password for jdbc:hive2://localhost:10000: ******
Connected to: Apache Hive (version 1.2.1)
Driver: Hive JDBC (version 1.2.1)
Transaction isolation: TRANSACTION_REPEATABLE_READ
0: jdbc:hive2://localhost:10000> show databases;
+-------------------+--+
|   database_name   |
+-------------------+--+
```

图 9-43　测试 Thrift JDBC/ODBC server

这里要注意，在 beeline 命令行环境下会要求输入账号和密码，在非安全模式下输入机器的用户名和空白密码即可；在安全模式下需要严格按照 beeline-site.xml 文件进行设置。

9.6.2 HiveServer2 服务

严格意义上讲，HiveServer2 属于 Hive 的远程调用接口，属于 Hive 的概念，它的实现是基于 Thrift RPC 的 HiveServer 的改进版本，支持多并发和权限验证。

如果想查看端口进程信息，可以在 hive-site.xml 中查找如下配置项。

- hive.server2.thrift.min.worker.threads：worker 进程的最小数量，默认值是 5。
- hive.server2.thrift.max.worker.threads：worker 进程的最大数量，默认值是 500。
- hive.server2.thrift.port：thrift 监听的 TCP 端口号，默认值是 1000。
- hive.server2.thrift.bind.host：thrift 绑定的 TCP 的接口。

HiveServer2 支持 HTTP 访问，但是不能和 TCP 模式一起工作。使用 HTTP 需要进行如下配置：

- hive.server2.transport.mode：设置 HTTP 进行 HTTP Transport 的模式，默认值是 binary。
- hive.server2.thrift.http.port：HTTP 的监听端口，默认值是 10001。
- hive.server2.thrift.http.max.worker.threads：服务器线程池中的最大的工作线程数，默认值是 500。
- hive.server2.thrift.http..min.worker.threads：服务器线程池中的最小的工作线程数，默认值是 5。
- hive.server2.thrift.http.path：网络服务端点，默认值是 cliservice。

HiveServer2 使用 JDBC 连接，驱动是 org.apache.hive.jdbc.HiveDriver，基于 TCP 传输的 URL 和 MySQL 的 URL 比较像，是 jdbc:hive2://<host>:<port>/<db>；基于 HTTP 传输的 URL 是 jdbc:hive2://<host>:<port>/<db>?hive.server2.transport.mode=http;hive.server2.thrift.http.path=< hive.server2.thrift.http.path>。

HiveServer2 支持匿名访问、不使用 SASL 的用户权限控制、kerberos 认证（GSSAPI）、LDAP 认证、Pluggable Custom Authentication 和 PAM 认证。

HiveServer2 使用如下配置项开启权限控制。

hive.server2.authentication：认证模式，默认值是 NONE，表示使用普通的 SASL 认证，可选项有 NOSASL、KERBEROS、LDAP、PAM 和 CUSTOM。

设置使用 KERBEROS 认证模式：

- hive.server2.authentication.kerberos.principal：服务端的 kerberos principal。

- hive.server2.authentication.kerberos.keytab：服务器 principal 的 keytab。

设置使用 LDAP 认证模式：

- hive.server2.authentication.ldap.url：LDAP URL，如 ldap://localhost.com:389。
- hive.server2.authentication.ldap.baseDN：在 AD 模式下 LDAP 基于域名。
- hive.server2.authentication.ldap.Domain：LDAP 域名。

自定义认证模式（CUSTOM），需要指定入口类：

- hive.server2.custom.authentication.class：需要实现 org.apache.hive.service.auth.PasswdAuthenticationProvider 接口。

HiveServer2 的相关内容比较琐碎，大部分是属于 Hive 的配置，这里不再多做介绍。

9.7 Spark SQL 优化

9.7.1 内存缓存数据

Spark SQL 可以在内存中使用列式存储缓存表数据，使用方式有如下两种：

- spark.catalog.catchTable("tableName");
- dataFrame.cache();

当 Spark SQL 在内存中使用列式存储缓存表数据时，Spark SQL 只会扫描需求的列，并自动调整至内存使用和 GC（垃圾回收）压力最小的状态。当需要将数据从内存中释放时，使用如下语句实现：

```
spark.catalog.uncacheTable("tableName");
```

内存缓存可以在 SparkSession 的 conf 方法中进行设置，或者在 SQL 中执行 spark.sql("set key=value")语句来调整参数。

- spark.sql.inMemoryColumnarStorage.compressed：默认值是 true，对于每一列根据统计数据自动选择压缩编码。
- spark.sql.inMemoryColumnarStorage.batchSize：默认值是 10000，控制列式存储的每一次存储的数据大小。如果设置得过大，虽然可以改善内存的利用率和数据的压缩率，但是在缓存数据时有内存溢出的风险。

图 9-44 所示配置项也可以调整查询的性能，但是因为在执行过程中会自动调整，所以这些配置项在之后的版本中可能会被放弃，这里简单介绍一下，不做过多解释。

Property Name	Default
spark.sql.files.maxPartitionBytes	134217728 (128 MB)
spark.sql.files.openCostInBytes	4194304 (4 MB)
spark.sql.broadcastTimeout	300
spark.sql.autoBroadcastJoinThreshold	10485760 (10 MB)
spark.sql.shuffle.partitions	200

图 9-44　部分配置项

9.7.2　SQL 查询中的 Broadcast Hint

在指定表和其他表或者视图进行 join 操作时，Spark 会对每个指定表进行广播。Spark 会决定使用的 join()方法，优先使用 hash join，即使统计值比 spark.sql.autoBroadcastJoinThreshold 配置项配置的值要大，后者的默认值是 10MB。当 join 操作两边都指定后，Spark 会广播低统计值的数据。广播的使用示例如图 9-45 所示。

```
import static org.apache.spark.sql.functions.broadcast;
broadcast(spark.table("src")).join(spark.table("records"), "key").show();
```

图9-45　广播的使用示例

9.7.3　持久化 RDD，选择存储级别

Spark SQL 虽然建议使用 Dataset/DataFrame，但是内部处理计算使用的仍然是 RDD，内部提供了 Dataset 和 RDD 互相转换的接口方法。Spark 具有高效性的主要原因是使用了内存持久化或者内存缓存数据。由于业务场景具有复杂性，因此并不是所有 RDD 都适合使用内存存储。如果所有 RDD 都使用内存存储，那么 CPU 有效使用率将下降。

Spark 可以选择的存储级别有如下几类。

- MEMORY_ONLY：RDD 默认的存储级别，RDD 在 JVM 中作为反序列化 Java 对象存储，当 RDD 不适合使用内存存储时，某些分区是不会被缓存的，每次在需要时会重新计算。
- MEMORY_AND_DISK：RDD 在 JVM 中作为反序列化 Java 对象存储，当内存无空闲空间或不适合存储时，会存储在磁盘中，在需要时从磁盘读取数据。和 RDD 的默认级别不同，MEMORY_AND_DIS_RDD 是 Spark SQL 的默认存储级别，对于 Spark SQL 而言，列是存储的底层表结构，重新计算的代价比较高。

- MEMORY_ONLY_SER：RDD 作为序列化 Java 对象存储（每个分区为一个字节数组），比反序列化对象更节省空间，特别是在快速序列化场景中，缺点是 CPU 占用率高（CPU 读取更频繁）。
- MEMORY_AND_DISK_SER：RDD 作为序列化 Java 对象存储（每个分区为一个字节数组），将不适合存储在内存的部分存在磁盘。
- DISK_ONLY：将 RDD 的分区完全存入磁盘。
- MEMORY_ONLY_2，MEMORY_AND_DISK_2：每个分区在两个集群的节点备份，分区写入磁盘。
- OFF_HEAP(experimental)：堆外内存，JVM 的 heap 之外的内存存储，这些内存直接受操作系统管理，目的是保持 JVM 较小的 heap，减少垃圾回收对应用的影响。不过，这要求堆外内存可用。

在 Shuffle 过程中，即便代码中没有 persist()方法的主动调用，Spark 也会自动持久化中间数据，即使 Shuffle 计算失败也不需要将整个计算过程重新执行一遍。如果需要获取 Shuffle 的结果，建议主动调用 persist()方法处理 RDD。

Spark 的存储级别实际上是提供了不同场景下的内存使用率和 CPU 使用率，建议根据如下四点考虑：

- 对于满足使用内存计算的 RDD，尽量使用默认的存储级别（MEMORY_ONLY）。MEMORY_ONLY 是 CPU 有效使用率最高的级别，可以让 RDD 的计算操作尽可能高效。对于 Spark SQL 而言，列是存储的底层表结构，重新计算的代价比较高，建议使用 MEMORY_AND_DISK。
- 如果不适合 MEMORY_ONLY 级别，尝试使用 MEMORY_ONLY_SER，并选择一个快速序列化的库，这样可以使对象更节省空间，而且获取也比较快。相对于 MEMORY_ONLY 存储级别，MEMORY_ONLY_SER 只是多了序列化和反序列化的开销。
- 除非计算的数据集非常昂贵，或者数据集的量非常大，否则强烈反对将数据溢出到磁盘。在内存计算的情况下，重新计算分区花费的时间可能和从磁盘读取花费的时间差不多。
- 若想快速恢复故障，则使用备份的存储级别（MEMORY_ONLY_2，MEMORY_AND_DISK_2）。所有存储级别都支持重新计算丢失的数据，只有 replicated 模式可以直接运行 RDD 的计算，不需要重新计算丢失的数据。

RDD 可以用于 Spark SQL，但是建议使用 Dataset，直接使用 Dataset 计算比将 Dataset

转化为 RDD 再计算要少执行很多步，优化了 Spark SQL 的性能。Dataset 要考虑底层表结构，这和 RDD 考虑的因素还是有区别的。

Spark 持久化的逻辑代码如图 9-46 所示，最后是用 persist()方法决定的。

```
/**
 * Persist this Dataset with the default storage level (`MEMORY_AND_DISK`).
 *
 * @group basic
 * @since 1.6.0
 */
def cache(): this.type = persist()
```

```
/**
 * Persist this Dataset with the default storage level (`MEMORY_AND_DISK`).
 *
 * @group basic
 * @since 1.6.0
 */
def persist(): this.type = {
  sparkSession.sharedState.cacheManager.cacheQuery(this)
  this
}
```

图 9-46　Spark 持久化的逻辑代码

9.7.4　数据序列化选择

当序列化的格式转化比较慢或者需要大量的字符时，序列化和反序列化将降低计算效率，这也是 Spark 程序改进性能首先要考虑的因素之一。出于对性能和实用性的考虑，Spark 提供了如下两种序列化方式。

- Java serialization：Spark 默认使用 Java 的 ObjectOutputStream 序列化对象，实现 Serializable 接口即可，也可以使用 Serializable 的子接口 java.io.Externalizable 来筛选序列化属性进行性能优化。Java 序列化比较灵活，但效率有些低，对很多类而言会产生很大的序列化格式。
- Kryo serialization：Spark 使用 Kryo 的序列化效率更高一些。Kryo 序列化效率通常是 Java 序列化效率的 10 倍，但是 Kryo 序列化要求提前注册需要序列化类，而且不是所有 Serializable 类型都能得到支持。

```
conf.set("spark.serializer", "org.apache.spark.serializer.KryoSerializer");
```

使用 SparkConf 修改配置不仅会影响工作节点 Shuffle 的数据，还会影响 RDD 序列化到磁盘的数据。建议使用 Kryo 序列化，没有将此设置成默认值，只是因为 Kryo 序列化需要注册。在 Spark 2.0.0 之后，Spark 内部对于简单类型和简单数组类型及字符串类型使用的都是 Kryo 序列化。

使用 Kryo 序列化的代码如图 9-47 所示。

```
Class[] cla= {sparksql.A.class};
SparkConf sc=new SparkConf()
        .setAppName("appName")
        .setMaster("local")
        .set("spark.serializer","org.apache.spark.serializer.KryoSerializer" )
        .set("spark.kryoserializer.buffer","2047m")
        .registerKryoClasses(cla);
SparkSession spark=SparkSession.builder().config(sc).getOrCreate();
spark.sparkContext().setLogLevel("ERROR");

spark.close();
```

图 9-47 使用 Kryo 序列化的代码

图 9-47 中使用了 spark.kryoserializer.buffer 配置项，这是 Kryo 序列化 buffer 的初始值，默认值是 64KB，当对象比较大、属性值比较多时，可以修改这个值。由于 spark.kryoserializer.buffer.max 被限制为 2048MB，所以 spark.kryoserializer.buffer 的值必须小于 2048MB（2GB）否则会报错。

9.7.5 内存管理

对于项目内存的使用，有三方面需要考虑：项目使用的内存、获取对象的代价、垃圾回收的开销。一般而言，Java 获取对象很快，但是对象占用空间是原始数据的 2~5 倍，这是由对象的 object head、string 的 40 字节的开销、集合对象指向下个对象的指针、装箱对象等造成的。

1. 概述

Spark 的内存使用一般分两种：执行和存储。执行内存指的是在 Shuffle、join 操作、sort 操作和聚合操作过程中用于计算的内存；存储内存指的是集群中用于缓存数据和传递中间数据的内存。执行内存和存储内存共用一块物理内存，如果其中一种内存未被使用，那么另一种内存可以获取所有可用内存。当存储使用的内存总量（M）低于某一指标（R）时，运行内存可能会被从内存区驱逐出去，但是由于实现具有复杂性，存储内存很难从内存区被驱逐。

这种设计可以确保没有缓存的应用可以将整个内存区用于执行，避免磁盘溢出；具有缓存的应用无论如何都会保留一部分内存空间。这种设计不需要进行人为设定，对任何场景都可以立刻投入使用。对于大部分场景而言，选择默认值即可。

spark.memory.fraction：内存总量（M）的大小，一般是 JVM 堆内存（300MB）的一部分，默认值是 0.6，剩下的 40%的空间用于存储用户的数据、Spark 中间环节的元数据，以及用作内存溢出的安全空间。

spark.memory.storageFraction：指标（R）的大小，内存总量的一部分，默认值是 0.5，是不受执行缓存驱除影响的块缓存。

为了适应 JVM 老年代和年青代的堆内存大小，应该设置 spark.memory.fraction 配置项的值。

2．确定内存消耗

查看一个 Dataset 内存消耗的最好的方式是将创建的 RDD 放入缓存中进行查询，看 Web UI 的 Storage 页面对应的内存占比。如果需要估计特定对象的内存消耗，则可以使用 SizeEstimator 的 estimate()方法，这对于测试使用不同数据形式减少内存占用是很有用的，对于确定广播变量在每个 Executor 的 heap（堆）占用数值也非常有用。estimate()方法的使用可以参考图 9-48。

```
SparkSession spark=SparkSession.builder().config(sc).getOrCreate();
spark.sparkContext().setLogLevel("ERROR");

long a=SizeEstimator.estimate(spark);
```

图 9-48　estimate()方法的使用

3．数据结构调整

减少 Java 特性可以减少内存的消耗，如基于指针的数据结构和包装对象。

- 使用对象数组或者原始类型替代标准集合，如 HashMap。建议使用 fastutil 框架，该框架兼容了 JDK 的标准类库，针对 JDK 的原始类提供了方便的集合类。
- 尽可能避免小对象和指针的嵌套结构。
- 针对 key，用数字 ID 和枚举对象替代字符串。
- 在 RAM 不足 32GB 的情况下，建议在 spark-env.sh 文件下添加 JVM 配置项，设置 JVM 选项 -XX:UseCompressed0ops，确保指针是 4 字节的而不是 8 字节的。

图 9-49 所示为 JVM 配置项示例，包括心跳时间、本地目录设定和 GC 的配置项等。

```
export SPARK_JAVA_OPTS=
"-Dspark.storage.blockManagerHeartBeatMs=60000
-Dspark.local.dir=$SPARK_LOCAL_DIR -XX:+PrintGCDetails
-XX:+PrintGCTimeStamps -Xloggc:$SPARK_HOME/logs/gc.log
-XX:+UseConcMarkSweepGC -XX:+UseCMSCompactAtFullCollection
-XX:CMSInitiatingOccupancyFraction=60 -XX:UseCompressedOops"
```

图 9-49　JVM 配置项示例

4. 序列化 RDD 存储

当对象比较大，无法进行有效存储时，建议采用序列化数据集的方式。如果是 RDD，建议使用 MEMORY_ONLY_SER 存储级别；如果是 Dataset，建议使用 MEMORY_AND_DISK_SER 存储级别。Spark 会把每个 RDD 分区当作一个大的字节数组。因为需要反序列化每个对象，所以使用序列化的方式相对慢一些。建议使用 Kryo 方式序列化数据对象进行缓存。

5. 垃圾回收调整

当 Java 需要驱逐老对象为新产生的对象释放空间时，需要遍历所有 Java 对象，找到无用的对象进行回收。由于垃圾回收的开销和 Java 对象的数量成正比，所以使用简单的数据结构可以降低成本。比较好的方案是使用序列化的方式持久化对象，这样每个 RDD 分区，只有一个对象。在尝试其他方案之前，若 GC 是瓶颈，则可考虑序列化缓存。

Java 堆内存区分为两个区域，即年轻代（young）区域和老年代（old）区域。年轻代区域又分为三部分 Eden、Survivor1、Survivor2。在 Eden 区满了的情况下，Eden 会运行一个小的 GC，Eden、Survivor1 中还存活的对象会被复制到 Survivor2 区。在对象存在时间比较久或者 Survivor2 区满了的情况下，该对象会被移到老年代区域。在老年代区域满了的情况下，将会执行 full GC 动作。

GC 问题产生的原因有一部分是任务工作内存和 RDD 的数据缓存产生干扰，需要分配 RDD 内存以优化 GC。

1）GC 信息收集

GC 调整需要统计 GC 发生频率和 GC 时长。在 Java 配置项中添加-verbose:gc -XX:+PrintGCDetails -XX:+PrintGCTimeStamps.，下次启动后，在垃圾回收时就可以看到工作节点的日志信息了。日志在工作节点，不一定在启动节点。

2）GC 调整

GC 调整的目标是老年代区域只存储生命周期较长的 RDD，年轻代区域尽可能存储生命周期较短的对象，这样可以避免 full GC 统计任务执行时创建临时对象。

GC 优化项主要有如下几条：

- 通过 GC 的统计，检查垃圾回收是否太频繁。如果一个任务完成前 full GC 出现了多次，那么就意味着没有足够的内存支持任务执行。

- 如果有很多小的 GC，但是大的 GC 次数不多，建议分配给 Eden 更多的内存。可以使用过度估计的方式设置 Eden 内存的大小，如果 Eden 内存的大小被设为 E，那么年轻代区域的使用配置项就是-Xmn=4/3*E。
- 根据打印出的 GC 信息，如果老年代区域接近饱和，那么可以通过降低 spark.memory. fraction 的值来减少缓存的使用量，减少缓存对象要比降低执行速度更好。如果已经设置了-Xmn 的值，那么减少缓存对象就意味着要减少-Xmn 的值。如果没有设置-Xmn 的值，那么可以通过更改 JVM 的 NewRatio 的参数减少缓存对象。很多 JVM 的-Xmn 值设为 2，意味着老年代区域占据了 2/3 的堆内存，-Xmn 的值应该比 spark.memory. fraction 的值大。
- 尝试使用 G1GC 垃圾回收器，-XX:+UseG1GC。在垃圾回收器成为瓶颈的情况下，使用 G1GC 回收器可以改进性能。在执行堆内存比较大的情况下，增加 G1 内存的大小是很重要的，其指令为：-XX:G1HeapRegionSize。例如，从 HDFS 上读取数据，任务的内存大小可以根据 HDFS 上 Data Block 的大小估计。解压缩 Block 的大小一般是原 Block 大小的 2～3 倍。因此，如果希望有 3～4 个 Block 空间，在 HDFS 的 Block 的大小是 128MB 时，可以估计 Eden 的大小是 4×3×128MB。
- 监听垃圾回收器在新的配置下的频率和时间。从经验上讲，GC 调整的效果依赖于应用和可用内存大小。

更多关于 GC 优化项，可以参考 gc-tuning-6-140523.html。JVM 的设置可以在 spark-env.sh 的 SPARK_Java_OPTS 参数上体现，也可以使用 spark.executor.extraJavaOptions 在 Job 的配置上设置。

9.7.6 其他考虑

1. 并行度

除非每个执行操作的并行级别设置得足够高，否则将无法充分利用集群。Spark 会根据每个文件的大小自动设置 Map 任务的数量。分布式的 Reduce 操作（如 reduceByKey 和 groupByKey）会使用最大的 RDD 的分区数量。一般而言，建议集群的每个 CPU 执行两三个任务。并行度可以作为 RDD 的第二个参数，可使用 spark.default.parallelism 配置项更改默认的配置。

2. Reduce 任务使用的内存

有时候会得到一个 OutOfMemoryError 错误，该错误不是因为 RDD 超出内存大小，而是其中一个任务的数据集太大，如 groupByKey 的 Reduce 任务。Spark 的 Shuffle 操作为每个任务的执行组创建了一个 Hash 表，一般该表很大。最简单的解决方式是提高并行级别，这样每个任务的输入集合就比较小了。由于重用一个执行器，Spark 可以短至 200ms 执行一次，并且启动代价也比较小，因此提高任务的并行级别要比增加集群的核心数目更好。

3. 广播大变量

在 SparkContext 中使用广播功能可以大大减少每个序列化任务的大小，降低一个集群 Job 的启动成本。对于来自启动程序的一个大的对象，可以考虑使用广播变量。Spark 会在 Master 上打印每个任务的序列化的大小，这方便了判断哪些任务太大，一般而言大于 20KB 的任务都值得进行优化。

4. 数据的局部性

数据的位置对于 Spark 的性能有很大影响。如果数据和代码在一起，那么计算效率会很高。如果代码和数据分离，那么 Spark 会将二者放在一起。一般而言，代码传输要比数据传输快，因为代码的大小远远小于数据的大小。Spark 会根据数据位置原则设置执行计划。

数据的局部性是数据接近代码的程度，为了执行代码，有如下几个距离级别（从最近到最远）。

- PROCESS_LOCAL：最佳位置，数据和代码在同一个 JVM 上。
- NODE_LOCAL：数据在同一个节点，但是执行时该节点的另一个 Executor 比第一个慢，因为数据需要在两个进程间传递。
- NO_PREF：数据比较分散，但是可以快速传递。
- RACK_LOCAL：数据在同一个机架的服务器中，需要通过网络传输，通常是通过单个交换机传输。
- ANY：数据在网络的其他位置，不在同一个机架中。

Spark 倾向于在最佳位置执行调度，由于在最佳位置理想的 Executor 可能没有执行数据，因此只能尝试次一级的位置级别。这时候有两种选择：一个是等待 CPU 由忙碌状态变成空闲状态，在同一台机器上启动一个对数据的任务；另一个是在距离数据不远的地方启动一个任务，将数据传递到那个地方所在的节点上。Spark 的策略是先等待一会儿，超时之后将数据转移到距离不远的有空闲的 CPU 的地方，可以为每个级别设置不同的等待时间，也可以使用同一个时间。一般情况下保持默认参数即可，除非任务很大而且没有合适的地方，此时才需要调大参数。

第 10 章　Spark Streaming

10.1　Spark Streaming 架构

Spark Streaming 是 Spark 的核心组件，是一个可扩展、高吞吐、具有容错性的流式处理架构，可以从 Kafka、Flume、Kinesis 或 TCP Sockets 等数据源中读取数据，可以使用复杂的函数对数据进行处理，如 map、reduce、join 和 window 等高级函数，还可以将处理过的数据推送到文件系统、数据库和实时视图中。在实际应用中，可以应用 Spark 的机器学习（如 MLlib 或者其他兼容的第三方 jar 包）和图形处理算法（如 GraphX 等）处理相应问题。Spark Streaming 基本架构如图 10-1 所示。

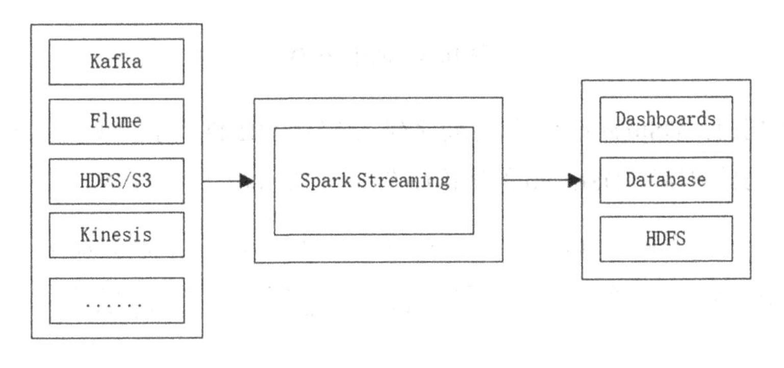

图 10-1　Spark Streaming 基本架构

Spark Streaming 接收输入的实时数据流，并将数据分批，然后交由 Spark Engine 处理，以批量生成最终结果流。Spark Streaming 工作原理如图 10-2 所示。

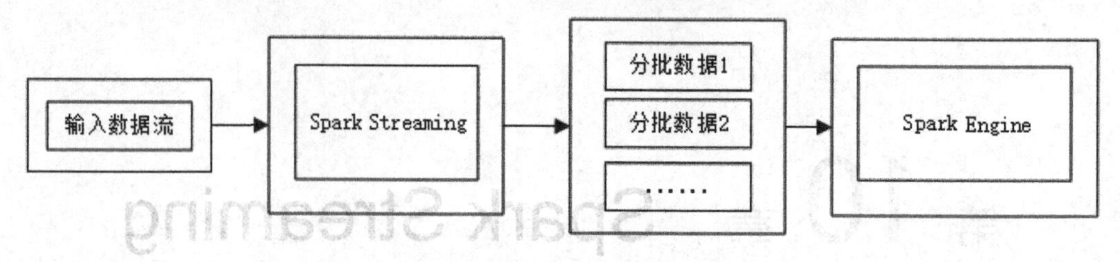

图 10-2 Spark Streaming 工作原理

Spark Streaming 提供了一种高级抽象，称为离散流或数据流，表示连续的数据流。数据流可以从输入数据流中创建，也可以通过对其他数据流进行高级操作来创建。

10.2 DStream 的特点

DStream 是 Spark Streaming 提供的抽象方式，用来表示连续的数据流，可以是接收的输入数据流，也可以是通过转换 DStream 生成的已处理的新的 DStream 对象。

DStream 与 RDD 类似，允许通过转换、过滤等操作对输入数据流中的数据进行修改。从源码 org.apache.spark.streaming.dstream 中可以看出 DStream 是以时间为 key，通过 HashMap 方式创建 RDD 的，如图 10-3 所示。

```
// RDDs generated, marked as private[streaming] so that testsuites can access it
@transient
private[streaming] var generatedRDDs = new HashMap[Time, RDD[T]]()
```

图 10-3 创建 RDD

在内部实现上，DStream 由一组时间序列上连续的 RDD 表示，每个 RDD 包含了来自特定时间间隔的数据流。DStream 的结构如图 10-4 所示。

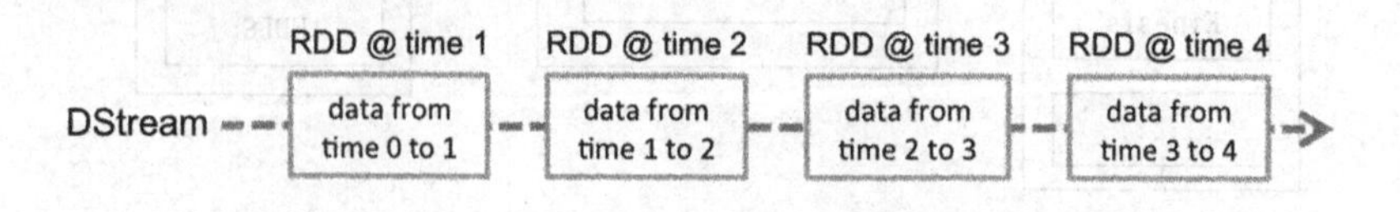

图 10-4 DStream 的结构

10.3 DStream 的操作

10.3.1 DStream 的输入操作

DStream 的输入操作可以根据数据流来源分为基础来源和高级来源两种。

1. 基础来源

基础来源是在 StreamingContext API 中直接可用的来源，如文件系统、Socket（套接字）连接和 Akka Actors。

Spark Streaming 提供了 streamingContext.textfileStream(dataDirectory)方法，利用该方法可以从任何文件系统（如 HDFS、S3、NFS 等）的文件中读取数据，然后创建一个 DStream。

Spark Streaming 监控 DataDirectory 目录及该目录下任何文件的创建处理过程（不支持在嵌套目录下写文件）。需要注意的是，读取的必须是具有相同的数据格式的文件；创建的文件必须在 DataDirectory 目录下并通过自动移动或重命名生成数据目录；文件一旦移动就不能被改变，如果文件被不断追加，新的数据将不会被读取。对于简单的文本文件，可以使用一个简单的 streamingContext.textFileStream(dataDirectory)方法来读取数据。

Spark Streaming 也可以基于自定义 Actors 的流创建 DStream，通过 Actors 接收数据流的方法是 streamingContext.actorStream(actorProps, actor-name)。Spark Streaming 使用 streamingContext.queueStream(queueOfRDDs)方法可以创建基于 RDD 队列的 DStream，每个 RDD 队列将被视为 DStream 中的一块数据流进行加工处理。

2. 高级来源

高级来源，如 Kafka、Flume、Kinesis、Twitter 等，可以通过额外的实用工具类来创建。使用高级来源的数据，需要提供相应的依赖，并进行配置。根据官方文档可知，自 Spark 2.3.0 以后，不推荐继续使用 Kafka 0.8。图 10-5 所示为两个 Kafka 依赖包的比较。

Note: Kafka 0.8 support is deprecated as of Spark 2.3.0.		
	spark-streaming-kafka-0-8	spark-streaming-kafka-0-10
Broker Version	0.8.2.1 or higher	0.10.0 or higher
API Maturity	Deprecated	Stable
Language Support	Scala, Java, Python	Scala, Java
Receiver DStream	Yes	No
Direct DStream	Yes	Yes
SSL / TLS Support	No	Yes
Offset Commit API	No	Yes
Dynamic Topic Subscription	No	Yes

图 10-5　两个 Kafka 依赖包的比较

在使用 SBT/Maven 项目定义的 Scala 或 Java 应用程序时，需要进行应用程序配置（注意不同版本的 Spark 与 Kafka 配置的版本要保持一致，具体情况可在官网查询）：

```
groupId = org.apache.spark
artifactId = spark-streaming-kafka-0-10_2.11
version = 2.4.0
```

具体代码如图 10-6 所示（具体含义下文再进行介绍，此处不过多叙述）。

```
import java.util.*;
import org.apache.spark.SparkConf;
import org.apache.spark.TaskContext;
import org.apache.spark.api.java.*;
import org.apache.spark.api.java.function.*;
import org.apache.spark.streaming.api.java.*;
import org.apache.spark.streaming.kafka010.*;
import org.apache.kafka.clients.consumer.ConsumerRecord;
import org.apache.kafka.common.TopicPartition;
import org.apache.kafka.common.serialization.StringDeserializer;
import scala.Tuple2;

Map<String, Object> kafkaParams = new HashMap<>();
kafkaParams.put("bootstrap.servers", "localhost:9092,anotherhost:9092");
kafkaParams.put("key.deserializer", StringDeserializer.class);
kafkaParams.put("value.deserializer", StringDeserializer.class);
kafkaParams.put("group.id", "use_a_separate_group_id_for_each_stream");
kafkaParams.put("auto.offset.reset", "latest");
kafkaParams.put("enable.auto.commit", false);

Collection<String> topics = Arrays.asList("topicA", "topicB");

JavaInputDStream<ConsumerRecord<String, String>> stream =
  KafkaUtils.createDirectStream(
    streamingContext,
    LocationStrategies.PreferConsistent(),
    ConsumerStrategies.<String, String>Subscribe(topics, kafkaParams)
  );

stream.mapToPair(record -> new Tuple2<>(record.key(), record.value()));
```

图 10-6　具体代码

10.3.2 DStream 的转换操作

与 RDD 类似，DStream 也提供了自己的一系列操作函数，这些操作可以分成三类：普通的转换操作、窗口转换操作和输出操作。

1. 普通的转换操作

普通的转换操作函数如表 10-1 所示。

表 10-1 普通的转换操作函数

转 换	描 述
map(func)	通过函数 func 传递源 DStream 的每个元素，返回一个新的 DStream
flatMap(func)	类似于 Map，但是每个输入项可以映射到零或多个输出项
filter(func)	通过只选择 func 返回 true 的源 DStream 的记录来返回一个新的 DStream
repartition(numPartitions)	重分区，通过创建或多或少的分区来更改此 DStream 中的并行度级别
union(otherStream)	返回一个新的 DStream，该 DStream 包含源 DStream 和其他 DStream 中的元素的联合
count()	通过计算源 DStream 的每个 RDD 中的元素数量，返回一个新的单元素 RDD DStream
reduce(func)	使用 func 函数（函数接收两个参数并返回一个参数）聚合源 DStream 的每个 RDD 中的元素，从而返回单元素 RDD 的新 DStream。这个函数应该是满足结合律和交换律的，这样才能并行计算
countByValue()	当对 K 类型的元素的 DStream 调用时，返回一个新的(K, Long)形式的 DStream，其中每个 K 是它在源 DStream 的每个 RDD 中的频率
reduceByKey(func, [numTasks])	当调用(K,V)形式的 DStream 时，返回一个新的(K,V)形式的 DStream，其中每个 K 使用给定的 reduce()函数进行聚合。注意，在默认情况下，将使用 Spark 的默认并行任务数量（本地运行模式为 2，在集群运行模式下该数量由 config 属性 Spark.default. parallelism 决定）进行分组。可以通过传递一个可选的 numTasks 参数来设置不同数量的任务
join(otherStream, [numTasks])	当调用两个(K,V)和(K,W)形式的 DStream 时，返回一个新的(K,(V,W))形式的 DStream，该 DStream 包含每个 K 的所有元素对
cogroup(otherStream, [numTasks])	当调用(K,V)和(K,W)形式的 DStream 时，返回一个新的(K,Seq[V],Seq[W])元组 DStream
transform(func)	通过将 RDD-to-RDD 函数应用于源 DStream 的每个 RDD，返回一个新的 DStream。它可以用于应用 DStream API 中没有公开的任何 RDD 操作。例如，将数据流中的每个批处理与另一个数据集连接的功能并不直接在 DStream API 中公开，但是使用 transform()函数很容易实现这一点，这带来了非常强大的可能性。再如，可以通过将输入数据流与预先计算的垃圾信息（也可能是使用 Spark 生成的）结合起来，进行实时数据清理
updateStateByKey(func)	返回一个新的 DStream，其中每个 key 的状态通过将给定的函数应用于 key 的前一个状态和 key 的新值来更新。可以用该函数维护每个 key 的任意状态数据。使用该函数需要执行两个步骤：定义状态——状态可以是任意数据类型；定义状态更新函数——用函数指定如何使用输入流中的前一个状态和新值更新状态

2. 窗口转换操作

窗口转换操作是指允许通过活动窗口对数据进行转换，并提供每隔一段时间对过去一个时间段内的数据进行转换操作的记录。时间窗口函数如表 10-2 所示。

表 10-2　时间窗口函数

转　换	描　述
window(windowLength, slideInterval)	返回一个新的 DStream，该函数是基于源 DStream 的窗口批次计算的
countByWindow(windowLength, slideInterval)	返回流中元素的滑动窗口计数
reduceByWindow(func, windowLength, slideInterval)	返回一个新的单元素流，该流是使用 func 在滑动间隔上聚合流中的元素创建的。该函数应该是满足结合律和交换律的，这样才能并行地正确计算
reduceByKeyAndWindow(func, windowLength, slideInterval, [numTasks])	当调用(K,V)形式的 DStream 时，返回一个新的(K,V)形式的 DStream，其中每个 K 使用给定的 reduce()函数 func 在滑动窗口中分批聚合。注意，在默认情况下，将使用 Spark 的默认并行任务数量（在本地运行模式下为 2，在集群运行模式下该数量由 config 属性 Spark.default.parallelism 决定）来进行分组。可以传递一个可选的 numTasks 参数，来设置不同数量的任务
reduceByKeyAndWindow(func, invFunc, windowLength, slideInterval, [numTasks])	reduceByKeyAndWindow()函数的更有效的版本，其中每个窗口的 reduce 值是通过前一个窗口的 reduce 值增量计算得到的，是通过减少进入滑动窗口的新数据和反向减少离开窗口的旧数据来实现的。例如，在窗口滑动时“添加”和“减去”键的计数。但是，该函数只适用于可逆约简函数，即具有相应逆约简函数的约简函数（取 invFunc 参数）。与 reduceByKeyAndWindow()函数类似，Reduce 任务的数量可以通过一个可选参数进行配置。注意，必须启用 CheckPoint 才能使用此操作
countByValueAndWindow(windowLength, slideInterval, [numTasks])	当调用(K,V)形式的 DStream 时，返回一个新的(K,Long)形式的 DStream，其中每个 K 是它在滑动窗口中的频率。与 reduceByKeyAndWindow()函数类似，Reduce 任务的数量可以通过一个可选参数进行配置

3. 输出操作

输出操作指通过输出函数把数据输送到外部系统，如数据库或文件系统，同时触发所有 DStream 的 transformation 操作的实际执行。transformation 操作函数如表 10-3 所示。

表 10-3　transformation 操作函数

转　换	描　述
print()	在运行流应用程序的驱动程序节点上打印 DStream 中每批数据的前 10 个元素。这对于开发和调试非常有用，在 Python API 中称为 pprint()

续表

转　换	描　述
saveAsTextFiles(prefix, [suffix])	将此 DStream 的内容保存为文本文件。每个批处理间隔的文件名是根据前缀和后缀生成的 prefix- time_in_ms [.suffix]
saveAsObjectFiles(prefix, [suffix])	将此 DStream 的内容保存为序列化 Java 对象的 Sequencefile。每个批处理间隔的文件名是根据前缀和后缀生成的 prefix- time_in_ms [.suffix]。在 Python API 中是不可用的
saveAsHadoopFiles(prefix, [suffix])	将该 DStream 的内容保存为 Hadoop 文件。每个批处理间隔的文件名是根据前缀和后缀生成的 prefix- time_in_ms [.suffix]。在 Python API 中是不可用的
foreachRDD(func)	对流生成的每个 RDD 应用函数 func()的最通用输出操作符。这个函数应该将每个 RDD 中的数据推送到外部系统。例如，将 RDD 保存到文件中，或者通过网络将其写入数据库。注意，函数 func()是在运行流应用程序的驱动程序进程中执行的，其中通常会有 RDD 操作，这将强制流 RDD 的计算。在函数 func 中创建远程连接时可以用 foreachPartition 替换 foreach 操作，以降低系统的总体吞吐量

10.4 StatefulRDD 和 windowRDD 实战

从源码 org.apache.spark.streaming.api.java 可以看出 Class JavaDStream[T]是 DStream 为 Java 提供的接口服务，源码如图 10-7 所示。

```
class JavaDStream[T](val dstream: DStream[T])(implicit val classTag: ClassTag[T])
    extends AbstractJavaDStreamLike[T, JavaDStream[T], JavaRDD[T]] {

  override def wrapRDD(rdd: RDD[T]): JavaRDD[T] = JavaRDD.fromRDD(rdd)

  /** Return a new DStream containing only the elements that satisfy a predicate. */
  def filter(f: JFunction[T, java.lang.Boolean]): JavaDStream[T] =
    dstream.filter((x => f.call(x).booleanValue()))

  /** Persist RDDs of this DStream with the default storage level (MEMORY_ONLY_SER) */
  def cache(): JavaDStream[T] = dstream.cache()

  /** Persist RDDs of this DStream with the default storage level (MEMORY_ONLY_SER) */
  def persist(): JavaDStream[T] = dstream.persist()
```

图 10-7　源码

由图 10-7 可以看出 JavaDStream 的方法是通过 DStream 实现的，DStream 的转化操作主要分为无状态转化操作和有状态转化操作，接下来主要讲解 JavaDStream 的使用。

10.4.1 StatelessRDD 无状态转化操作

无状态转化操作表示每个批次的处理不依赖于之前批次的数据。常用的操作函数有 map(func)、flatMap(func)、filter(func)、cache()、mapToPair(func)、flatMapToPair(func)、 reduceByKey(func)等。

无状态转化操作就是把简单的RDD转化操作应用到每个批次上，也就是转化DStream的每一个RDD，也可以在多个DStream间整合数据。reduceByKey()函数会归约每个时间区间中的数据，但不会归约不同区间之间的数据。

map(func)具体方法为：

```
public static <U> JavaDStream<U> map(Function<T,U> f)
```

调用方式：

```
JavaDStream<U> b = lines.map(func)
```

map(func)的主要作用是针对DStream对象lines，将func()函数作用到lines中的每一个元素上，并生成新的元素，得到的DStream对象b中包含这些新的元素。

下面示例代码的作用是在接收到的一行消息后拼接一个"_Test"字符串：

```
JavaDStream<String> b=lines.map(new Function<String, String>() {
            private static final long serialVersionUID = 1L;
            @Override
            public String call(String v1) throws Exception {
                return v1+"_Test";
            }
        });
```

flatMap(func)类似于map(func)，具体方法为：

```
public static <U> JavaDStream<U> flatMap(FlatMapFunction<T,U> f)
```

调用方式：

```
JavaDStream<U> b = lines.flatMap(func)
```

flatMap(func)的主要作用是针对DStream对象lines，将func()函数作用到lines中的每一个元素上并生成0个或多个新的元素，得到的DStream对象b中包含这些新的元素。

下面示例代码的作用是在接收到的一行消息lines后，根据空格将lines分割成若干个单词：

```
JavaDStream<String>  words  =  lines.flatMap(x  ->  Arrays.asList(x.split("
")).iterator());
```

filter(func)具体方法为：

```
public JavaDStream<T> filter(Function<T,Boolean> f)
```

调用方式：

```
JavaDStream<U> b = lines.filter(func)
```

filter(func)的主要作用是针对 DStream 对象 lines，将 func()函数作用到 lines 中的每一个元素上，并根据函数的逻辑进行判断，把返回为 true 的数据进行保留，得到一个新的 DStream 对象 b。

下面示例代码的作用是去除 lines 中包含字母 b 的行：

```
JavaDStream<String> bb=lines.filter(new Function<String, Boolean>() {
private static final long serialVersionUID = 6265482281064581859L;
        @Override
        public Boolean call(String v1) throws Exception {
            if(v1.indexOf("b")!=-1){
                return true;
            }
            return false;
        }
});
```

cache()具体方法为：

```
public JavaDStream<T> cache()
```

调用方式：

```
lines.cache()
```

cache()的主要作用是针对 DStream 对象 lines，以默认缓存级别（MEMORY_ONLY_SER）进行存储。

从源码中可以看到 cache()其实是调用了 persist()，如图 10-8 所示。

```
/** Persist RDDs of this DStream with the default storage level (MEMORY_ONLY_SER) */
def cache(): DStream[T] = persist()
```

图 10-8 persist()

persist()具体方法有如下两种：

```
public JavaDStream<T> persist();

public JavaDStream<T> persist(StorageLevel storageLevel);
```

调用方式：

```
lines. persist ();
lines.persist(StorageLevel.DISK_ONLY());
```

persist()的主要作用是针对 DStream 对象 lines，以默认存储级别（MEMORY_ONLY_SER）保留，在提供参数 StorageLevel 时，根据设定的 StorageLevel 类提供的缓存级别进行存储。StorageLevel 类里面设置了 RDD 的各种缓存级别，共有 12 级，是由多个构造参数的组合形成的。StorageLevel 类的源码如图 10-9 所示。

```
@DeveloperApi
class StorageLevel private(
    private var _useDisk: Boolean,
    private var _useMemory: Boolean,
    private var _useOffHeap: Boolean,
    private var _deserialized: Boolean,
    private var _replication: Int = 1)
  extends Externalizable {
```

图 10-9　StorageLevel 类的源码

图 10-9 中的_useDisk 表示是否用磁盘；_useMemory 表示是否用缓存；_useOffHeap 表示是否用堆外内存；_deserialized 表示是否反序列化；_replication 表示备份数量默认值为 1。根据这些参数的取值，缓存级别被分成 12 级，如图 10-10 所示。

```
 * Various [[org.apache.spark.storage.StorageLevel]] defined and utility functions for creating
 * new storage levels.
 */
object StorageLevel {
  val NONE = new StorageLevel(false, false, false, false)
  val DISK_ONLY = new StorageLevel(true, false, false, false)
  val DISK_ONLY_2 = new StorageLevel(true, false, false, false, 2)
  val MEMORY_ONLY = new StorageLevel(false, true, false, true)
  val MEMORY_ONLY_2 = new StorageLevel(false, true, false, true, 2)
  val MEMORY_ONLY_SER = new StorageLevel(false, true, false, false)
  val MEMORY_ONLY_SER_2 = new StorageLevel(false, true, false, false, 2)
  val MEMORY_AND_DISK = new StorageLevel(true, true, false, true)
  val MEMORY_AND_DISK_2 = new StorageLevel(true, true, false, true, 2)
  val MEMORY_AND_DISK_SER = new StorageLevel(true, true, false, false)
  val MEMORY_AND_DISK_SER_2 = new StorageLevel(true, true, false, false, 2)
  val OFF_HEAP = new StorageLevel(true, true, true, false, 1)
```

图 10-10　12 级缓存级别

各缓存级别的特点如下。

- MEMORY_ONLY：内存缓存，cache()就是用的该缓存级别，由于未对数据进行序列化及备份，所以性能最好，但是当数据量过大时，如果内存承受不住，那么可能会出现内存溢出。
- DISK_ONLY：磁盘缓存，将数据全部写入磁盘文件中，性能低。
- MEMORY_AND_DISK：优先尝试将数据存储到内存中。若内存不足以存放所有数据，则将数据写入磁盘文件中。
- MEMORY_ONLY_SER：先对数据进行序列化，再把数据存储到内存中，因为序列化了数据，所以相对来说节省了内存。
- MEMORY_AND_DISK_SER：与 MEMORY_AND_DISK 缓存级别差不多，但该缓存级别在进行数据持久化之前，先对数据进行了序列化。

- 其他：对于上述任意缓存级别，如果加上后缀_2，代表的是将每个持久化的数据复制一份副本，并将副本保存到其他节点上，这样做可以提高安全性，但效率较低。

mapToPair(func)具体方法为：

```
public static <K2,V2> JavaPairDStream<K2,V2> mapToPair(PairFunction<T,K2,V2> f)
```

调用方式：

```
JavaPairDStream<U> pairs=words.mapToPair(func)
```

mapToPair(func)的主要作用是对 DStream 对象 words，将 func 函数作用到 words 中的每一个元素上并根据函数中的逻辑进行存储，得到一个新的 JavaPairDStream 对象 pairs。

下面示例代码的作用是对 words 中的每个单词放入初始化值 1，形成 key-value 对象进行保存：

```
JavaPairDStream<String,Integer> pairs=words.mapToPair(
newPairFunction<String, String, Integer>() {
            private static final long serialVersionUID = 1L;
            @Override
            public Tuple2<String, Integer> call(String t) throws Exception {
                return new Tuple2<String, Integer>(t, 1);
            }
    });
```

flatMapToPair(func)具体方法为：

```
static<K2,V2>JavaPairDStream<K2,V2>flatMapToPair(PairFlatMapFunction<T,K2,V2> f)
```

调用方式：

```
JavaPairDStream< K2,V2> pairs=words. flatMapToPair (func)
```

flatMapToPair(func)的主要作用是对 DStream 对象 words，将 func 函数作用到 words 中的每一个元素上，并根据函数的逻辑进行存储，得到一个新的 JavaPairDStream 对象 pairs。

下面示例代码的作用是对 lines 中每行通过“:”分隔，放入初始化值 1 形成 key-value 对象进行存储。

```
JavaPairDStream<String, Integer> pairs=lines.flatMapToPair(
                new PairFlatMapFunction<String, String, Integer>() {
            private static final long serialVersionUID = 1L;
            @Override
            public Iterator<Tuple2<String, Integer>> call(String t)
                    throws Exception {
                String[] temp=t.split(":");
                ArrayList<Tuple2<String,Integer>>list=newArrayList
```

```
<Tuple2<String,Integer>>();
    for(int i=0;i<temp.length;i++){
        list.add(new Tuple2<String,Integer>(temp[0],1));
    }
    return list.iterator();
}
});
```

reduceByKey(func)具体方法为：

```
static<K2,V2>JavaPairDStream<K2,V2>reduceByKey(PairFlatMapFunction<T,K2,V2>  f)
```

调用方式：

```
JavaPairDStream< K2,V2> pairs=words. reduceByKey (func)
```

reduceByKey (func)的主要作用是对 DStream 对象 words，将 func 函数作用到 lines 中的每一个元素上并对函数中的 key 相同的数据进行逻辑运算，得到一个新的 JavaPairDStream 对象 pairs。

下面示例代码的作用是将 key 相同的数据的 value 相加形成 key-value 对象进行保存：

```
JavaPairDStream<String, Integer> wordCounts1=pairs.reduceByKey(
                    new Function2<Integer, Integer, Integer>() {
                private static final long serialVersionUID = 1L;
                @Override
                public Integer call(Integer v1, Integer v2) throws Exception {
                    return v1+v2;
                }
        });
```

10.4.2 StatefulRDD 有状态转化操作

有状态转化操作是跨时间区间跟踪数据的操作，也就是说，一些先前批次的数据被用在新的批次中计算，两种主要类型是滑动窗口和 mapWithState()，前者以一个时间阶段为滑动窗口进行操作，即 windowRDD；后者用来跟踪每个 key 的状态变化。有状态转化操作需要在 StreamingContext 中打开 CheckPoint 机制来确保容错性。

1. window()

window()调用方式如图 10-11 所示。

```
JavaDStream<String> ss=lines.window(windowDuration, slideDuration)
```

```
/**
 * Return a new DStream in which each RDD contains all the elements in seen in a
 * sliding window of time over this DStream.
 * @param windowDuration width of the window; must be a multiple of this DStream's
 *                       batching interval
 * @param slideDuration  sliding interval of the window (i.e., the interval after which
 *                       the new DStream will generate RDDs); must be a multiple of this
 *                       DStream's batching interval
 */
def window(windowDuration: Duration, slideDuration: Duration): DStream[T] = ssc.withScope {
  new WindowedDStream(this, windowDuration, slideDuration)
}
```

图 10-11 window()调用方式

由图 10-11 可知通过 window()，DStream 转换成了 WindowedDStream，需要传入的两个参数是 windowDuration 和 slideDuration。slideDuration 控制窗口计算的频度，windowDuration 控制窗口计算的时间跨度。slideDuration 和 windowDuration 都必须是 batchInterval 的整数倍。

代码示例：

```
//批处理间隔时间
int batchInterval=5;
//创建两个本地工作线程
SparkConf conf = new SparkConf().setMaster("local[2]")
                    .setAppName("JavaStreamingWordCount");
//5 秒批处理间隔的 JavaStreamingContext
JavaStreamingContext jssc = new JavaStreamingContext(conf, Durations.
seconds(batchInterval));
//创建 DStream 链接 URL 地址 hostname:port, 如 localhost:9999
JavaReceiverInputDStream<String> lines = jssc.socketTextStream("localhost",
9999);
JavaDStream<String> ss=lines.window(batchInterval*10, batchInterval*5);
```

2. reduceByKeyAndWindow()

reduceByKeyAndWindow()调用方式有如下两种：

```
pairs.reduceByKeyAndWindow(reduceFunc, windowDuration);
```

```
pairs.reduceByKeyAndWindow(reduceFunc, windowDuration, slideDuration);
```

reduceByKeyAndWindow()的主要作用是通过在滑动窗口上应用 reduceByKey 返回新的数据流，和 dstream.reduceByKey()类似，但 reduceByKeyAndWindow()应用于滑动窗口。

代码示例：

```
JavaPairDStream<String,Integer>wordCounts=pairs.reduceByKeyAndWindow(new
Function2<Integer, Integer, Integer>() {
            @Override
            public Integer call(Integer v1, Integer v2) throws Exception {
```

```
                return v1+v2;
            }
        }, 60, 10);
```

上述代码的作用是对单词进行统计，滑动窗口长度为 1 分钟，滑动间隔为 10 秒。

3. mapWithState

mapWithState 的主要作用是基于 key 维护和更新历史状态。使用一个 function 对 key-value 形式的数据进行状态维护，源码中提供的示例如图 10-12 所示。

```
Java示例：

  // 管理状态，并返回必要的字符串
  Function3<String, Optional<Integer>, State<Integer>, String> mappingFunction =
      new Function3<String, Optional<Integer>, State<Integer>, String>() {
          @Override
          public Optional<String> call(Optional<Integer> value, State<Integer> state) {
              // 使用 stat.exists(), state.get(), state.update()和state.remove()
              // 一个维持整数状态值并返回字符串的mappingFunc
          }
      };

    JavaMapWithStateDStream<String, Integer, Integer, String> mapWithStateDStream =
      keyValueDStream.mapWithState(StateSpec.function(mappingFunc));
```

图 10-12　mapWithState 示例

图 10-12 先构建了一个 Function 函数，根据函数进行逻辑处理，更新状态，然后调用 mapWithState。

下面是一个完整示例：

```
package com.mybigdata.lsmp.hadoop.user.test;
import java.util.Arrays;
import java.util.List;
import org.apache.spark.SparkConf;
import org.apache.spark.api.java.JavaPairRDD;
import org.apache.spark.api.java.JavaSparkContext;
import org.apache.spark.api.java.function.Function;
import org.apache.spark.api.java.function.Function2;
import org.apache.spark.api.java.function.PairFunction;
import org.apache.spark.streaming.Durations;
import org.apache.spark.streaming.api.java.JavaDStream;
import org.apache.spark.streaming.api.java.JavaPairDStream;
import org.apache.spark.streaming.api.java.JavaReceiverInputDStream;
import org.apache.spark.streaming.api.java.JavaStreamingContext;
import scala.Tuple2;

public class WindowCount {
```

```
    public static void main(String[] args) throws InterruptedException {
    SparkConf conf=newSparkConf().setMaster("local[2]")
.setAppName("WindowCount ");
    JavaStreamingContext jssc=new JavaStreamingContext(conf, Durations.
seconds(5));
   // 创建一个 DStream
   JavaReceiverInputDStream<String>  lines  =  jssc.socketTextStream("localhost",
9999);
  // 根据字符；对每行进行分割
JavaDStream<String>
words=lines.flatMap(x->Arrays.asList(x.split(";")).iterator());
JavaPairDStream<String,Integer> wordsDSTream=words.mapToPair(new PairFunction
<String, String, Integer>() {
   private static final long serialVersionUID = 1L;
   @Override
   public Tuple2<String, Integer> call(String s) throws Exception {
     return new Tuple2<String, Integer>(s,1);
     }
  });
  // 第二个参数，即 Durations.seconds(60)表示窗口长度
  // 第三个参数，即 Durations.seconds(600)表示滑动间隔
  // 即每隔 60 秒将最近 600 秒（10 分钟）的数据作为一个窗口
JavaPairDStream <String,Integer>worldCount=wordsDSTream.reduceByKeyAndWindow
(new Function2<Integer, Integer, Integer>() {
    private static final long serialVersionUID = 1L;
    @Override
    public Integer call(Integer v1, Integer v2) throws Exception {
       return v1+v2;
    }
 },Durations.seconds(60),Durations.seconds(600));
// 执行 transform 操作，根据词进行排序
JavaPairDStream<String,Integer> finalRDD=  worldCount.transformToPair(new
Function <JavaPairRDD<String, Integer>, JavaPairRDD<String, Integer>>() {
   private static final long serialVersionUID = 1L;
   @Override
   public  JavaPairRDD<String,  Integer>  call(JavaPairRDD<String,  Integer>  v1)
throws Exception {
      JavaPairRDD<Integer,String> countSearchRDD=v1.mapToPair(new PairFunction
<Tuple2<String, Integer>, Integer, String>() {
      private static final long serialVersionUID = 1L;
      @Override
```

```
        public Tuple2<Integer, String> call(Tuple2<String, Integer>
stringIntegerTuple2) throws Exception {
        return new Tuple2<>(stringIntegerTuple2._2,stringIntegerTuple2._1);
        }
    });
    //降序排序
    JavaPairRDD<Integer,String> softedRDD=countSearchRDD.sortByKey(false);
    //反转
    JavaPairRDD<String,Integer> softedRDDCount=softedRDD.mapToPair(
        new PairFunction<Tuple2<Integer, String>, String, Integer>() {
        private static final long serialVersionUID = 1L;
        @Override
        public Tuple2<String, Integer> call(Tuple2<Integer, String>
integerStringTuple2) throws Exception {
        return new Tuple2<>(integerStringTuple2._2,integerStringTuple2._1);
        }
});
return  softedRDDCount;

});
   finalRDD.foreachRDD(new VoidFunction<JavaPairRDD<String,Integer>>() {
            private static final long serialVersionUID = 1L;
            @Override
            public void call(JavaPairRDD<String, Integer> t) throws Exception {
                List<Tuple2<String,Integer>> listResult=t.take(3);
                for(Tuple2<String,Integer> v:listResult){
                    System.out.println(v._1+" " +v._2);
                }
            }
        });
   jssc.start();
   jssc.awaitTermination();
   jssc.stop();
   jssc.close();
   }
}
```

上述代码先创建了 Spark Streaming 数据源。数据源可以基于 File、HDFS、Flume、Kafka、Socket 等，这里指定数据源为网络 Socket 端口，Spark Streaming 连接该端口并在运行时一直监听该端口的数据（当然该端口服务必须存在），并且后续根据业务需要不断有数据产生。对于 Spark Streaming 应用程序的运行而言，有无数据其处理流程都是一样的。

然后对获取的输入数据进行分割；输入数据格式如图 10-13 所示。

```
说话;好吧;运动;爱好
运动;篮球;足球;步行
热爱;唱歌;吃饭;说话
公交;世界;唱歌;手机
新闻;沟通;畅饮;游戏
事件;沟通;构思;欢乐
思路;新闻;爱好;足球
购物;吃饭;唱歌;篮球
```

图 10-13　输入数据格式

再对每个单词进行初始化，统计，并组成 key-value，形式如说话:1;好吧:1;运动:1;。

对初始化后的 key-value 通过 reduceByKeyAndWindow()方法进行窗口滑动，根据 key 对 value 进行累加，获得 key 在当前窗口的 sum 值，形式如运动:2,。

使用 transformToPair()方法将数据转换为 value-key，形成新的 key-value，此时形式如图 10-14 所示。

```
    @Override
    public Tuple2<Integer, String> call(Tuple2<String, Integer> stringIntegerTuple2)

        return new Tuple2<>(stringIntegerTuple2._2,stringIntegerTuple2._1);
    }
});
```

图 10-14　transformToPair()方法

使用 sortByKey()方法根据 key 进行降序排序，如 2:运动,1:篮球。

将数据转换为 value-key，形成新的 key-value，此时形式如运动:2。此时获取的数据已经从高到低排好顺序。

代码片段如图 10-15 所示。

```
JavaPairRDD<String,Integer> softedRDDCount=softedRDD.mapToPair(
        new PairFunction<Tuple2<Integer, String>, String, Integer>() {

    private static final long serialVersionUID = 1L;

    @Override
    public Tuple2<String, Integer> call(Tuple2<Integer, String> integerStringTuple2)
            throws Exception {
        return new Tuple2<>(integerStringTuple2._2,integerStringTuple2._1);
    }
});
```

图 10-15　代码片段

最后通过 foreachRDD()方法进行循环，利用 take()方法获取频次最高的三个词并输出。

10.5 Kafka+Spark Steaming实战

Kafka 最初由 LinkedIn 发布，使用 Scala 语言编写，于 2010 年 12 月开源，成为 Apache 的顶级项目。Kafka 是一个高吞吐量的、持久性的、分布式发布订阅消息系统，主要用于处理活跃的数据（登录、浏览、点击、分享、喜欢等用户行为产生的数据）。

Kafka 对 Spark Streaming 有很友好的支持，可以利用 Spark Streaming 实时计算框架实时地读取 Kafka 中的数据然后进行计算。那么具体该如何做呢？接下来将进行详细讲解。

10.5.1 搭建 Kafka 环境

1. 下载 Kafka 并解压（当前使用版本 1.1.0）

解压下载好的文件：

```
> tar -xzf kafka_2.11-1.1.0.tgz
```

进入目录：

```
> cd kafka_2.11-1.1.0
```

2. 启动服务

运行 Kafka 需要使用 ZooKeeper，因此需要先启动 ZooKeeper。若没有 ZooKeeper，则可以使用 Kafka 打包和配置好的 ZooKeeper。

```
> bin/zookeeper-server-start.sh config/zookeeper.properties
```

启动 Kafka 服务：

```
> bin/kafka-server-start.sh config/server.properties &
```

3. 创建一个主题（topic）

创建一个名为“test”的主题，只有一个分区和一个备份：

```
> bin/kafka-topics.sh --create --zookeeper localhost:2181 --replication-
factor 1 --partitions 1 --topic test
```

运行如下命令，查看已创建的主题信息：

```
> bin/kafka-topics.sh --list --zookeeper localhost:2181
```

4. 发送消息

Kafka 提供了一个可以从输入文件或者命令行中读取消息并发送给 Kafka 集群的命令行工具。每一行是一条消息。

运行 producer（生产者），在控制台输入几条消息到服务器：

```
> bin/kafka-console-producer.sh --broker-list localhost:9092 --topic test
```

输出结果如下：

```
This is a message
This is another message
```

5. 消费消息

Kafka 还有一个命令行使用者，它可以把消息转储到标准的输出：

```
> bin/kafka-console-consumer.sh --bootstrap-server localhost:9092 --topic
test --from-beginning
```

输出结果如下：

```
This is a message
This is another message
```

若出现如上输出结果，则说明 Kafka 安装成功。

10.5.2 代码编写

接下来，需要在 Maven 里面配置依赖的 Spark 包，如图 10-16 所示。

```
<dependency>
    <groupId>org.apache.spark</groupId>
    <artifactId>spark-streaming_2.10</artifactId>
    <version>2.1.0</version>
    <exclusions>
        <exclusion>
            <groupId>log4j</groupId>
            <artifactId>log4j</artifactId>
        </exclusion>
    </exclusions>
    <scope>provided</scope>
</dependency>

<dependency>
    <groupId>org.apache.spark</groupId>
    <artifactId>spark-streaming-kafka-0-10_2.10</artifactId>
    <version>2.1.0</version>
    <exclusions>
        <exclusion>
            <groupId>log4j</groupId>
            <artifactId>log4j</artifactId>
        </exclusion>
    </exclusions>
</dependency>
```

图 10-16　配置依赖的 Spark 包

（1）通过 Java，存储数据让 Kafka 接收：

```
package com.mybigdata.lsmp.hadoop.user.test;

import java.util.Properties;
import org.apache.kafka.clients.producer.KafkaProducer;
import org.apache.kafka.clients.producer.ProducerRecord;

public class InputKafka {
    public static void main(String[] args) {
        Properties props = new Properties();
        //对Kafka进行配置
        props.put("bootstrap.servers","ip1:port,ip2:port,ip3:port");
        props.put("acks","all");
        props.put("batch.size",16384);
        props.put("linger.ms",1);
        props.put("buffer.memory",33554432);
        props.put("key.serializer","org.apache.kafka.common.serialization.
StringSerializer");
        props.put("value.serializer","org.apache.kafka.common.serialization.
StringSerializer");
        //构建Kafka的Java客户端
        KafkaProducer<String,  String>  producer  =  new  KafkaProducer<String,
String>(props);
        //生成消息
        ProducerRecord<String, String> data1 = new ProducerRecord<String, String>
("top1", "test kafka");
        ProducerRecord<String,  String>  data2  =  new  ProducerRecord<String,
String>("top2","hello world");
        try {
            int i=1;
            while (i < 100) {
                //发送消息
                producer.send(data1);
                producer.send(data2);
                i++;
                Thread.sleep(1000);
            }
        } catch (Exception e) {
            e.printStackTrace();
        }
        producer.close();
    }
}
```

上述代码先对 Kafka 进行了配置，下面简要介绍相关参数的具体作用。

- bootstrap.servers：用于建立与 Kafka 集群连接的 host/port 组。数据将会在所有服务器上均衡加载，不管哪些服务器是指定用于 bootstrapping 的。这个列表仅仅影响初始化的 host（用于发现全部服务器）。这个列表格式为 host1:port1,host2:port2,……因为这些服务器仅仅用于初始化的连接，以发现集群所有成员关系（可能会动态地变化），所以该列表不需要包含所有服务器。如果该列表中的服务器都宕机，那么发送数据会一直失败。
- acks：生产者需要获取服务器在接收到数据后发出的确认接收的信号，此参数用于配置生产者需要多少个这样的确认接收信号，实际上代表了数据备份的可用性，常用选项如下。
  - ➢ acks=0：表示生产者不需要等待任何确认收到的信号，副本将立即加载到 Socket Buffer（套字节缓存）并认为已经发送。在这种情况下无法保证服务器已经成功接收数据，同时重试机制配置不会发生作用（因为客户端不知道是否失败），回馈的 offset 总是设置为-1。
  - ➢ acks=1：表示至少要等待主机已经成功将数据写入，但是并没有确定所有从机是否成功写入。这种情况下，如果从机没有成功备份数据，而此时主机宕机，那么消息会丢失。
  - ➢ acks=all：表示主机需要等待所有服务器都成功写入，这种策略保证了只要有一个备份存活就不会丢失数据，是最强保证。
- batch.size：生产者将批处理消息记录，以减少请求次数。这将改善客户端与服务器之间的性能。该参数用于控制默认的批量处理消息字节数，不会试图处理大于这个字节数的消息字节数。发送到缓存代理（Broker）的请求将包含多个批量处理，其中会包含对每个分区的一个请求。较小的批量处理数值较少使用，并且可能降低吞吐量（若设置为 0，则会仅用批量处理）；较大的批量处理数值将会浪费更多内存空间，因此需要分配特定批量处理数值的内存大小。
- linger.ms：生产者将汇总任何在请求与发送之间到达的消息，并记录一个单独批量的请求。通常来说，这只有在记录产生速度大于发送速度的时候才能发生。然而，在某些条件下，客户端希望降低请求的数量，甚至降低到中等负载以下，可通过该参数增加延迟来实现不立即发送一条记录。生产者将会等待给定的延迟时间，以允许发送其他消息记录，这些消息记录可以批量处理。这与 TCP 中的 Nagle 算法类似。该参数设置了批量处理的更高延时边界，一旦获得某个分区的 batch.size，它将会立即发送而不顾 linger.ms 参数的设置，然而若获得的消息的字节数比该参数设置的值要小得多，则需要通过 linger.ms 参数指定特定的时间以获取更多消息。该参数默认值为 0，即没有延迟。若设定 linger.ms=5，将会减少请求数目，但是同时会增加 5ms 的延时。

- buffer.memory：生产者可以用来缓存数据的内存大小。如果数据产生速度大于向缓存代理发送的速度，生产者会阻塞或者抛出“block.on.buffer.full”异常。该参数的值和生产者能够使用的总内存有关，但并不是一个硬性限制，因为生产者使用的所有内存并不都是用于缓存的，一些内存是用于压缩的（如果引入压缩机制），还有一些内存是用于维护请求的。
- key.serializer：key 的序列化方式，若是没有设置，则与 serializer.class 参数的设置相同。
- value.serializer：value 的序列化方式。

然后初始化 Kafka 的 Java 客户端。

之后把发送的消息以 key-value 的形式存储，主题与信息，循环每秒发送两条信息。

（2）Spark Streaming 消费 Kafka 信息：

```
package com.mybigdata.lsmp.hadoop.user.test;
import java.util.ArrayList;
import java.util.Arrays;
import java.util.collection;
import java.util.HashMap;
import java.util.List;
import java.util.Map;

import org.apache.kafka.clients.consumer.ConsumerRecord;
import org.apache.kafka.common.serialization.StringDeserializer;
import org.apache.spark.sparkConf;
import org.apache.spark.api.java.function.Function;
import org.apache.spark.streaming.Duration;
import org.apache.spark.streaming.api.java.JavaDStream;
import org.apache.spark.streaming.api.java.JavaInputDStream;
import org.apache.spark.streaming.api.java.JavaStreamingContext;
import org.apache.spark.streaming.kafka010.ConsumerStrategies;
import org.apache.spark.streaming.kafka010.Kafkautils;
import org.apache.spark.streaming.kafka010.LocationStrategies;
import org.slf4j.Logger;
import org.slf4j.LoggerFactory;
```

```
import com.mybigdata.lsmp.hadoop.user.util.ErrorLog;

public class SparkStreamCount {
    private static final Logger LOGGER = LoggerFactory.getLogger (SparkStreamCount.
class);

    public static void main(String[] args) {
        //这些服务器仅仅用于初始化的连接，以发现集群中的所有成员关系，不需要包含所有服务器
        String bootstrapserver = "host1: port1,host2: port2";
        //所在组
        String group = "1";
        //所属主题
        String topic = "top1, top2";
        //把多个主题放入列表中
        List<String> mapTopic = new ArrayList<String>();
        String[] topicsArr = topic.split(",");
        int k = topicsArr.length;
        for (int i = 0; i < k; i++) {
            mapTopic.add(topicsArr[i]);
        }
        //批处理间隔时间一分钟
        int batchInterval = 60;
        //创建两个本地工作线程，本地模式运行
        SparkConf sc = new SparkConf().setAppName("SparkStreamCount").setMaster
("local[2]");
        //把Kafka参数放入Map中
        Map<String, Object> KafkaParams = new HashMap<String, Object>();
        //bootstrap.servers 地址
        KafkaParams.put("bootstrap.servers", bootstrapServer);
        //对数据反序列化，取出key和value
        kafkaParams.put("key.deserializer", StringDeserializer.class);
        kafkaParams.put("value.deserializer", stringDeserializer.class);
        //kafka主题组
        kafkaParams.put("group.id", group);
        //消费方式
        kafkaParams.put("auto.offset.reset", "latest");
        Collection<String> topicss = mapTopic;
        JavaStreamingContext jssc = new JavaStreamingContext(sc, new Duration
(batchInterval));
        try {
            //获取Kafka数据
```

```
        JavaInputDStream<ConsumerRecord<String, String>> lines = KafkaUtils.
createDirectStream(
                jssc,
                LocationStrategies.PreferConsistent(),
                ConsumerStrategies.<String, String>Subscribe(topics, kafkaParams)
        );
        //从 Kafka 中获取数据，并转换成 RDD
        JavaDStream<String> count = lines.map(new Function<ConsumerRecord<String,
String>, String>() {
            /**
             *
             */
            private static final long serialVersionUID = 1L;

            public String call(ConsumerRecord<String, String> t) throws
Exception {
                return t.value();
            }
        });
        JavaDStream<String> words = count.flatMap(X -> Arrays.asList(X.split(" ")).
                iterator());
        words.count().print();
    } catch (Exception e) {
        LOGGER.error("生成协同过滤模型错误 errmsg:{}", ErrorLog.errInfo(e));
    } finally {
        jssc.start();
        try {
            jssc.awaitTermination();
        } catch (InterruptedException e) {
            LOGGER.error("生成协同过滤模型错误 errmsg:{}", Errorlog.errInfo(e));
        }
    }
  }
}
```

上述代码先设置 Kafka 服务器及端口号，与生产者保持一致即可，其中新用了两个 Kafka 配置属性 group.id 与 auto.offset.reset，下面将分别对其进行介绍。

- group.id：一个字符串，用来指示一组消费者所在的组。Group ID 相同的消费者所在组相同。Group ID 相同的消费者消费记录 offset 时记录的是同一个 offset。所以，此处需要注意以下两点。
  - ➢ 如果多个地方都使用相同的 Group ID，可能造成个别消费者消费不到。

  - ➢ 如果单个消费者消费能力不足，那么可以启动多个 Group ID 相同的消费者消费。但是，在多线程情况下，需要增大每个 Group ID 下的分区数量，以便每个线程稳定读取固定的分区，提高消费能力（该属性为自定义属性）。
- auto.offset.reset：有以下几个特定属性。
  - ➢ earliest：当各分区下有已提交的 offset 时，从提交的 offset 开始消费；无提交的 offset 时，从头开始消费。
  - ➢ latest：当各分区下有已提交的 offset 时，从提交的 offset 开始消费；无提交的 offset 时，消费该分区下新产生的数据。
  - ➢ none topic：当各分区都存在已提交的 offset 时，从 offset 后开始消费；只要有一个分区不存在已提交的 offset，就抛出异常。

然后构建 JavaStreamingContext 对象，并且通过常量 batchInterval 限定批量间隔处理时间为 1 分钟。

再通过 KafkaUtils.createDirectStream()读取 Kafka 数据，然后根据 Spark Streaming 的 map()与 flatMap()进行数据处理。再通过 words.count().print();语句把单词总数写入控制台，注意代码用例中的 ErrorLog 为自定义的错误日志记录类，具体代码如下：

```
package com.mybigdata.lsmp.hadoop.user.util;

import java.io.IOException;
import java.io.PrintWriter;
import java.io.StringWriter;

public class ErrorLog {
    public static String errInfo(Exception e)
    {
        StringWriter sw = null;
        PrintWriter pw = null;
        try{
            sw = new StringWriter();
            pw = new PrintWriter(sw);
            // 将出错的栈信息输出到printWriter中
            e.printStackTrace(pw);
            sw.flush();
        }finally{
            if(sw != null){
                try{
                    sw.close();
                }catch(IOException e1){
```

```
                e1.printStackTrace();
            }
        }
        if(pw != null){
            pw.close();
        }
    }
    return sw.toString();
  }
}
```

10.6 Spark Streaming 的优化

Spark Streaming 具有实时批处理的能力，但是在不同的场景下，需要考虑的因素不同，如接收数据量失效、实时性要求等，因此 Spark Streaming 无法设置一些通用的配置。本书只是给出建议，这些调优方式不一定适用于你的程序，一个好的配置是需要慢慢尝试的。

1. 合理分配资源

增加和分配更多的资源对性能的提升是显而易见的，在一定范围内，资源的增加与性能的提升是成正比的。如果公司资源有限，那么应在能分配的资源达到顶峰后，再考虑进行其他调优方式。

在生产环境中，提交 Spark 作业时使用 spark-submit shell 脚本（见图 10-17）可以调整对应的参数。

```
spark-submit --name "KafkaStreamingWordCount"
--master yarn \--Spark运行模式 standalone and YARN
--executor-memory 3G  \--配置每个executor的内存大小
--class com.cslo.lsmp.hadoop.test  test.jar \--要执行的类 运行的项目jar包
--executor-cores 3 \    --配置每个executor的cpu核数
--driver-memory 1G \    --配置driver的内存,影响不大
--num-executors 3 \     --配置executor的数量
```

图 10-17　spark-submit shell 脚本

当 Spark 运行在 Standalone 模式下时，要了解每台机器能够使用的内存、CPU 核数。如果每台机器能够使用的内存为 8GB 和 CPU 核数为 4，共有 10 台机器，那么就将 Executor 数量设置 10，每个 Executor 内存设置 8GB，每个 Executor 设置 4 CPU 核。

当 Spark 运行在 YARN 模式下时，要查看资源队列有多少资源。如果资源队列内存为 100GB，CPU 核数为 50，那么就设置 25 个 Executor，每个 Executor 内存设置为 10GB，

每个 Executor 设置两个 CPU 核。

2. 设置合理的批处理时间（batchDuration）

在构建 StreamingContext 时，需要传入一个用于设置 Spark Streaming 批处理时间间隔的参数。Spark 每隔 batchDuration 时间会提交一次 Job，如果 Job 处理的时间超过了 batchDuration 设置的时间，那么会导致后面的 Job 无法按时提交，随着时间推移，越来越多的 Job 被拖延，最后造成整个 Spark Streaming 阻塞，这间接地导致了无法实时处理数据。

另外，虽然 batchDuration 的单位可以达到毫秒级别，但是经验告诉我们，如果 batchDuration 设置得过小，那么频繁提交 Job 会给整个 Spark Streaming 带来大量负担，所以尽量不要将该值设置得小于 500ms。在大多数情况下，将 batchDuration 设置为 500ms，性能就很不错了。

那么，如何设置一个相对合适的 batchDuration 值呢？可以先将 batchDuration 设置为比较大的值（如 10s），如果发现 Job 很快被提交完成，则可以进一步将该值减小，直到 Job 刚好能够及时处理完上一个批处理的数据，此时的 batchDuration 就是最优值。

3. 增加 Job 并行度

如果数据接收量太大变成系统的瓶颈，那么可以考虑并行化接收数据。通过创建多个输入 DStream，并配置它们接收数据源不同的分区数据，可以达到接收多个数据流的效果。例如，一个接收两个主题的输入 DStream，可以被拆分为两个输入 DStream，每个 DStream 分别接收一个主题的数据，实现并行接收数据，提升接收数据的吞吐量。多个 DStream 可以使用 union 算子进行聚合，从而形成一个 DStream，代码如图 10-18 所示。

```
//获取Kafka数据
JavaInputDStream<ConsumerRecord<String, String>> lines1 =
              KafkaUtils.createDirectStream(
                      jssc,
                LocationStrategies.PreferConsistent(),
                ConsumerStrategies.<String, String>Subscribe(topicss, kafkaParams1)
              );
JavaInputDStream<ConsumerRecord<String, String>> lines2 =
          KafkaUtils.createDirectStream(
                  jssc,
            LocationStrategies.PreferConsistent(),
            ConsumerStrategies.<String, String>Subscribe(topicss, kafkaParams2)
          );
lines1.union(lines2);
```

图 10-18　DStream 聚合代码

4. 使用 Kryo 序列化

使用 Kryo 框架。Kryo 序列化的数据在传输速度和占用空间方面与 Java serialization

相比有显著提高。

```
//创建两个本地工作线程，本地模式运行
SparkConf sc = new SparkConf().setAppName("SparkStreamCount")
    .setMaster("local[2]")
    //使用 Kryo 序列化库
    .set("spark.serializer","org.apache.spark.serializer.KryoSerializer");
```

5. 缓存经常使用的数据

通常同一 DStream 在遇到多个 Action 操作时会对同一个算子进行重复调用，从而使效率降低，如：

```
JavaDStream<String> count = line1.map(new Function<ConsumerRecord<String,
String>, String>){
    private static final long serialVersionUID = 1L;
    public String call(ConsumerRecord<String, String t> throws Exception{
        return t.value();
    }
)};
JavaDStream<String> words = count.flatMap(x -> Arrays.asList(x.split(" "))).
        Iterator());
lines1.count().print();
words.count().print();
```

上述代码中的 lines1 连续被 count()函数操作，此时会连续计算两次 lines1，可以使用 persist()方法进行优化：

```
JavaDStream<String> count = line1.map(new Function<ConsumerRecord<String, String>,
String>){
    private static final long serialVersionUID = 1L;
    public String call(ConsumerRecord<String, String t> throws Exception{
    return t.value();
}
)};
lines1.persist(StorageLevel.MEMORY_AND_DISK_SER());
JavaDStream<String> words = count.flatMap(x -> Arrays.asList(x.split(" "))).
        Iterator());
lines1.count().print();
words.count().print();
```

使用 persist()方法后，每次调用都不会对 lines1 进行重复计算。在默认情况下，性能对 lines1 最高的是 MEMORY_ONLY。当内存不够时，可采用 MEMORY_ONLY_SER 级别。当以上两个级别都无法满足时，可以采用 MEMORY_AND_DISK_SER 级别。上述三个级别基本可满足日常需求。

6. 尽可能复用同一个 RDD

要避免在开发过程中对一份完全相同的数据创建多个 RDD。在同时对不同的数据执行算子操作时，要尽可能地复用一个 RDD，减少 RDD 的数量，以减少算子执行的次数。

7. 尽量避免使用 Shuffle 类算子

要尽量避免使用 Shuffle 类算子。因为在 Spark Job 运行过程中，最消耗性能的地方就是 Shuffle 过程。

在 Shuffle 过程中，各个节点上的相同 key 都会先写入本地磁盘文件中，然后其他节点需要通过网络传输拉取各个节点上的磁盘文件中的相同 key。在将相同 key 都拉到同一个节点进行聚合操作时，可能会因为一个节点上处理的 key 过多，造成内存不足，进而将数据写到磁盘文件中。因此在 Shuffle 过程中，可能会发生大量磁盘文件读写的 I/O 操作，以及数据的网络传输操作。磁盘 I/O 和网络数据传输也是 Shuffle 性能较差的主要原因。

因此在开发过程中，应尽可能避免使用 reduceByKey、join、distinct、repartition 等 Shuffle 类算子，尽量使用 Map 类的非 Shuffle 算子。

8. 广播大变量

将大变量广播出去，而不是直接使用。在默认情况下，广播变量 Broadcast 在算子函数中使用到外部变量时，Spark 会复制多个该变量的副本，通过网络传输到 Task 中，此时每个 Task 都有一个变量副本。如果变量本身比较大（如 100MB，甚至 1GB），那么大量的变量副本在网络中传输的性能开销，以及在各个节点的 Executor 中占用过多内存导致的频繁 GC 将极大地影响性能。

因此对于上述情况，如果使用的外部变量比较大，建议使用 Spark 的广播功能对该变量进行广播。广播后的变量会保证每个 Executor 的内存中只驻留一份变量副本，而 Executor 中的 Task 在执行时共享该 Executor 中的变量副本，从而大大减少变量副本的数量，降低网络传输的性能开销，并降低对 Executor 内存的占用开销，降低 GC 频率。

第 11 章 数据同步收集

在大数据系统中，往往无法直接对在线系统中的数据进行检索和计算。在线系统所使用的关系数据库、缓存数据库存储数据的方式不同，很多存储系统并不适合进行分析型查询，若直接通过在线系统进行分析查询，会影响在线业务的稳定性。本章将对与大数据同步相关的知识进行相关介绍。

11.1 从关系数据库同步数据到 HDFS

大数据业务常将线上业务数据同步到 HDFS 中。一般情况下，不能直接对线上业务数据进行各种运算分析，同时大数据业务获取的数据来源通常比较广泛，不能影响线上的业务运行，考虑到数据的边界及数据隔离，需要用到数据同步收集，即数据抽取（ETL）。

数据同步示意图如图 11-1 所示。

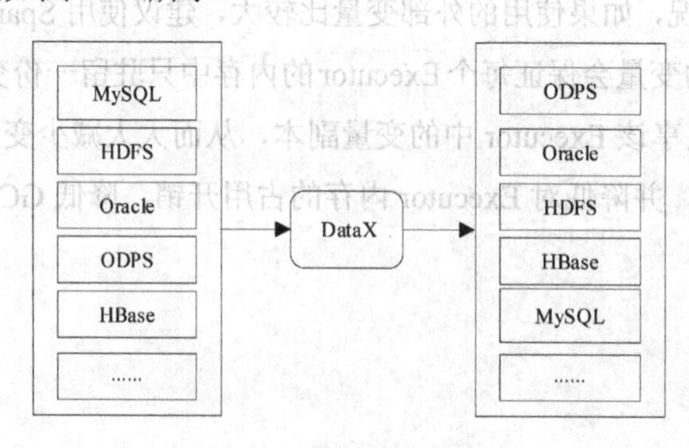

图 11-1 数据同步示意图

常见的数据源可以划分为如下几类。

- 关系型数据类：MySQL、Oracle、SQL Server、PostgreSQL 等。
- 文件类：日志 log、csv、Excel 等文件。
- 消息队列类：如 Kafka 和各种 MQ 等。
- 大数据相关组件：如 HDFS、Hive、HBase、ES 等。
- 网络接口或服务类：如 FTP、HTTP、Socket 等。

常用的传统关系数据库到 HDFS 的数据同步工具有三种：Sqoop（Apache）、DataX（阿里云开源的离线同步工具）、Kettle。

在数据同步过程中，需要关注以下几方面：

- 运行多次或故障时，要保证 HDFS 中的数据结果一致。
- 数据读写速度与效率。
- 是否需要水平扩展，并行数量是否合理，资源占用是否合理。
- 监控运行操作以确保其成功并达到预期结果。

11.1.1 Sqoop

Sqoop 是 Apache 旗下一款用于 Hadoop 和关系数据库服务器之间传送数据的工具。Sqoop 从一开始就完全定位于大数据平台的数据采集业务，整体框架以 Hadoop 为核心，任务的分布执行基本都是通过 MapReduce 任务来实现的。数据同步工作是以任务的方式提交给服务器执行，以服务的形式对外提供业务支持的。

Sqoop 的核心功能有如下两个。

- 导入数据：从关系数据库导入数据到 Hadoop 的 HDFS、Hive、HBase 等数据存储系统。
- 导出数据：从 Hadoop 的文件系统中将数据导出到关系数据库。

Sqoop 架构如图 11-2 所示。

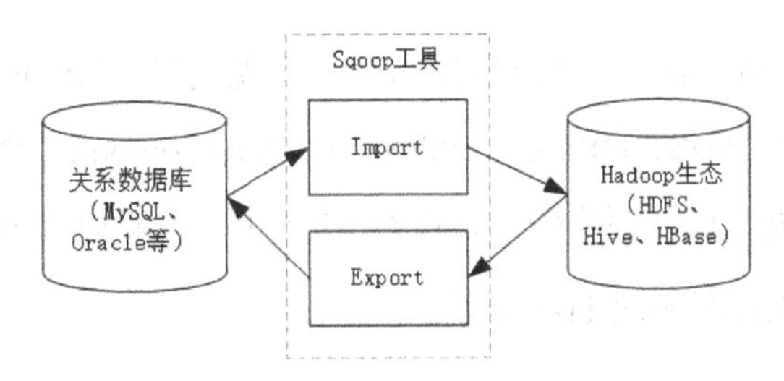

图 11-2 Sqoop 架构

使用 Sqoop 进行数据同步的大致流程如下。

（1）读取要导入数据的表结构，生成运行类，默认是 QueryResult，打包成 jar 文件，然后提交给 Hadoop。

（2）设置 Job 各参数。

（3）执行 Import 命令（由 Hadoop 执行 MapReduce 任务）：

① 首先对数据进行切分，即 DataSplit。

② 写入切分范围，以便读取数据。

③ 创建 RecordReader 从数据库中读取数据，创建 Map。

④ RecordReader 从关系数据库中一行一行地读取数据，设置 Map 的 key 和 value，交给 Map。

⑤ 运行 Map，Sqoop 验证数据同步效果有三个基本接口，通过导入、导出数据结果的行数进行验证，具体如下。

- ValidationThreshold：确定源和目标之间的误差容限是否可以接受绝对值、百分比容差等。默认实现为 AbsoluteValidationThreshold，可确保源和目标的行计数相同。
- ValidationFailureHandler：负责处理故障，记录错误、警告、终止等。默认实现是 LogOnFailureHandler，表示向配置的记录器记录一条警告消息。
- Validator：通过将决策委托给 ValidationThreshold 并将故障处理委托给 ValidationFailureHandler 来驱动验证逻辑。默认实现是 RowCountValidator，用于验证源和目标的行计数。

11.1.2 DataX

DataX 是阿里广泛使用的离线数据同步工具，实现包括 MySQL、Oracle、SQL Server、Postgre、HDFS、Hive、ADS、HBase、TableStore、MaxCompute、DRDS 等异构数据源之间高效的数据同步功能。已开源代码托管在 GitHub 上，最新版本为 DataX 3.0。

DataX 数据处理流程图如图 11-3 所示。

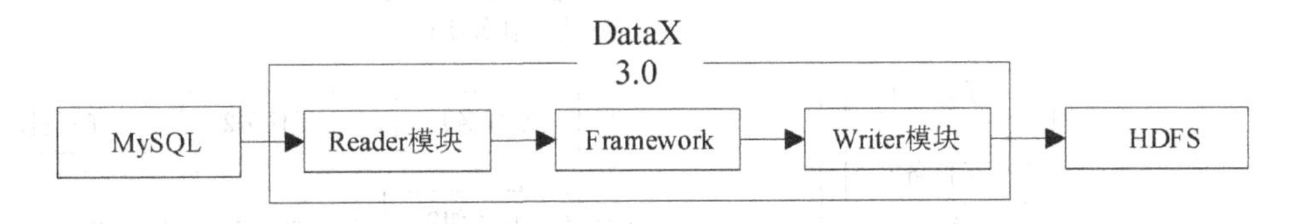

图 11-3　DataX 数据处理流程图

DataX 作为离线数据同步框架，采用 Framework + plugin 架构构建。将数据源读取和写入抽象为 Reader/Writer 模块，纳入整个同步框架中。

- Reader 模块：数据采集模块，负责采集数据源中的数据，并将数据发送给 Framework。
- Writer 模块：数据写入模块，负责不断从 Framework 获取数据，并将数据写入目的端。
- Framework：用于连接 Reader 模块和 Writer 模块，作为两者的数据传输通道，处理缓存、流控、并发、数据转换等核心技术问题。

DataX 3.0 核心架构如图 11-4 所示，其中核心模块如下。

（1）DataX 接收一个作业之后，将启动一个进程来完成整个同步过程。DataX Job 模块是单个作业的中枢管理节点，承担了清理数据、切分子任务（将单一作业计算转化为多个子任务）、管理任务组等功能。

（2）DataX Job 启动后，会根据不同的源端切分策略，将作业切分成多个子任务，以并发执行。子任务是作业的最小单元，每一个子任务都会负责一部分数据同步工作。

（3）完成子任务切分之后，DataX Job 会调用 Scheduler 模块，根据配置的并发数据量，将拆分得到的子任务重新组合，组装成任务组（TaskGroup）。每个任务组负责以一定的并发运行分配好的所有子任务，默认单个任务组的并发数量为 5。

（4）每一个子任务都由任务组启动，子任务启动后，会固定启动 Reader→Channel→Writer 线程，以完成同步工作。

（5）DataX Job 运行起来之后，监控并等待多个任务组模块完成任务，待所有任务组任务完成后，DataX Job 成功退出。否则，DataX Job 异常退出，进程退出值非 0。

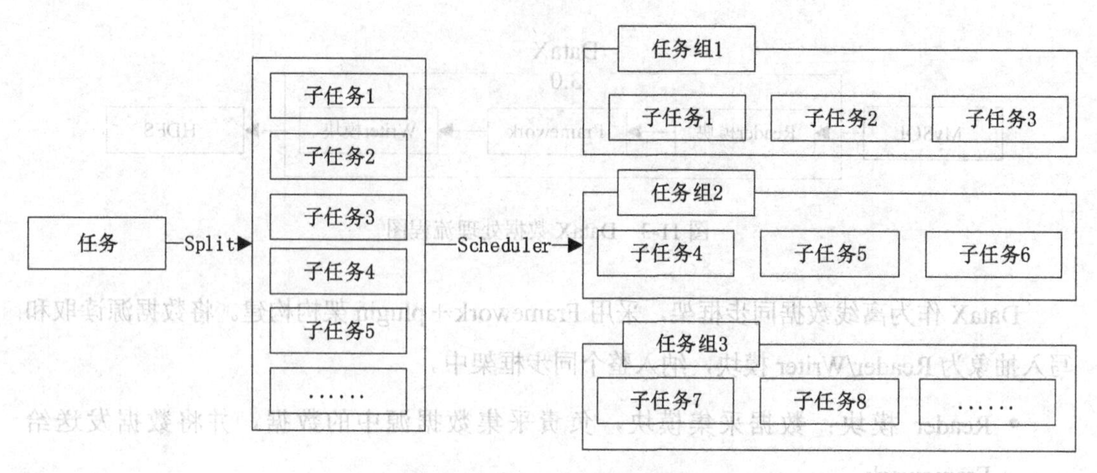

图 11-4 DataX 3.0 核心架构

11.2 Sqoop 的使用

11.2.1 安装

Sqoop 作为一个二进制包发布，包含两个独立的部分：服务端和客户端。

服务端：在集群中的单个节点上需要安装服务端。此节点将用作所有 Sqoop 客户端的入口点。

客户端：客户端可以安装在任意数量的计算机上。

服务端安装过程如下：

- 将 Sqoop 工具复制到要运行 Sqoop 服务端的计算机。Sqoop 服务端充当 Hadoop 客户端，因此此节点必须提供 Hadoop 库（YARN、MapReduce 和 HDFS jar 文件）和配置文件（core-site.xml、mapreduce-site.xml 等）。不需要运行任何 Hadoop 相关服务，在节点上运行服务端是完全正常的。应该能够使用如下命令列出 HDFS：

```
hadoop dfs -ls
```

- Sqoop 目前支持 Hadoop 2.6.0 或更高版本。要安装 Sqoop 服务端，应解压缩 tarball（在选择的位置）并将新创建的 folder 设置为工作目录，命令如下：

```
#解压缩 Sqoop 发行版 tarball
tar -xvf sqoop- <version> -bin-hadoop <hadoop-version> .tar.gz
#将解压缩的内容移动到某个位置
mv sqoop- <version> -bin-hadoop <hadoop version> .tar.gz / usr / lib / sqoop
#进入 sqoop 的安装目录
cd / usr / lib / sqoop
```

如果找不到 Hadoop 库，Sqoop 服务端将无法启动，所以要确保已安装 Hadoop。如果设置了环境变量$ HADOOP_HOME，那么 Sqoop 将默认检索的位置为：$ HADOOP_HOME / share / hadoop / common、$ HADOOP_HOME / share / hadoop / hdfs、$ HADOOP_HOME / share / hadoop / mapreduce 和$ HADOOP_HOME / share / hadoop / yarn。

配置环境变量命令：

```
#设置环境变量
vim ~/.bash_profile
#添加 Sqoop 变量
export SQOOP_HOME=/home/hadoop/app/sqoop-<version>
export PATH=$SQOOP_HOME/bin:$PATH
#生效
source ~/.bash_profile
```

检测环境变量：

```
$SQOOP_HOME
```

编辑 sqoop-env.sh 文件，配置 Hadoop、Hive 环境，具体操作如下。

先复制 sqoop-env.sh 文件：

```
cp sqoop-env-template.sh sqoop-env.sh
```

再配置 Hadoop 环境：

```
export HADOOP_COMMON_HOME=/home/hadoop/app/hadoop-<version>
```

再配置 MapReduce 环境：

```
export HADOOP_MAPRED_HOME=/home/hadoop/app/hadoop-<version>
```

再配置 Hive 环境：

```
export HIVE_HOME=/home/hadoop/app/hive-<version>
```

11.2.2　MySQL 环境驱动配置

将 MySQL 的驱动复制到$SQOOP_HOME/lib 目录下，并将 Java 解析 JSON 的依赖包导入 lib，命令如下：

```
cp mysql-connector-java-<version>-bin.jar  $SQOOP_HOME/lib/
cp java-json.jar $SQOOP_HOME/lib/
```

测试是否能运行，具体命令如下：

```
#查看 Sqoop 有哪些命令
sqoop help
```

```
#查看版本
sqoop version

#查看不懂的命令
sqoop help xxx
```

11.2.3 导入数据

利用 Sqoop 导入数据的方法如下。

（1）使用 list-databases 命令列出所有可用的数据库：

```
sqoop list-databases \
--connect jdbc:mysql://host:port \
--username root \
--password root
```

（2）若需要将 testTable 中的数据导入 Hive，则应创建一张与 MySQL 中的 testTable 表一样的 Hive 表：

```
sqoop create-hive-table \
--connect jdbc:mysql://host:port /mysql \
--username root \
--password root \
--table testTable \
--hive-table hk
```

（3）将数据从关系数据库导入 HDFS 中的语法格式为：

```
sqoop import (generic-args) (import-args)
```

常用参数如下：

- --connect <jdbc-uri> jdbc：链接地址。
- --connection-manager <class-name>：链接管理者。
- --driver <class-name>：驱动类。
- --hadoop-mapred-home <dir> $HADOOP_MAPRED_HOME：Hadoop 根路径。
- --help：help 信息。
- -P：从命令行输入密码。
- --password <password>：密码。
- --username <username>：账号。
- --verbose：打印流程信息。
- --connection-param-file <filename>：可选参数。

导入 MySQL 中的 testTable 中的数据到 HDFS 上的示例如下：

```
sqoop import  \
--connect jdbc:mysql://host:port/mysql  \
--username root  \
--password root  \
--table testTable  \
-m 1
```

可以使用 Hadoop 的 Shell 命令进行查看：

```
hadoop fs -cat /user/hadoop/ testTable/part-m-00000
```

（4）导入指定路径及使用指定分隔符：

```
sqoop import  \
--connect jdbc:mysql://host:port/mysql  \
--username root  \
--password root  \
--table testTable  \
--target-dir /user/hadoop11/my_ testable  \
--fields-terminated-by '\t'  \
-m 2
```

其中，target-dir 参数用来指定路径；fields-terminated-by 参数用来指定分隔符。

（5）导入数据。带 where 条件导出指定列，命令如下：

```
sqoop import  \
--connect jdbc:mysql://host:port/mysql  \
--username root  \
--password root  \
--columns "name" \
--where "name='STRING' " \
--table testable  \
--target-dir  /sqoop/hadoop11/ my_ testable  \
-m 1
```

其中，where 参数用来指定过滤条件；columns 参数用来指定列名。

（6）导入数据。指定自定义查询 SQL 的示例如下：

```
sqoop import  \
--connect jdbc:mysql://host:port /  \
--username root  \
--password root  \
--target-dir /user/hadoop/myimport_1  \
--query 'select help_keyword_id,name from mysql.testable where $CONDITIONS
and name = "STRING"' \
```

```
--split-by   id \
--fields-terminated-by '\t'   \
-m 4
```

自定义的 SQL 中必须带有 where $CONDITIONS。

（7）把 MySQL 数据库中的 testTable 导入 Hive。

Sqoop 将关系数据导入 Hive 的过程是先将数据导入 HDFS，然后将数据加载进 Hive。

a．普通导入。

数据存储在默认的 default Hive 库中，表名就是对应的 MySQL 的表名。

简单导入示例如下：

```
sqoop import   \
--connect jdbc:mysql://host:port /mysql   \
--username root   \
--password root   \
--table testable   \
--hive-import \
-m 1
```

导入过程如下：

① 将 mysql.testable 中的数据导入 HDFS 的默认路径。

② 自动仿照 mysql.help_keyword 创建一张 Hive 表，将该表创建在 default Hive 库中。

③ 把临时目录中的数据导入 Hive 表中。

b. 指定参数分隔符和列分隔符，指定 hive-import，指定覆盖导入，指定自动创建 Hive 表，指定表名，指定删除中间结果数据目录。

示例如下：

```
# 通过 Hive Shell 命令创建表
create database mydb_test;
# 执行 Sqoop 命令
sqoop import \
--connect jdbc:mysql://host:port/mysql  \
--username root   \
--password root   \
--table testable \
--fields-terminated-by "\t"        \
--lines-terminated-by "\n"     \
--hive-import\
--hive-overwrite \
```

```
--create-hive-table  \
--delete-target-dir \
--hive-database  mydb_test \
--hive-table new_table_test
```

通过 Hive 查询表中数据，验证数据导入是否成功，示例如下：

```
select * from new_table_test limit 10;
```

c．增量导入。

执行增量导入前要先清空 Hive 数据库中 new_table_test 表中的数据。

执行 Hive Shell 命令：

```
truncate table new_table_test;
```

执行 Sqoop 命令：

```
sqoop import   \
--connect jdbc:mysql://host:port/mysql   \
--username root   \
--password root   \
--table new_table_test    \
--target-dir /user/hadoop/myimport_add    \
--incremental append      \
--check-column    id \
--last-value 500 \
-m 1
```

主要参数如下。

- check-column：用来指定一些 column（列），这些列在增量导入时用来检查这些数据是否作为增量数据导入，和关系数据库中的自增字段及时间戳类似。注意，这些被指定的列的类型不能是任意字符类型，char、varchar 等类型都是不可以的。--check-column 可以指定多个列。
- incremental：用来指定 Sqoop 如何选定新行，有 append、lastmodified 两种模式。append 指定一个递增的列，如--incremental append--check-column num_iid--last-value 0。lastmodified 可以根据时间戳指定列。--incremental lastmodified--check-column created--last-value '2019-02-01 11:00:00'，表示只导入 created 比 2019-02-01 11:00:00 更大的数据。
- last-value：指定上一次导入中检查列指定字段最大值。

d．将数据从 Hive 导出到 MySQL。

命令如下：

```
sqoop export \
--connect jdbc:mysql://host:port/mysql \
--username root \
--password root \
--table new_table_test \
--export-dir /user/hadoop/exportNew \      #导出 Hive 表数据存储路径
--input-fields-terminated-by '\t' \        #分隔符
```

把 MySQL 数据库中的表数据导入 HBase。先创建 HBase 中的表。

执行 HBase Shell 命令：

```
create 'new_table_test', 'info';
```

执行 Sqoop 命令：

```
sqoop import \
--connect jdbc:mysql://host:port/mysql \
--username root \
--password root \
--table table_test \
--hbase-table new_table_test \
--column-family person \
--hbase-row-key  id
```

11.3 数据清洗

无论进行大数据分析还是进行机器学习，都需要先对数据进行清洗。实际上我们获得的数据可能包含大量的缺失值，可能包含大量的噪声，也可能因为人工录入错误存在异常点，这对挖掘有效信息造成了一定困扰，所以需要通过一些方法尽量提高数据的质量。数据清洗一般包括：分析数据、缺失值处理、异常值处理、去重处理、噪声处理等。

1. 分析数据

在实际项目中，在确定需求后就会去寻找相应的数据，获得数据后，先对数据进行描述性统计分析，了解数据的基本情况，查看哪些数据是不合理的。例如，销售额数据可以通过分析不同商品的销售总额、人均消费额、人均消费次数及同一商品在不同时间段的消费额和消费频次等，了解数据的基本情况。此外，还可以通过作图了解数据的质量，如有无异常数据、有无噪声等。举例如下（这里数据较少，直接用 R 作图）：

```
#一组年薪超过 10 万元的人员的收入
pay=c(11,19,14,22,14,28,13,81,12,43,11,16,31,16,23,42,22,26,17,22,13,27,180,
16,43,82,14,11,51,76,28,66,29,14,14,65,37,16,37,35,39,27,14,17,13,38,28,40,85,3
2,25,26,16,12,54,40,18,27,16,14,33,29,77,50,19,34)
par(mfrow=c(2,2))              #将绘图窗口改成 2×2 的可同时显示四幅图的形式
hist(pay)                      #绘制直方图
dotchart(pay)                  #绘制点图
barplot(pay,horizontal=T)      #绘制箱形图
qqnorm(pay);qqline(pay)        #绘制 Q-Q 图
```

从图 11-5 所示的四幅图中可以很清楚地看出 180 是异常值，即需要清理第 23 个数据。

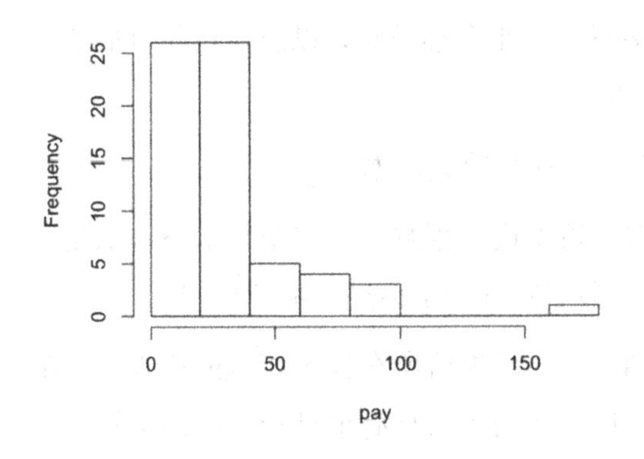

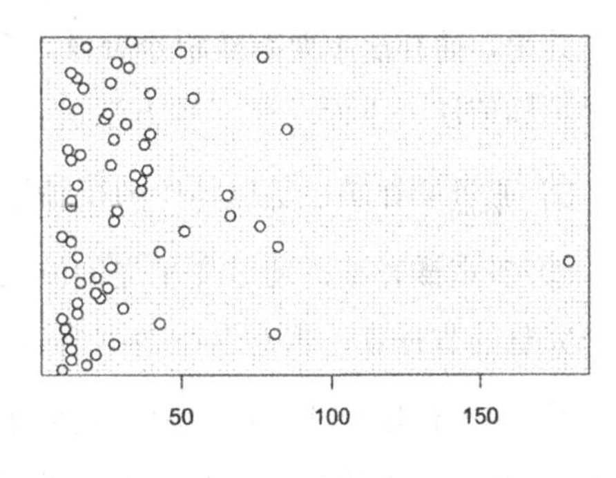

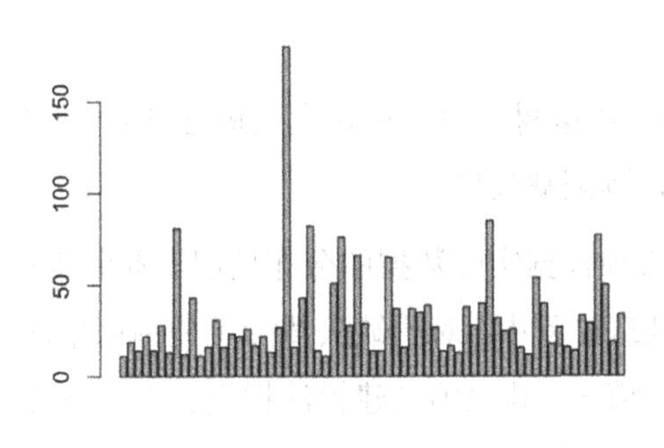

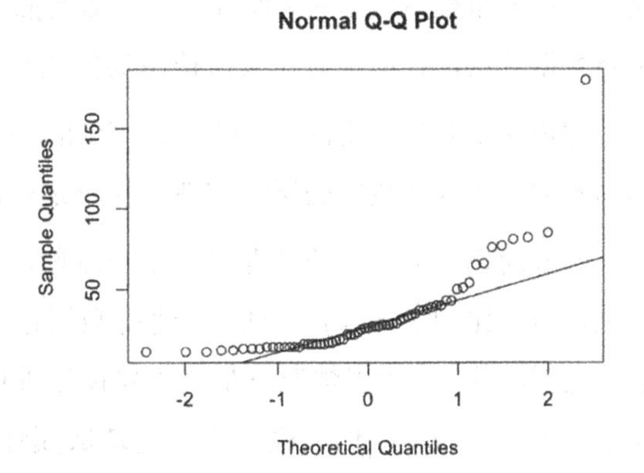

图 11-5　输出图表

2．缺失值处理

数据集中的缺失值可以直接通过一些数据分析工具获取。大多数数据集存在缺失值，因此对于缺失值处理得好坏会直接影响模型的最终结果。主要依据缺失值所在属性的重要程度及缺失值的分布情况选择缺失值处理方法。

（1）在缺失率少且属性重要程度低的情况下，若缺失值属性为数值型数据，则根据数据分布情况进行简单填充即可。若数据分布均匀，则使用均值对数据进行填充；若数据分布倾斜，则使用中位数对数据进行填充。若缺失值属性为类别属性，则可以用全局常量Unknown进行填充，但是这样做的效果很差，因为算法可能会将其识别为一个全新的类别，所以很少使用。

（2）当数据缺失率高（>95%）且属性重要程度低时，直接删除该属性即可。

（3）当数据缺失率高且属性重要程度较高时，若直接删除该属性将会对算法的结果造成很不好的影响。

针对这种情况的处理方法有插补法与建模法。

其中，插补法主要有随机插补法、多重插补法、热平台插补法，以及拉格朗日插值法与牛顿插值法，下面对前三种方法进行简单介绍。

① 随机插补法：从总体中随机抽取某几个样本代替缺失样本。

② 多重插补法：通过变量之间的关系对缺失数据进行预测，利用蒙特卡洛方法生成多个完整的数据集，再对这些数据集进行分析，最后对分析结果进行汇总处理。

③ 热平台插补法：在非缺失数据集中找到一个与缺失值所在样本相似的样本（匹配样本），利用其中的观测值对缺失值进行插补。该方法的优点是简单易行，准确率较高；缺点是在变量数量较多时，很难找到与需要插补样本完全相同的样本，但可以按照某些变量将数据分层，在层中对缺失值使用均值插补。

建模法主要指使用回归、贝叶斯、随机森林、决策树等模型对缺失值进行预测。例如，利用数据集中其他数据的属性构造一棵判定树，预测缺失值。

一般而言，缺失值的处理没有统一流程，必须根据实际数据的分布情况、倾斜程度、缺失值所占比例等来选择方法。在进行数据预处理过程中，对于缺失值除了使用简单的方法填充或删除，在更多情况下是采用建模法进行填充，其原因是建模法根据已有值预测未知值，准确率较高。但建模法也可能造成属性之间的相关性变大，可能影响最终模型的训练。

3. 异常值处理

判断异常值除了可视化分析（一般是箱形图），还有很多基于统计背景的方法。可视化分析不适用于数据量较多的场景。

简单的统计分析只需要利用pandas的describe()方法就可以实现通过数据集描述性统计判断是否存在不合理的值，即异常值。判断异常值的方式有如下几种。

（1）3∂原则，即基于正态分布的异常值检测：如果数据服从正态分布，那么在 3∂原则下，异常值为一组测定值中与平均值的偏差大于三倍标准差的值。如果数据服从正态分布，那么距离平均值 3∂之外的值出现的概率为 $P(|x-u|>3\partial) \leqslant 0.003$，属于小概率事件。即使数据不服从正态分布，也可以用远离平均值的多少倍标准差来描述。

（2）基于模型的异常值检测：先建立一个数据模型，异常值是那些同模型不能完美拟合的对象。如果模型是簇的集合，那么异常值是不显著属于任何簇的对象。对于回归模型，异常值是相对远离预测值的对象。

（3）基于距离的异常值检测：在对象之间定义临近性度量，异常值是远离其他对象的对象。

该方法的优点是简单易操作；缺点是时间复杂度为 $O(m^2)$，不适用于大数据集场景，参数选择较敏感，不能处理具有不同密度区域的数据集，因为它使用全局阈值，不能考虑这种密度的变化。

（4）基于密度的异常值检测：只有在一个点的局部密度显著低于其大部分近邻时，才将其分类为异常值，适用于数据非均匀分布的场景。

该方法的优点是给出了对象是异常值的定量度量，即使数据具有不同的区域也能够很好地处理；缺点是时间复杂度为 $O(m^2)$，参数选择困难，虽然算法通过观察不同的 k 值取得最大异常值得分来处理该问题，但是仍然需要选择这些值的上下界。

（5）基于聚类的异常值检测：如果该对象不强属于任何簇，则该对象是基于聚类的异常值。如果通过聚类检测异常值，由于异常值影响聚类，则存在结构是否有效的问题。为了处理该问题，可以使用对象聚类→删除异常值→对象再次聚类的方法。

该方法的优点是基于线性和接近线性复杂度（k 均值）的聚类技术来发现异常值；簇的定义通常是异常值的补，因此可能同时发现簇和异常值。该方法的缺点是产生的异常值集和它们的得分可能依赖所用的簇的个数和数据中异常值的存在性；聚类算法产生的簇的质量对该算法产生的异常值的质量影响非常大。

处理异常值的方法主要有以下几种。

（1）删除异常值：明显看出是异常值且数量较少时可以直接将异常值删除。

（2）不处理：若算法对异常值不敏感，则可以不处理；若算法对异常值敏感，则最好不要用这种方法，此时可选用一些算法进行处理，如基于距离计算的 kmeans、KNN 等。

（3）用平均值或中位值替代：损失信息少，简单高效。

（4）视为缺失值：按照处理缺失值的方法来处理。

4. 去重处理

判断重复项的基本思想是“排序与合并”。先将数据集中的记录按一定规则排序，然后通过比较邻近记录是否相似来检测记录是否重复。这里其实包含两个操作：一个操作是排序；另一个操作计算相似度。对重复的样本进行简单的删除处理。

5. 噪声处理

噪声是被测变量的随机误差或者方差，公式为

观测量（Measurement）= 真实数据（True Data） + 噪声（Noise）

异常值是和大部分观测量之间有明显不同的观测值，既有可能是真实数据产生的，也有可能是噪声带来的。噪声包括错误值或偏离期望的孤立点值，但不能说噪声点包含异常值。虽然大部分数据挖掘方法都将异常值视为噪声或异常而丢弃，但是一些应用（如欺诈检测）会针对异常值进行异常值分析或异常挖掘。并且有些点从局部看属于异常值，但从全局看是正常值。

噪声主要通过分箱法和回归法进行处理。

（1）分箱法通过考察数据的“近邻”来光滑有序数据值。这些有序数据值被分布到一些桶或箱中。由于分箱法考察近邻值，因此它可以进行局部光滑。

用箱均值光滑：箱中的每一个值被箱中数据的平均值替换。

用箱中位数平滑：箱中的每一个值被箱中数据的中位数替换。

用箱边界平滑：箱中的最大值和最小值被视为边界，箱中的每一个值被最近的边界值替换。

一般而言，箱宽度越大，光滑效果越明显。箱可以是等宽的，其中每个箱值的区间范围是常量。分箱法也可以作为一种离散化技术使用。

（2）回归法用一个函数拟合数据来光滑数据。线性回归涉及找出拟合两个属性（或变量）的“最佳”直线，因此能够通过一个属性预测另一个属性。多线性回归是线性回归的扩展，涉及属性多于两个，数据被拟合到一个多维面。利用回归法找出适合数据的数学方程式，能够帮助消除噪声。

第 12 章　任务调度系统设计

在实际的项目中，除了业务的基本功能，很多时候都会面临数据需要在特定时刻处理的场景。对数据和时刻进行细分，会发现不同的模块对数据的需求千差万别，这些数据在需求之前必须执行出结果。但是限于数据的获取时间点及业务要求对于实时性的忍耐度，假如让运维人员手动处理这些任务，系统小了还可以实现，当业务链要求每 30 分钟对数据进行一次统计汇总并将结果发往控制台时，一个人是无法完成的。若十几个业务模块有几百个中间数据任务需要每天在不同时刻执行，那么将无法通过手动处理实现。这时如果有个应用能够让计算机自动地执行任务，那么将节省运维时间，减少企业开支。

业界很早之前就有了这种需求，并对此有了相对完善的解决方案，即任务调度系统。任务调度系统可解决特定时刻之前的数据准备工作。

12.1　初识任务调度

有一个需求，即让系统每隔一小时向用户问好一次，该怎么做？

问好可以通过写一个 Java 类，在 main 函数里写上 System.out.println(“你好，程序员！”)来实现。若项目运行环境是 Linux 或者 UNIX，则可以使用 Shell 脚本或者 Linux 命令 echo “你好，程序员！”。这是基本的准备工作，属于业务准备，准备好后才能考虑任务调度怎么进行，这属于基本研发能力。

下一步该如何做呢？通过查资料可以发现 Linux 中有一个命令——crond。

crond 是 GNU/Linux 提供的用来周期性循环执行命令或脚本的守护进程，也可以看作一种服务，在 Linux 环境下默认是开机启动的。可以通过 systemctl status crond 命令查看 crond 服务状态，如图 12-1 所示。

```
root@server41 soft]# systemctl status crond
 crond.service - Command Scheduler
   Loaded: loaded (/usr/lib/systemd/system/crond.service; enable
 vendor preset: enabled)
   Active: active (running) since 四 2018-09-06 17:24:15 CST; 4
nths 2 days ago
 Main PID: 15523 (crond)
   CGroup: /system.slice/crond.service
           └─15523 /usr/sbin/crond -n

月 06 17:24:15 server41 systemd[1]: Started Command Scheduler.
月 06 17:24:15 server41 systemd[1]: Starting Command Schedul..
月 06 17:24:15 server41 crond[15523]: (CRON) INFO (RANDOM_DE..
月 06 17:24:15 server41 crond[15523]: (CRON) INFO (running w..
月 06 17:24:15 server41 crond[15523]: (CRON) INFO (@reboot j..
Hint: Some lines were ellipsized, use -l to show in full.
```

图 12-1　查看 crond 服务状态

通过 crontab -e 命令可以进入 crontab 的任务调度部署配置列表。对于上文所述需求，可将问候语输出到一个目录下来进行查看（一般应用于日志，当执行任务出问题时，需要查看日志排错）。通过 crontab -e 命令进入的是一个 Shell 文本。先设置一分钟问候一次，以便测试：

```
*/1 * * * * echo "你好，程序员！">> /root/soft/lyj/hello.txt
```

将输出每隔一分钟写入文件中，这里使用的是 Linux 命令，在真正生产环境中使用最多的是脚本，如 Shell 脚本、SQL 脚本等，即便使用的是命令，命令往往也被封装在脚本里，这样做方便维护。

一段时间后，查看输出结果，如图 12-2 所示。

```
root@server41 lyj]# less hello.txt
你好，程序员！
你好，程序员！
你好，程序员！
你好，程序员！
你好，程序员！
hello.txt (END)
```

图 12-2　输出结果

但是，上文的需求是一小时问候一次，因此需要进行修改。实际上，真正的运行批任务涉及的需求不太直接，代码、函数、数据处理等都可以简化在一个 Shell 文件中。

编写 Shell 文件，如图 12-3 所示。

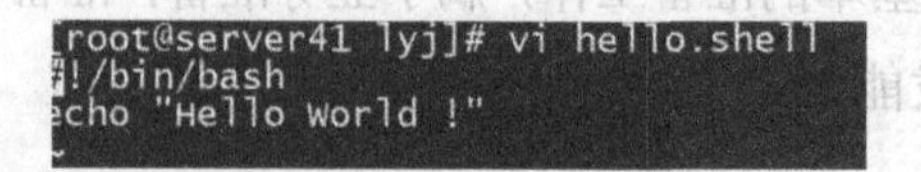

图 12-3　编写 Shell 文件

配置 crontab：定义 crontab 定时任务，如图 12-4 所示。

```
[root@server41 lyj]# crontab -e
*/1 * * * * sh /root/soft/lyj/hello.sh>> /root/soft/lyj/hello.txt
~
```

图 12-4 定义 crontab 定时任务

查看输出结果，如图 12-5 所示。

图 12-5 输出结果

时间设定是任务调度的重点，相关内容在/etc/crontab 中进行说明定义，如图 12-6 所示。

```
[root@server41 lyj]# cat /etc/crontab
SHELL=/bin/bash
PATH=/sbin:/bin:/usr/sbin:/usr/bin
MAILTO=root

# For details see man 4 crontabs

# Example of job definition:
# .---------------- minute (0 - 59)
# |  .------------- hour (0 - 23)
# |  |  .---------- day of month (1 - 31)
# |  |  |  .------- month (1 - 12) OR jan,feb,mar,apr ...
# |  |  |  |  .---- day of week (0 - 6) (Sunday=0 or 7) OR sun,mo
n,tue,wed,thu,fri,sat
# |  |  |  |  |
# *  *  *  *  * user-name  command to be executed
```

图 12-6 crontab 的说明定义

由图 12-6 可以发现制定的规则——在执行命令之前有五个*。

第一个*代表分钟（minute），可选数值为 0～59。

第二个*代表小时（hour），可选值为 0～23。

第三个*代表每月的第几天（day of month），可选值为 1～31。

第四个*代表月份（month），12 个月可以用 1～12 来表示，也可以使用英文缩写来表示。

第五个*代表每周的周几（day of week），可选项有两种表示法，一种是数字表示法，周日用 0 或 7 表示，周一用 1 表示，周二用 2 表示，以此类推，周六用 6 表示；还有一种是英文缩写表示法，周日为 sun，周一为 mon，周二为 tue，周三为 wed，周四为 thu，周五为 fri，周六为 sat。

定时时间配置示例如下：

```
* * * * * shell command         #过一分钟执行一次脚本
01 * * * * shell command         #在每个小时的 01 分钟执行脚本
#在每个小时的 1 分钟、3 分钟、5 分钟、6 分钟、7 分钟执行脚本
1,3,5,6,7 * * * * shell command
00 9 * * * shell command         #每天 9:00 执行一次脚本
3,15 8-11 * * * shell command #每天 8:00——11:00 在第 3 分钟和第 15 分钟分别执行一次脚本
7 13,15 */2 * * shell command #每两天在 13 点 07 分和 15 点 07 分分别执行一次脚本
#每周一的上午 8:00——11:00 分别在第 3 分钟和第 15 分钟时执行一次脚本
3,15 8-11 * * 1 shell command
10 10 5,10,15 * * shell command     #每个月的 5 号、10 号、15 号分别在 10:10 执行一次脚本
* */1 * * * shell command           #每一小时执行一次脚本
* 23-8/1 * * * shell command        #23 点至次日早上 8 点每小时执行一次脚本
```

只需要将上文的代码改一下时间就可以实现每一小时执行一次脚本：

```
* */1 * * * echo "你好，程序员！">> /root/soft/lyj/hello.txt
```

简单的任务、单行的需求任务使用 crontab 即可完成，但是很多情况下会出现并行任务，并且任务之间存在依赖关系，如果再考虑对任务的监控、运行批处理的过程、线程池的维护等，利用 crontab 也能实现，但要做好需要下一番功夫。

12.2 几种相对成熟的 Java 调度系统选择

Linux 提供了定时任务，需要分离出项目执行脚本的方式是可取的，但不是最佳的。很多时候，希望做的项目对外界的依赖越少越好（耦合度越小，依赖越少，安全系数越高），如果项目能自己启动一个定时器管理这些任务就好了。Java 语言作为目前所有语言中生态体系最全的语言，很早以前就涉及了这个领域，从基本的类与接口的支持方案，到框架的支持，再到开源项目的支持，本节将进行详细介绍。

12.2.1 Timer 和 TimerTask

JDK 1.3 提供了一个类 java.util.Timer 和一个抽象类 java.util.TimerTask，代码可以通过调用 schedule()方法执行业务程序。具体分两种情况：一种是指定时间和时间间隔，一种是指定启动后经过多久开始第一次执行业务程序和执行的时间间隔，当设定的时间小于当前时间时立即执行业务程序。

启动 1 秒后执行任务调度，示例代码如图 12-7 所示。

```
Timer t=new Timer();
t.schedule(new TimerTask() {
    SimpleDateFormat sdf=new SimpleDateFormat("yyyy-MM-dd HH:mm:ss");
    public void run() {
        System.out.println("这里调用程序接口==>"+sdf.format(new Date()));
    }

}, 1000, 5000L);
```

图 12-7　示例代码（一）

指定第一次启动时间（2019-01-09 13:35:00），之后间隔 5 秒执行一次任务调度，示例代码如图 12-8 所示。

```
t.schedule(new TimerTask() {
    SimpleDateFormat sdf=new SimpleDateFormat("yyyy-MM-dd HH:mm:ss");

    @Override
    public void run() {
        System.err.println("这里调用程序接口==>"+sdf.format(new Date()));
    }

}, new SimpleDateFormat("yyyy-MM-dd HH:mm:ss").parse("2019-01-09 13:35:00"), 5000L);
```

图 12-8　代码示例（二）

输出结果如图 12-9 所示。

```
这里调用程序接口==>2019-01-09 13:34:40
这里调用程序接口==>2019-01-09 13:34:45
这里调用程序接口==>2019-01-09 13:34:50
这里调用程序接口==>2019-01-09 13:34:55
这里调用程序接口==>2019-01-09 13:35:00
这里调用程序接口==>2019-01-09 13:35:00
这里调用程序接口==>2019-01-09 13:35:05
这里调用程序接口==>2019-01-09 13:35:05
这里调用程序接口==>2019-01-09 13:35:10
这里调用程序接口==>2019-01-09 13:35:10
```

图 12-9　输出结果

Timer 是基于绝对时间的，对系统时间改变很敏感，而且内部并不会捕获异常，直接向外抛异常，若处理不合理，则任务将会失败。

修改图 12-8 所示代码为图 12-10 所示代码。

```
t.schedule(new TimerTask() {
    SimpleDateFormat sdf=new SimpleDateFormat("yyyy-MM-dd HH:mm:ss");
    int i=0;
    @Override
    public void run() {
        if(i>5) {
            throw new RuntimeException("玩命向外抛异常==> ^.^ ");
        }
        System.err.println("这里调用程序接口==>"+sdf.format(new Date()));
        i++;
    }

}, new SimpleDateFormat("yyyy-MM-dd HH:mm:ss").parse("2019-01-09 13:35:00"), 5000L);
```

图 12-10　代码示例（三）

图 12-10 所示代码执行结果如图 12-11 所示。

```
这里调用程序接口==>2019-01-09 13:48:43
这里调用程序接口==>2019-01-09 13:48:44
这里调用程序接口==>2019-01-09 13:48:48
这里调用程序接口==>2019-01-09 13:48:49
Exception in thread "Timer-0" java.lang.RuntimeException: 玩命向外抛异常==> ^.^
	at com.lyj.schema.TestJobSchema$2.run(TestJobSchema.java:29)
	at java.util.TimerThread.mainLoop(Timer.java:555)
	at java.util.TimerThread.run(Timer.java:505)
```

图 12-11　图 12-10 所示代码执行结果

很明显两个定时任务都失败了。

Timer 有个致命的缺陷，即所有任务都是串行的，同一时间只能运行一个任务，因此后面任务受前面任务的影响很大，无法保证实时性。

12.2.2　ScheduledThreadPoolExecutor

Java 5.0 包含 java.util.concurrent 包，该包中有一个并发类 ScheduledThreadPoolExecutor，这是一个运行任务调度的线程池，官方建议使用 ScheduledThreadPoolExecutor 类替换 Timer 和 TimerTask。

ScheduledThreadPoolExecutor 类继承了 ThreadPoolExecutor 类，实现了 ScheduledExecutorService 的接口，在线程池的基础上实现了任务调度，支持并发运行多任务。一般使用的方法有两种：一种方法是 scheduleWithFixedDelay()，设定任务在间隔设定时长后第一次执行，之后间隔设定时长循环执行，间隔时长从上一次的任务执行完毕后算起；另一种方法是 scheduleAtFixedRate()，同样需要间隔设定时长之后第一次执行，之后间隔一段时间后，继续执行新一轮任务，由于是在任务开始的时候开始计时的，若任务执行时间过长，超过了设定的时间还没有执行完，则新一轮的任务会等待，直到上一轮任务结束，再立即执行新一轮的任务。代码示例如图 12-12 所示。

```
ScheduledThreadPoolExecutor scheduled=new ScheduledThreadPoolExecutor(2);
//从任务开始起算等待时长，可能会连续执行
scheduled.scheduleAtFixedRate(new Runnable() {
    SimpleDateFormat sdf=new SimpleDateFormat("yyyy-MM-dd HH:mm:ss");
    public void run() {
        System.out.println("这里调用程序接口==>"+sdf.format(new Date()));
    }

}, 0, 5000L, TimeUnit.MILLISECONDS);
//从任务结束时算等待时长 一定会等待时间
scheduled.scheduleWithFixedDelay(new Runnable() {
    SimpleDateFormat sdf=new SimpleDateFormat("yyyy-MM-dd HH:mm:ss");
    public void run() {
        System.err.println("这里调用程序接口==>"+sdf.format(new Date()));
    }
}, 1000L, 5000L, TimeUnit.MILLISECONDS);
```

图 12-12　代码示例

ScheduledThreadPoolExecutor 类的输出和 Timer 的输出差不多。

在 Linux 的 crontab 中可以配置执行时间，转换思路，结合 Calendar 类，也可以实现

简单的功能。读取配置信息，将配置转化为间隔时间，再使用任务调度器，即可实现简单的 crontab 的功能；对于使用符号的（如,和-）配置，可以使用集合放宽任务执行频率，只过滤需要的任务。这里不再展开叙述，有兴趣的读者可以试一试。

ScheduledThreadPoolExecutor 类是基于 Java 线程池的调度实现的，启动后会将任务放入延迟队列，并设定再次取出的时间间隔，一直重复下去。由于队列是一个延迟队列，因此队列的可执行线程数和同一时刻的任务数之间的平衡要根据使用情况设定。队列唤醒最大线程数目不可小于特定时刻业务需要执行的批处理任务数量，否则会有任务被阻塞。另外，该类的内部时间使用的是 nanoTime，和系统时间没关系，受外界条件的影响要小很多。若想通过原生的 JDK 代码自己开发一套任务调度系统，建议使用此方式。

12.2.3 Quartz

在 Java 领域，执行定时任务比较厉害的、使用范围较广的是 Quartz。成熟的架构体系、繁多的应用资料、广泛的使用人群等一系列优点保证了 Quartz 在定时任务领域的地位，著名的 Spring 架构内部使用的任务调度框架就是 Quartz。

Quartz 是 OpenSymphony 开源组织在 Job Scheduling 的一个开源项目，使用 Java 语言开发，可以创建几万个作业的复杂程序系统，整合了很多额外功能，却不复杂，非常简单易用，作为框架的首选，下文将详细介绍。

12.2.4 jcrontab

jcrontab 是一款使用 Java 语言编写的调度程序，开发目标是为 Java 项目提供完备的调度支持。

由于 jcrontab 是一款完全按照 crontab 语法编写的 Java 任务调度工具，在绝大部分系统都部署在 Linux 上的情况下，经验丰富的程序员和运维人员都懂 crontab，crontab 是一款非常流行的任务调度的工具。

jcrontab 的时间语法和 crontab 非常相似，区别仅在于 jcrontab 最后的 command 不再是一个 UNIX 或 Linux 命令，而是 Java 类，若不指定执行入口，默认是 main()方法。

与 Quartz 相比，jcrontab 的优点在于支持多种任务调度的持久化方法，包括普通文件、数据库和 xml 文件；与 Web 应用结合非常方便，任务调度随 Web 服务器的启动自动启动；支持邮件功能，可以将执行结果发给执行者或者需求负责人。

结合 Web 应用，需要在 xml 中进行如图 12-13 所示配置。

```
<servlet>
    <servlet-name>LoadOnStartupServlet</servlet-name>
    <servlet-class>org.jcrontab.web.loadCrontabServlet</servlet-class>
    <init-param>
        <param-name>PROPERTIES_FILE</param-name>
        <param-value>D:/Scheduler/src/jcrontab.properties</param-value>
    </init-param>
    <load-on-startup>1</load-on-startup>
</servlet>
<!-- Mapping of the StartUp Servlet -->
<servlet-mapping>
    <servlet-name>LoadOnStartupServlet</servlet-name>
    <url-pattern>/Startup</url-pattern>
</servlet-mapping>
```

图 12-13　结合 Web 应用的配置

图 12-13 中的 org.jcrontab.web.loadCrontabServlet 是框架的任务调度的入口，必须指定；PROPERTIES_FILE 是初始化时需要的文件，一般会在其中指定持久化方式和调度文件。

若在调度文件中写了：

```
* * * * * com.test.scheduler.JCronTask
```

则表示每分钟执行一次 JCronTask 的 main()方法，在 main()方法中写入业务逻辑即可。

对于发邮件的功能，只要在 jcrontab.properties 中添加如图 12-14 所示配置即可实现。

```
org.jcrontab.sendMail.to= 邮件接收人的邮箱
org.jcrontab.sendMail.from=邮件发送人的邮箱
org.jcrontab.sendMail.smtp.host=smtp server
org.jcrontab.sendMail.smtp.user=smtp username
org.jcrontab.sendMail.smtp.password=smtp password
```

图 12-14　发邮件功能的配置

12.2.5　相对成熟的调度工具和开源产品

上文提到了一些关于使用 Java 语言的任务调度系统的实现方案，其实业界已经有很多成熟的且应用比较广泛的产品了，其中很多都是国产的。下面介绍几个功能性相对比较完善、应用比较广泛、社区比较活跃的产品。

1. Oozie

Oozie 是在大数据时代使用范围很广的一款管理作业的工作流调度系统，曾经几乎是和 Hadoop、Hive、HBase 绑定在一起的，就像微软为 Windows 绑定 IE 浏览器一样。虽然目前使用 Oozie 的人员占比下滑较严重，但仍有企业使用。

Oozie 主要是用来管理 Hadoop 作业的，运行在 Hadoop 内置的 Tomcat 内。Oozie 的

工作流是不可逆的，Oozie Coordinator 会根据数据的有效性和时间频率触发工作流。Oozie 是 Hadoop 技术栈的一部分，支持 Hadoop 作业，类似于 Java Map-Reduce、Streaming Map-Reduce、Pig、Hive、Sqoop 和 Distcp，可以指定 Java 程序和 Shell 脚本。

Oozie 起源于雅虎，由 Cloudera 公司开发，后来贡献给了 Apache，成为 Apache 的顶级项目之一。现在重新搭建 Hadoop 集群，很多人都不推荐使用 Oozie 了，因为其体量太大。

2. Azkaban

Azkaban 是 LinkedIn 开源的一个批处理任务的调度系统，使用 Java 语言开发，由 webserver、dbserver、executorserver 三部分组成，主要用于在一个工作流内以特定的顺序运行一组工作和流程。它基于 key-value 的形式建立任务之间的依赖关系，提供了一个易于使用的维护和监控工作流的 Web UI。

Azkaban 使用模块开发，提供模块化和可插拔机制，默认支持 Shell、Java、Hive、Pig、MapReduce。与 Oozie 相比，Azkaban 是一个轻量级的任务调度系统，配置比 Oozie 简单。Oozie 配置工作流程的过程是编写大量 xml 配置，代码复杂度高，不易于二次开发。

业界认为 Azkaban 有如下几个优点：

- 提供了 Web UI，使得维护和监控变得方便。
- 提供了项目工作区的划分，不同项目之间的任务可以有效且安全地隔离。
- 任务文件上传使用比较方便，比 crontab 的定义定时任务方便很多。
- 提供了形象且可视化的工作流流程图，直接简洁。
- 支持工作流的日志记录及展现，可以查看所有流程历史。
- 支持权限控制，安全性能好。
- 支持停止、重启工作流，以及故障告警。

3. zeus 系统和 hera 系统

zeus 系统是阿里开源的一款任务调度工具，支持 Hadoop 作业，可对数据中心的服务器资源进行统一调度和分配，封装了物理资源，隐藏了处理细节。使用者无须关心应用如何部署，CPU、内存、网络等资源由 zeus 系统统一调度，内部做了对资源分配和利用的优化，可对问题资源进行追踪。

zeus 系统早已不是时下环境的最佳解决方案，不过基于 zeus 系统的开源工具和方案却不少，如基于 zeus 系统的 zeus2、zeus3、hera、XXL-Job 等。

zeus 系统是一款功能强大的分布式任务调度系统，在集群规模和配置适度上可以承载上万规模的任务量。但是 zeus 系统维护成本和难度非常大，这迫使使用 zeus 系统的公司进行二次开发，以及看重 zeus 系统的任务调度系统设计思想和方案的团队重写 zeus 系统。hera 系统在这种环境下应运而生。

hera 系统重写了 zeus 系统核心的任务调度功能，并扩展了通用业务场景的分布式任务调度，大致包括如下几点：

- 支持灵活多变的作业调度类型，原生的支持 Shell、Hive 脚本调度，并在此基础上，动态地支持 Java、Python 等多种类型的 Job；
- 支持灵活多变的任务调度类型，如自动任务调度、实时任务调度、任务脚本实时更新执行等；
- 可快速可视化实现任务之间复杂的依赖，整个任务链路构成一个 DAG，任务严格按照层级依赖顺序执行；
- 可实现集群直接对接，在机器宕机环境下实现机器断线重连与心跳恢复与 hera 集群 HA，在节点单点故障环境下任务自动恢复；
- 对外提供 API，开放系统任务调度触发接口，便于对接其他需要使用 hera 的系统。

4. XXL-Job

XXL-Job 是许雪里 2015 年在 GitHub 上创建的一个分布式任务调度平台，是一个轻量级的任务调度平台，核心的设计目标是开发迅速、学习简单、轻量级、易扩展。作者截至 2019 年底提出了如下特性。

- 简单：支持通过 Web UI 对任务进行 CRUD 操作，操作简单，易上手。
- 动态：支持动态修改任务状态、启动/停止任务，以及终止运行中任务，即时生效。
- 调度中心 HA（中心式）：调度采用中心式设计，“调度中心”基于集群 Quartz 实现并支持集群部署，可保证调度中心 HA。
- 执行器 HA（分布式）：任务分布式执行，任务执行器支持集群部署，可保证任务执行 HA。
- 注册中心：任务执行器会周期性自动注册任务，调度中心将自动发现注册任务并触发执行，也支持手动录入任务执行器地址。
- 弹性扩容所容：一旦有新执行器上线或下线，下次调度时将会重新分配任务。
- 路由策略：执行器集群部署时提供丰富的路由策略，包括第一个、最后一个、轮询、随机、一致性 Hash、最不经常使用、最近最久未使用、故障转移、忙碌转移等。

- 故障转移：在任务路由策略选择故障转移的情况下，如果执行器集群中某一台机器故障，将自动 Failover 切换到一台正常的执行器发送调度请求。
- 阻塞处理策略：调度过于密集，执行器来不及处理情况下的处理策略，策略包括单机串行（默认）、丢弃后续调度、覆盖之前调度。
- 任务超时控制：支持自定义任务超时时间，任务运行超时将会主动中断任务。
- 任务失败重试：支持自定义任务失败次数，若任务失败，则会按照预设的失败次数主动进行重试，其中分片任务支持分片力度的失败重试。
- 任务失败告警：默认提供邮件方式失败告警，同时预留扩展接口，可扩展短信、钉钉等告警方式。
- 分片广播任务：在执行器集群部署时，若任务路由策略选择分片广播，则一次任务调度将会广播触发集群中所有执行器执行一次任务，可根据分片参数开发分片任务。
- 动态分片：分片广播任务以执行器为维度进行分片，支持动态扩容执行器集群，从而动态增加分片数量，协同进行业务处理，在进行大数据量业务操作时可以显著提升处理能力和速度。
- 事件触发：除了 Cron 方式和任务依赖方式触发任务执行，支持基于事件的触发任务方式。调度中心提供触发任务单次执行的 API 服务，可根据业务事件灵活触发。
- 任务进度监控：支持实时监控任务调度。
- Rolling 实时日志：支持在线查看调度结果，并且支持以 Rolling 方式实时查看执行器输出的完整的执行日志。
- GLUE：提供 Web IDE，支持在线开发任务逻辑代码、动态发布、实时编译生效，省略部署上线的过程。支持 30 个版本的历史版本回溯。
- 脚本任务：支持以 GLUE 模式开发和运行脚本任务，包括 Shell、Python、Node.js、PHP、PowerShell 等类型脚本。
- 命令行任务：原生提供通用执行命令行任务 Handler，业务方只需要提供命令行即可。
- 任务依赖：支持配置子任务依赖，当父任务执行结束并且成功后，将触发一次子任务的执行，多个子任务使用逗号分隔。
- 一致性：调度中心通过 DB 锁保证集群分布式调度的一致性，一次任务调度只会触发一次执行。
- 自定义任务参数：支持在线配置调度任务入参，即时生效。
- 调度线程池：调度系统多线程触发调度运行，确保调度精确执行，不被堵塞。
- 数据加密：对调度中心和执行器之间的通信进行数据加密，提高调度信息安全性。

- 邮件报警：当任务失败时，支持邮件报警，支持配置多邮件地址群发报警邮件。
- 推送 Maven：将把最新稳定版本推送到 Maven，方便用户接入和使用。
- 运行报表：支持实时查看运行数据，如任务数量、调度次数、执行器数量等，以及调度报表，如调度日期分布图、调度成功分布图等。
- 全异步：任务调度流程全异步化设计实现，如异步调度、异步运行、异步回调等，有效对密集调度进行流程削峰，理论上支持任意时长任务的运行。
- 国际化：调度中心支持国际化设置，提供中文、英文两种语言选择，默认为中文。
- 容器化：提供官方 Docker 镜像，并实时更新推送 Docker Hub，进一步实现产品开箱即用。

XXL-Job 已接入多家公司的线上产品线，接入场景包括电商业务、O2O 业务和大数据作业等。XXL-Job 功能相对比较完善，易用性比较好，使用文档非常全。在非大数据量的业务场景下，推荐使用 XXL-Job。

5. Elastic-Job

Elastic-Job 是当当网开发的弹性分布式调度系统，功能丰富且强大，采用 ZooKeeper 实现分布式协调，实现任务高可用和分片，支持云开发，重写了 Quartz 基于数据库的分布式功能，改用 ZooKeeper 实现注册中心。

Elastic-Job 与 XXL-Job 都是非常优秀的任务调度器，目前在国内的使用范围都比较广。随着 Elasticsearch 在国际上的推广及大数据平台在各企业间的兴起，Elastic-Job 基于大数据的任务调度优势展露无遗，XXL-Job 侧重业务实现的简单化和管理的方便，Elastic-Job 更注重数据，增加了弹性扩容和数据分片，便于充分利用分布式服务器资源。

当用户数相对较少，服务器数量在一定的可控范围内时，建议使用 XXL-Job；当数据量比较庞大（如日志系统），并且部署服务器数量较多时，建议使用 Elastic-Job。

12.3 Quartz 的介绍

Quartz 是一款完全用 Java 语言编写的开源的任务调度框架，可以与 J2EE 和 J2SE 应用完美结合，也可以单独使用，允许开发人员根据时间间隔调度任务，实现了任务和触发器多对多的关联，同时支持每个任务和不同的触发器的关联，为用 Java 语言编写的程序提供了简单而强大的机制。

12.3.1　Quartz 的储备知识

本章使用 Quartz 2.2.3，对应的 Maven 的版本是 2.2.1，jar 文件可以从 Quartz 官网下载，对应的 Maven 配置如图 12-15 所示。

```
<dependency>
    <groupId>org.quartz-scheduler</groupId>
    <artifactId>quartz</artifactId>
    <version>2.2.1</version>
</dependency>
<dependency>
    <groupId>org.quartz-scheduler</groupId>
    <artifactId>quartz-jobs</artifactId>
    <version>2.2.1</version>
</dependency>
```

图 12-15　Maven 配置

为理解 Quartz，需要理解如下几个概念。

- Job 表示可执行调度任务的具体内容。
- JobDetail 表示一个具体的可执行的调度任务，包括这个任务调度的方案和策略。
- Trigger 表示调度参数的配置，什么时候触发调度任务。
- Scheduler 表示一个调度容器，一个调度容器中可以注册多个 JobDetail 和 Trigger，Trigger 和 JobDetail 结合起来就可以被 Scheduler 容器调度了。

在资源文件夹（src/main/resources）下创建 quartz.properties 文件，在该文件中对 Quartz 进行配置。

Quartz 配置如图 12-16 所示。

```
#调度的实例名称
org.quartz.scheduler.instanceName = MyScheduler
#线程池的线程数，最多可同时运行的任务数量
org.quartz.threadPool.threadCount = 5
#数据存储
org.quartz.jobStore.class = org.quartz.simpl.RAMJobStore
```

图 12-16　Quartz 配置

12.3.2　Quartz 的基本使用

Job 属于关联业务部分的代码，实现了 org.quartz.job 接口。在 execute()方法中关联业务方法，或者直接写需要调度的业务，示例代码如图 12-17 所示。

```
public class HelloJob implements Job{
    SimpleDateFormat sdf=new SimpleDateFormat("yyyy-MM-dd hh:mm:ss");
    public HelloJob() {}

    public void execute(JobExecutionContext context) throws JobExecutionException {
        System.out.println("Hello world!--->"+sdf.format(new Date()));
    }
    
}
```

图 12-17　示例代码

获取 Scheduler：

```
Scheduler sched=new StdSchedulerFactory().getScheduler();
```

获取 Job 和 Trigger：

```
JobDetail job=newJob(HelloJob.class).withIdentity("job1", "group1").build();
Trigger trigger=newTrigger().withIdentity("trigger1","group1").startAt
(runTime).build();
```

注册调度任务：

```
sched.scheduleJob(job,trigger);
```

启动调度任务——启动调度线程池开始执行所有注册的任务：

```
sched.start();
```

关闭调度任务——停止所有调度任务：

```
sched.shutdown();
```

暂停调度任务：

```
sched.standby();
```

完整代码如图 12-18 所示。

```
public class SimpleExample {
    SimpleDateFormat sdf=new SimpleDateFormat("yyyy-MM-dd hh:mm:ss");
    public void run() throws Exception{
        SchedulerFactory sf=new StdSchedulerFactory();
        Scheduler sched=sf.getScheduler();
        Date runTime=evenMinuteDate(new Date());
        JobDetail job=newJob(HelloJob.class).withIdentity("job1", "group1").build();
        Trigger trigger=newTrigger().withIdentity("trigger1","group1").startAt(runTime).build()
        sched.scheduleJob(job,trigger);
        System.out.println(job.getKey()+" will run at:"+sdf.format(runTime));//key=group1.job1
        sched.start();
        Thread.sleep(65*1000L);
        sched.shutdown();
    }
    public static void main(String[] args) throws Exception{
        SimpleExample example=new SimpleExample();
        example.run();
    }
}
```

图 12-18　完整代码

12.3.3　Trigger 的选择

Trigger 的接口是 org.quartz.Trigger，它有两个基本分支 SimpleTrigger 和 CronTrigger。triggers 包结构如图 12-19 所示。

```
triggers
> AbstractTrigger.class
> CalendarIntervalTriggerImpl.class
> CoreTrigger.class
> CronTriggerImpl.class
> DailyTimeIntervalTriggerImpl.class
> SimpleTriggerImpl.class
```

图 12-19　triggers 包结构

SimpleTrigger 可以满足的调度需求是：在指定时间执行一次，或者在指定时间执行并以指定的时间间隔重复执行若干次，具体应用示例如下。

指定时间开始触发，不重复，如图 12-20 所示。

```
SimpleTrigger trigger = (SimpleTrigger) newTrigger()
    .withIdentity("trigger1", "group1")
        .startAt(myStartTime)
        .forJob("job1", "group1")
        .build();
```

图 12-20　Trigger 的 API 应用（一）

指定时间触发，每隔 10 秒执行一次，重复 10 次，如图 12-21 所示。

```
trigger = newTrigger()
        .withIdentity("trigger3", "group1")
        .startAt(myTimeToStartFiring)
        .withSchedule(simpleSchedule()
            .withIntervalInSeconds(10)
            .withRepeatCount(10))
        .forJob(myJob)
        .build();
```

图 12-21　Trigger 的 API 应用（二）

五分钟以后开始触发，仅执行一次，如图 12-22 所示。

```
trigger = (SimpleTrigger) newTrigger()
        .withIdentity("trigger5", "group1")
        .startAt(futureDate(5, IntervalUnit.MINUTE))
        .forJob(myJobKey)
        .build();
```

图 12-22　Trigger 的 API 应用（三）

立即触发，每隔五分钟执行一次，直到 22:00，如图 12-23 所示。

```
trigger = newTrigger()
        .withIdentity("trigger7", "group1")
        .withSchedule(simpleSchedule()
            .withIntervalInMinutes(5)
            .repeatForever())
        .endAt(dateOf(22, 0, 0))
        .build();
```

图 12-23　Trigger 的 API 应用（四）

下一个小时的整点触发，然后每两小时重复一次，如图 12-24 所示。

```
trigger = newTrigger()
        .withIdentity("trigger8")
        .startAt(evenHourDate(null))
        .withSchedule(simpleSchedule()
            .withIntervalInHours(2)
            .repeatForever())
        .build();
```

图 12-24　Trigger 的 API 应用（五）

CronTrigger 可以基于日历的概念指定时间表。

Cron 的表达式是由七个子表达式组成的字符串，分别表示：秒、分、小时、月、周、年。秒和分的有效值为 0～59；小时的有效值为 0～23；天的有效值为 1～31；月的有效值有两种表示方法，一种是用数字表示 0～11，另一种是用字符串 JAN、FEB、MAR、APR、MAY、JUN、JUL、AUG、SEP、OCT、NOV 和 DEC 表示；周可以用数字 1～7 表示（1 表示星期日），也可以用字符串 SUN、MON、TUE、WED、THU、FRI 和 SAT 表示。另外，“*”表示每个，如月位置定义了一个*，表示每个月；“/”表示每隔指定时间执行一次，如分位置是 1/15，表示起始时间是 1 分钟，之后每隔 15 分钟执行一次；“,”表示在特定时刻执行一次，如小时位置是 2,3,4，表示在 2 点、3 点、4 点执行一次；“？”表示没有特定值，如指定每个月的 13 号，可以在周的位置设置？，逻辑上讲 13 号可以是一周中的任意一天。

如下为 CronTrigger 的三个示例。

每天上午 8 点至下午 5 点之间每隔一分钟执行的代码，如图 12-25 所示。

```
trigger = newTrigger()
    .withIdentity("trigger3", "group1")
    .withSchedule(cronSchedule("0 0/2 8-17 * * ?"))
    .forJob("myJob", "group1")
    .build();
```

图 12-25　CronTrigger 示例（一）

每天 10:42 执行的两种代码写法，如图 12-26 所示。

```
trigger = newTrigger()
    .withIdentity("trigger3", "group1")
//     .withSchedule(cronSchedule("0 42 10 * * ?"))
    .withSchedule(dailyAtHourAndMinute(10, 42))
    .forJob(myJobKey)
    .build();
```

图 12-26　CronTrigger 示例（二）

指定时区的星期三上午 10:42 执行的代码，如图 12-27 所示。

```
trigger = newTrigger()
    .withIdentity("trigger3", "group1")
//  .withSchedule(cronSchedule("0 42 10 ? * WED"))
    .withSchedule(weeklyOnDayAndHourAndMinute(DateBuilder.WEDNESDAY, 10, 42))
    .forJob(myJobKey)
    .inTimeZone(TimeZone.getTimeZone("Asia/Shanghai"))
    .build();
```

图 12-27　CronTrigger 示例（三）

12.3.4　JobStore

quartz.properties 的配置项 org.quartz.jobStore.class 的值表示存储调度程序为各 Job、Trigger 等存储的处理类，负责跟踪数据。不建议在代码里直接调用 JobStore 的实例。

1．RAMJobStore

RAMJobStore 将数据存在 RAM 中，在程序结束后数据会丢失，数据存取操作速度比较快，是 CPU 时间调度方面效率最高的 JobStore，也是默认的 JobStore。

2．JDBCJobStore

JDBCJobStore 使用 JDBC 的方式将数据存入数据库，数据存取操作速度没有 RAMJobStore 快，但可以将数据保留下来，被广泛应用于 Oracle、PostgreSQL、MySQL、SQL Server 和 DB2。使用 JDBCJobStore 前需要先将表导入数据库，在下载的发行版中的 doc/dbTables 目录下有 SQL 执行文件，如图 12-28 所示。

tables_cloudscape.sql	tables_cubrid.sql	tables_db2.sql	tables_db2_v8.sql
tables_db2_v72.sql	tables_db2_v95.sql	tables_derby.sql	tables_derby_previous.sql
tables_firebird.sql	tables_h2.sql	tables_hsqldb.sql	tables_hsqldb_old.sql
tables_informix.sql	tables_mysql.sql	tables_mysql_innodb.sql	tables_oracle.sql
tables_pointbase.sql	tables_postgres.sql	tables_sapdb.sql	tables_solid.sql
tables_sqlServer.sql	tables_sybase.sql		

图 12-28　SQL 执行文件

这里涉及调度任务的事务问题，若让 Quartz 来管理事务，则可以使用 JobStoreTX 作为 JobStore；若和已经存在的项目结合，使用项目中的事务管理器管理事务，则可以选用 JobStoreCMT。

3．TerracottaJobStore

TerracottaJobStore 主要是为 Terracotta 服务器使用调度提供的一个选择。Terracotta 在 2009 年并购了 Quartz 项目，使得 Terracotta 服务器和 Quartz 调度紧密结合，该方式可以在集群环境下运行，只需要提供服务器的地址配置即可。

```
org.quartz.jobStore.class = org.terracotta.quartz.TerracottaJobStore
org.quartz.jobStore.tcConfigUrl = localhost:9510
```

配置示例如图 12-29 所示。

```
#==============================================================
# Configure Main Scheduler Properties
#==============================================================

org.quartz.scheduler.instanceName: TestScheduler
org.quartz.scheduler.instanceId: AUTO
org.quartz.scheduler.skipUpdateCheck: true

#==============================================================
# Configure ThreadPool
#==============================================================

org.quartz.threadPool.class: org.quartz.simpl.SimpleThreadPool
org.quartz.threadPool.threadCount: 3
org.quartz.threadPool.threadPriority: 5

#==============================================================
# Configure JobStore
#==============================================================

org.quartz.jobStore.misfireThreshold: 60000

org.quartz.jobStore.class: org.quartz.simpl.RAMJobStore
```

图 12-29 配置示例

需要指出的是，图 12-29 所示配置不需要手动调用，后台程序会自动加载处理配置项。使用方式如图 12-30 所示。

```
JobDetail job1 = newJob(ColorJob.class).withIdentity("job1", "group1").build();
SimpleTrigger trigger1 = newTrigger().withIdentity("trigger1", "group1").startAt(startTime)
        .withSchedule(simpleSchedule().withIntervalInSeconds(10).withRepeatCount(4)).build();
job1.getJobDataMap().put(ColorJob.FAVORITE_COLOR, "Green");
job1.getJobDataMap().put(ColorJob.EXECUTION_COUNT, 1);
```

图 12-30 代码示例

在 Job 中调用如图 12-31 所示。

```
JobDataMap data=context.getJobDetail().getJobDataMap();
String favCol=data.getString(FAVORITE_COLOR);
```

图 12-31 代码示例

需要注意的是，如果只是这样处理，那么 Job 每次只是获取调度器初始设置的值，每个 Job 每次做的处理都不会被保存。如果需要保存每次 Job 写入的变化，那么可以使用@PersistJobDataAfterExecution 和@DisallowConcurrentExecutions 两个注解。@PersistJobDataAfterExecution 表示 Quartz 会在 Job 执行 execute 成功后更新 JobDataMap；@DisallowConcurrentExecutions 可避免出现并发问题，因此官方建议在多任务执行时最好加上该注释。

12.3.5　完整的例子

假设一个场景：张飞、关羽带兵，每迭代一次，兵力递增，并定时输出兵力信息。

Job 部分代码如图 12-32 所示，用于被调度主体。

```
import java.text.SimpleDateFormat;
import org.quartz.DisallowConcurrentExecution;
import org.quartz.Job;
import org.quartz.JobDataMap;
import org.quartz.JobExecutionContext;
import org.quartz.JobExecutionException;
import org.quartz.JobKey;
import org.quartz.PersistJobDataAfterExecution;
@PersistJobDataAfterExecution
@DisallowConcurrentExecution
public class Test1Job implements Job{
    SimpleDateFormat sdf=new SimpleDateFormat("yyyy-MM-dd hh:mm:ss");
    static final String GEL_KEY="jingjun";
    static final String NUM="bingli";
    private int _counter = 1;
    public void execute(JobExecutionContext context) throws JobExecutionException {
        JobKey jobKey=context.getJobDetail().getKey();
        JobDataMap data=context.getJobDetail().getJobDataMap();

        String jj=data.getString(GEL_KEY);
        int num=data.getInt(NUM);
        _counter++;
        num=num+1000;
        data.put(NUM, num);
        System.out.println(jobKey+" \t将军:"+jj+",兵力:"+num+",计算次数:"+_counter);
    }
}
```

图 12-32　代码示例（Job 部分）

任务调度部分代码如图 12-33 所示。

```
public class Test1Trigger {
    public void run() throws Exception {
        Scheduler sched =new StdSchedulerFactory().getScheduler();
        SimpleDateFormat sdf = new SimpleDateFormat("yyyy-MM-dd hh:mm:ss");
        System.out.println("初始化Scheduler--调度器完成");

        JobDetail job1 = newJob(Test1Job.class).withIdentity("job1", "group1").build();
        CronTrigger trigger1 =  newTrigger().withIdentity("trigger1", "group1")
                .withSchedule(cronSchedule("0/10 * * * * ?")).build();
        job1.getJobDataMap().put(Test1Job.GEL_KEY, "关羽");
        job1.getJobDataMap().put(Test1Job.NUM, 100);
        Date scheduleTime1 = sched.scheduleJob(job1, trigger1);
        System.out.println(job1.getKey()+"在时间 "+sdf.format(scheduleTime1)+" 执行，根据表达式 "
        +trigger1.getCronExpression()+" 设定重复次数");

        JobDetail job2 = newJob(Test1Job.class).withIdentity("job2", "group1").build();
        CronTrigger trigger2 =  newTrigger().withIdentity("trigger2", "group1")
                .withSchedule(cronSchedule("0/15 * * * * ?")).build();
        job2.getJobDataMap().put(Test1Job.GEL_KEY, "张飞");
        job2.getJobDataMap().put(Test1Job.NUM, 90);
        Date scheduleTime2 = sched.scheduleJob(job2, trigger2);
        System.out.println(job2.getKey()+"在时间 "+sdf.format(scheduleTime2)+" 执行，根据表达式 "
        +trigger2.getCronExpression()+" 设定重复次数");
        System.out.println("------->开始调度<--------");
        sched.start();
        System.out.println("调度已启动");
    }
    public static void main(String[] args) throws Exception{
        Test1Trigger example = new Test1Trigger();
        example.run();
    }
}
```

图 12-33　代码示例（任务调度部分）

引入的依赖类如图 12-34 所示。

```java
import static org.quartz.CronScheduleBuilder.cronSchedule;
import static org.quartz.JobBuilder.newJob;
import static org.quartz.TriggerBuilder.newTrigger;
import java.text.SimpleDateFormat;
import java.util.Date;
import org.quartz.CronTrigger;
import org.quartz.JobDetail;
import org.quartz.Scheduler;
import org.quartz.impl.StdSchedulerFactory;
```

图 12-34　引入的依赖类

输出结果如图 12-35 所示。

```
初始化Scheduler--调度器完成
group1.job1在时间 2019-01-16 02:10:40 执行，根据表达式 0/10 * * * * ? 设定重复次数
group1.job2在时间 2019-01-16 02:10:45 执行，根据表达式 0/15 * * * * ? 设定重复次数
-------->开始调度<--------
调度已启动
group1.job1      将军:关羽,兵力:1100,计算次数:2
group1.job2      将军:张飞,兵力:1090,计算次数:2
group1.job1      将军:关羽,兵力:2100,计算次数:2
group1.job1      将军:关羽,兵力:3100,计算次数:2
group1.job2      将军:张飞,兵力:2090,计算次数:2
group1.job1      将军:关羽,兵力:4100,计算次数:2
group1.job2      将军:张飞,兵力:3090,计算次数:2
```

图 12-35　输出结果

12.4　开源工具 XXL-Job

XXL-Job 是一个轻量级分布式任务调度平台，其核心设计目标是开发迅速、学习简单、轻量级、易扩展。现已开放源代码并接入多家公司线上产品线，开箱即用。本节主要对 XXL-Job 的使用进行介绍。

12.4.1　搭建项目

XXL-Job 项目位于 GitHub 网站，选中 Master 版本，点击“Clone or download”按钮（见图 12-36）下载源码包。

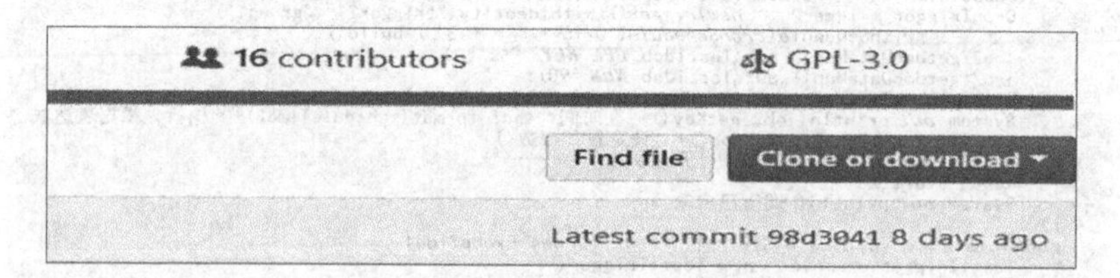

图 12-36　GitHub 下载部分截图

将下载的 XXL-job-master 文件解压后导入 Eclipse 或 IDEA 中（开发工具需要提前配置好 Maven）。

导入已存在的 Maven 项目，如图 12-37 所示。

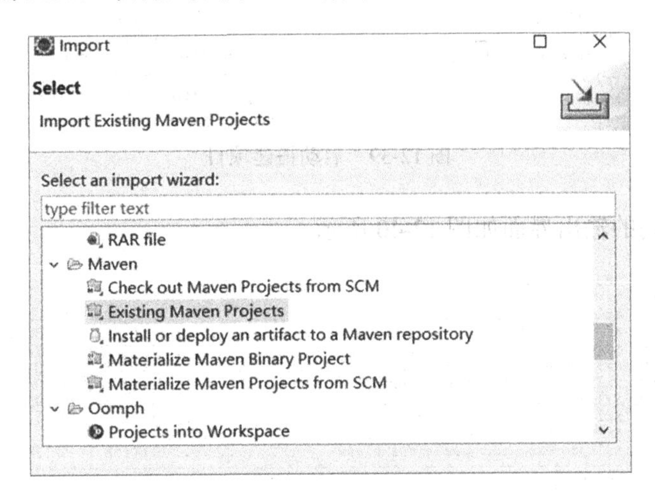

图 12-37　选择 Maven 项目

点击“下一步”按钮，进入如图 12-38 所示界面，点击“Browse”按钮，选中文件的根目录，即第一个 pom 文件所在的位置。这里只勾选最上面的复选框，勾选完毕后点击“完成”按钮。这里需要下载依赖的 jar，会花费一定时间，此过程要保持网络畅通。

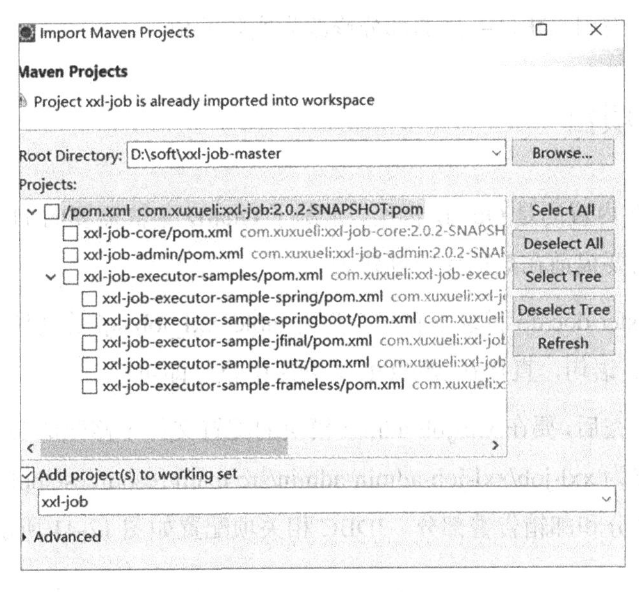

图 12-38　选择下载的项目

项目搭建完成，右击 XXL-Job 项目，在弹出的快捷菜单中依次点击“Run As”→“Maven install”选项启动搭建的项目，如图 12-39 所示。

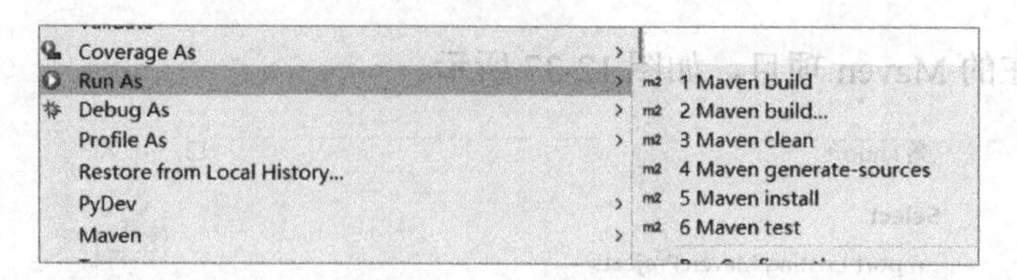

图 12-39　启动搭建项目

项目搭建成功的输出界面如图 12-40 所示。

```
[INFO] Reactor Summary:
[INFO]
[INFO] xxl-job ........................................... SUCCESS [  0.195 s]
[INFO] xxl-job-core ...................................... SUCCESS [  0.752 s]
[INFO] xxl-job-admin ..................................... SUCCESS [  3.077 s]
[INFO] xxl-job-executor-samples .......................... SUCCESS [  0.004 s]
[INFO] xxl-job-executor-sample-spring .................... SUCCESS [  1.305 s]
[INFO] xxl-job-executor-sample-springboot ................ SUCCESS [  0.395 s]
[INFO] xxl-job-executor-sample-jfinal .................... SUCCESS [  0.917 s]
[INFO] xxl-job-executor-sample-nutz ...................... SUCCESS [  0.753 s]
[INFO] xxl-job-executor-sample-frameless ................. SUCCESS [  0.178 s]
[INFO] ------------------------------------------------------------------------
[INFO] BUILD SUCCESS
[INFO] ------------------------------------------------------------------------
[INFO] Total time: 7.835 s
[INFO] Finished at: 2019-01-17T17:31:24+08:00
[INFO] Final Memory: 45M/418M
[INFO] ------------------------------------------------------------------------
```

图 12-40　项目搭建成功的输出界面

至此，最基本的源码包就算准备好了，这里需要注意的是，要提前准备好 MySQL，并且将配置文件中使用 JDBC 连接的部分修改为实际的值。

12.4.2　运行项目

因为 XXL-Job 内置的是 Quartz 框架，定制了 Quartz 集群需要的 11 张表，新添加了 5 张功能表，所以需要提前在数据库中创建表。

在 xxl-job-master/doc/db 目录下有一个名为 table_xxl_job.sql 的文件，该文件中有需要的创建库表的 SQL 语句，直接在 MySQL 数据库中执行即可。

数据库表创建完后，要在 xxl-job-admin 模块的配置文件中修改成实际的 MySQL 的登录信息，代码位置为 xxl-job/xxl-job-admin-admin/src/main/resources/application.properties，修改其中 JDBC 部分和邮箱告警部分。JDBC 相关项配置如图 12-41 所示。

```
9### xxl-job, datasource
0spring.datasource.url=jdbc:mysql://MYSQLIP:3306/xxl-job?Unicode=true&characterEncoding=UTF-8&useSSL=true
1spring.datasource.username=usr
2spring.datasource.password=pwd
3spring.datasource.driver-class-name=com.mysql.jdbc.Driver
```

图 12-41　JDBC 相关项配置

URL 使用 MySQL 的 JDBC 协议，将其修改成 MySQL 的物理 IP 地址；若使用的是 MySQL 5.7 及以上版本，则在后面加上&useSSL=true 语句，因为高版本的 MySQL 默认启用 SSL 校验；账号密码是用于登录 MySQL 的账号密码；3306 是 MySQL 默认端口号，若 MySQL 的端口变了，则需要将其修改为实际的端口值；邮箱用于错误告警。这里的配置修改完毕后，重新编译代码，邮箱配置如图 12-42 所示。

```
spring.mail.host=smtp.qq.com
spring.mail.port=25
spring.mail.username=qqusr@qq.com
spring.mail.password=qqpwd
spring.mail.properties.mail.smtp.auth=true
spring.mail.properties.mail.smtp.starttls.enable=true
spring.mail.properties.mail.smtp.starttls.required=true
```

图 12-42 邮箱配置

项目编译完成后，在 xxl-job-admin 模块的 target 中将有一个 jar 包，这是任务调度中心的模块，因为 XXL-Job 是使用 Spring Boot 构建的，内部安装有内置的 Tomcat 服务器，所以项目需放入指定服务器运行。

进入 xxl-job-master/xxl-job-admin/target 目录，执行命令 java -jar xxl-job-admin-2.0.2-SNAPSHOT.jar 启动服务，如图 12-43 所示。

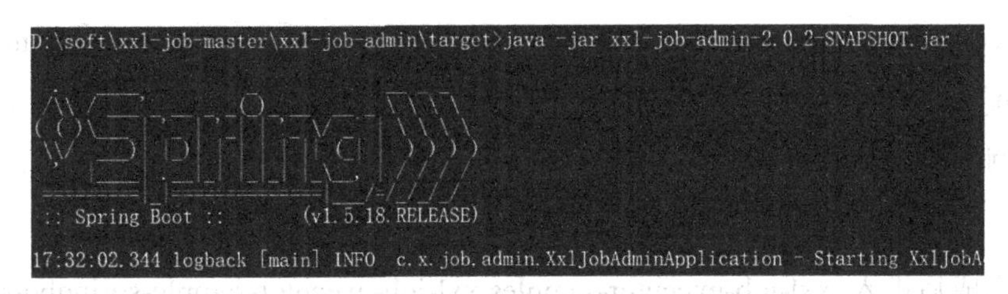

图 12-43 启动 XXL-Job

Spring Boot 程序启动会刷出一堆启动信息，如果 MySQL 的操作和配置文件的信息没有配对，那么将报错。项目启动成功后会输出如图 12-44 所示信息。

```
logback [main] INFO  o.s.c.s.DefaultLifecycleProcessor - Starting beans in phase 2147483647
logback [main] INFO  o.s.s.quartz.SchedulerFactoryBean - Will start Quartz Scheduler [getSchedulerFactoryBean] in 20 seconds
logback [main] INFO  o.a.coyote.http11.Http11NioProtocol - Starting ProtocolHandler ["http-nio-8080"]
logback [main] INFO  o.a.tomcat.util.net.NioSelectorPool - Using a shared selector for servlet write/read
logback [main] INFO  o.s.b.c.e.t.TomcatEmbeddedServletContainer - Tomcat started on port(s): 8080 (http)
logback [main] INFO  c.x.job.admin.XxlJobAdminApplication - Started XxlJobAdminApplication in 5.387 seconds (JVM running for 6.091)
logback [Quartz Scheduler [getSchedulerFactoryBean]] INFO  o.s.s.quartz.SchedulerFactoryBean - Starting Quartz Scheduler now, after
```

图 12-44 项目启动成功后输出的信息

接下来就可以访问 Web 端了。打开浏览器，输入 URL 地址 http://localhost:8080/xxl-job-admin，并访问。登录账号及密码是在配置文件中设置的登录账号及密码，如图 12-45 所示。登录的首页如图 12-46 所示。

```
xxl.job.login.username=admin
xxl.job.login.password=123456
```

图 12-45 登录账号和密码配置

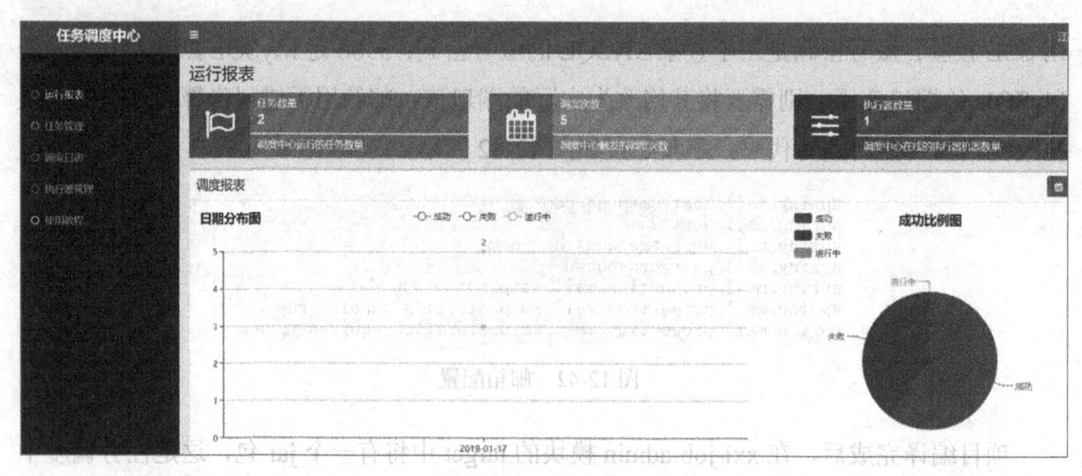

图 12-46　登录的首页

然后部署执行器。部署执行器即配置 xxl-job-executor-samples，其下有五类执行器，这五类执行器分别是基于 Spring、Spring Boot、nutz、jfinal、frameless 开发的，实际功能是一样的，选择一个即可。由于 admin 采用的是 Spring Boot，为了一致性，这里选择 Spring Boot，即 xxl-job-executor-sample-springboot。进入 xxl-job-executor-sample-springboot 内部的 src/main/java/resource 目录，会看到 application.properties 文件，该文件记录了执行器的配置及访问 admin 项目的地址，默认是本地，将其修改为部署服务器的地址，重新编译项目。

编译完成后进入 xxl-job-executor-samples/xxl-job-executor-sample-springboot/target 目录，执行对应项目的 jar 文件 xxl-job-executor-sample-springboot-2.0.2-SNAPSHOT.jar，执行 java -jar xxl-job-executor-sample-springboot-2.0.2-SNAPSHOT.jar 命令，输出界面如图 12-47 所示。

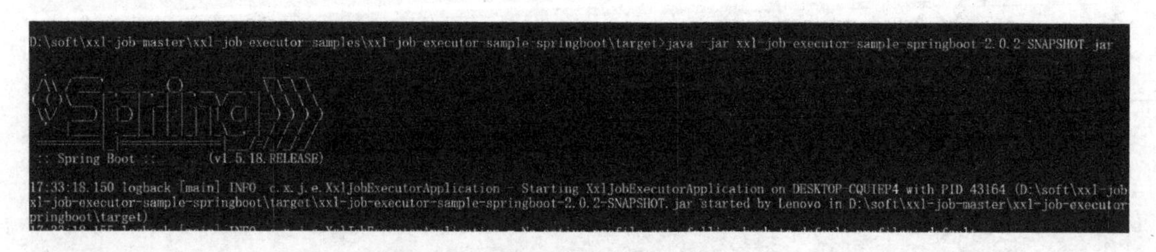

图 12-47　调度项目启动时的输出界面

项目成功启动会出现如图 12-48 所示信息。

```
INFO  o.s.w.s.h.SimpleUrlHandlerMapping - Mapped URL path [/**/favicon.ico] onto handler of type [class org.springfr
-16] INFO  c.x.j.c.t.ExecutorRegistryThread - >>>>>>>>>>> xxl-job registry success, registryParam:RegistryParam{regi
='192.168.8.197:9999'}, registryResult:ReturnT [code=200, msg=null, content=null]
INFO  o.s.j.e.a.AnnotationMBeanExporter - Registering beans for JMX exposure on startup
INFO  o.a.coyote.http11.Http11NioProtocol - Starting ProtocolHandler ["http-nio-8081"]
INFO  o.a.tomcat.util.net.NioSelectorPool - Using a shared selector for servlet write/read
INFO  o.s.b.c.e.t.TomcatEmbeddedServletContainer - Tomcat started on port(s): 8081 (http)
INFO  c.x.j.e.XxlJobExecutorApplication - Started XxlJobExecutorApplication in 3.341 seconds (JVM running for 4.027)
-16] INFO  c.x.j.c.t.ExecutorRegistryThread - >>>>>>>>>>> xxl-job registry success, registryParam:RegistryParam{regi
```

图 12-48　调度项目启动成功后输出的信息

此时整个平台的任务调度功能模块基本就启动了。

需要注意的是，若配置集群部署，则要求所有任务调度中心的项目要使用一个 MySQL 数据库，登录账号保持一致，集群时钟保持一致（一般集群都需要保证时钟一致性），所有执行器的应用名称保持一致，即在执行器配置文件中的 xxl.job.executor.appname 的设置值要保持一致。

12.4.3　项目简单使用

登录 Web 界面后，会发现左侧导航栏有五个选项，分别是运行报表、任务管理、调度日志、执行器管理、使用教程。

“运行报表”界面如图 12-49 所示。

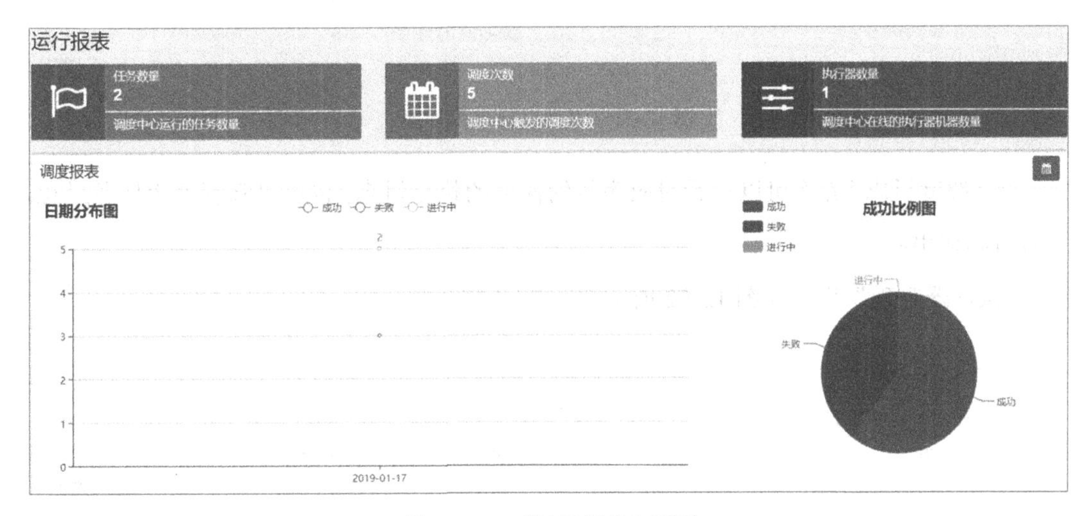

图 12-49　“运行报表”界面

运行报表部分是对执行任务的统计与展示，可以统计任务数量、调度次数、执行器数量、任务失败/成功占比。

“任务管理”界面如图 12-50 所示。

任务管理

执行器 示例执行器 任务描述 JobHandler 搜索 新增任务

每页 10 条记录

任务ID	任务描述	运行模式	Cron	负责人	状态	操作
3	第二个任务	GLUE(Java)	0 1/1 * * * ? *	xxl	STOP	执行 启动 日志 编辑 GLUE 删除
2	测试任务01	BEAN：demoJobHandler	0/1 * * * * ? *	XXL	STOP	执行 启动 日志 编辑 删除

第 1 页 (总共 1 页，2 条记录) 上页 1 下页

图 12-50 “任务管理”界面

任务管理部分是关于调度任务管理的，包括任务的创建、测试、执行、停止、编译（XXL-Job 使用了 GLUE 方式和 JVM 交互）、删除。

“调度日志”界面如图 12-51 所示。

调度日志

执行器 全部 任务 全部 状态 全部 调度时间 2019-01-01 00:00:00 - 2019-01-31 23:59:59 搜索

每页 10 条记录

任务ID	调度时间	调度结果	调度备注	执行时间	执行结果	执行备注	操作
2	2019-01-17 18:55:10	成功	查看	2019-01-17 18:55:24	失败	查看	执行日志
3	2019-01-17 18:55:03	成功	查看	2019-01-17 18:55:03	成功	无	执行日志
2	2019-01-17 17:35:04	成功	查看	2019-01-17 17:35:14	成功	无	执行日志
3	2019-01-17 17:34:46	成功	查看	2019-01-17 17:34:46	成功	无	执行日志
2	2019-01-17 17:33:56	成功	查看	2019-01-17 17:34:14	失败	查看	执行日志

第 1 页 (总共 1 页，5 条记录) 上页 1

图 12-51 “调度日志”界面

在“调度日志”界面可以查看对应序号的任务的执行日志；也可以强制停止任务进程，查看日志输出。

“执行器管理”界面如图 12-52 所示。

执行器管理

执行器列表 新增执行器

排序	AppName	名称	注册方式	OnLine 机器地址	操作
1	xxl-job-executor-sample	示例执行器	自动注册	192.168.8.197:9999	编辑 删除

图 12-52 “执行器管理”界面

执行器管理部分可以用来配置执行器，若要使用分布式部署和灰度上线，可以在该界面操作。

“使用教程”界面如图 12-53 所示。

图 12-53　“使用教程”界面

使用教程是用来连接源码地址和使用文档的，生产上不一定允许联网，基本可以忽略。

下面创建一个简单的定时任务。

（1）执行器管理：定义一个新的执行器，如图 12-54 所示。

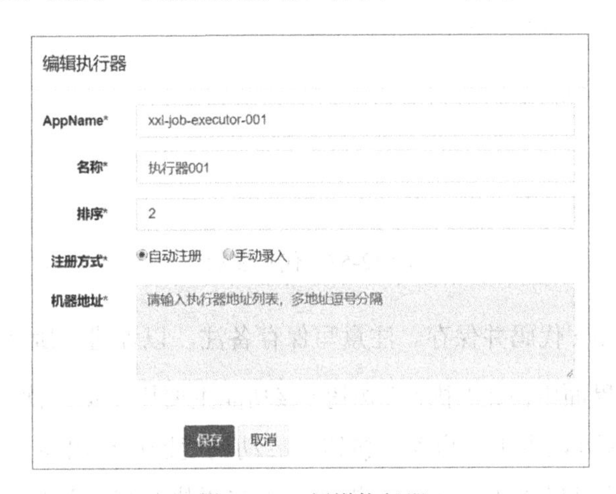

图 12-54　新增执行器

（2）任务管理：新建任务，使用新注册的执行器，如图 12-54 所示。

图 12-55　“任务管理”界面设置

“任务管理”界面如图 12-55 所示。

任务ID	任务描述	运行模式	Cron	负责人	状态	操作
11	第一个demo	GLUE(Java)	0 */5 * * * ? *	xxl	⊘STOP	执行 启动 日志 编辑 GLUE 删除

图 12-56 “任务管理”界面

点击“GLUE”按钮，进入编辑界面，需要注意的是默认是 log 显示，输出流的打印不在日志中显示，如图 12-57 所示。

WebIDE 【GLUE(Java)】第一个demo 版本回溯 保存 关闭

```java
package com.xxl.job.service.handler;

import com.xxl.job.core.log.XxlJobLogger;
import com.xxl.job.core.biz.model.ReturnT;
import com.xxl.job.core.handler.IJobHandler;

public class DemoGlueJobHandler extends IJobHandler {

    @Override
    public ReturnT<String> execute(String param) throws Exception {
        XxlJobLogger.log("XXL-JOB, Hello World.");
        XxlJobLogger.log("你好啊，朋友，欢迎使用XXL-JOB! ");
        System.out.println("老大说老二笨，老二说老三蠢，老三说老幺浑，老幺说你们都是茄子混沌!");
        return ReturnT.SUCCESS;
    }

}
```

图 12-57 代码展示

可以手动改写 Java 代码并保存。注意写保存备注，以便进行版本回溯。

在“任务管理”界面中点击“执行”按钮（该功能主要用于第一次上线测试调试功能），如果脚本没问题，就可以点击“启动”按钮。启动调度器后会出现一个启动成功的提示，点击“日志”按钮就可以进入日志查看界面，点击“执行日志”按钮即可查看日志，如图 12-58 所示。

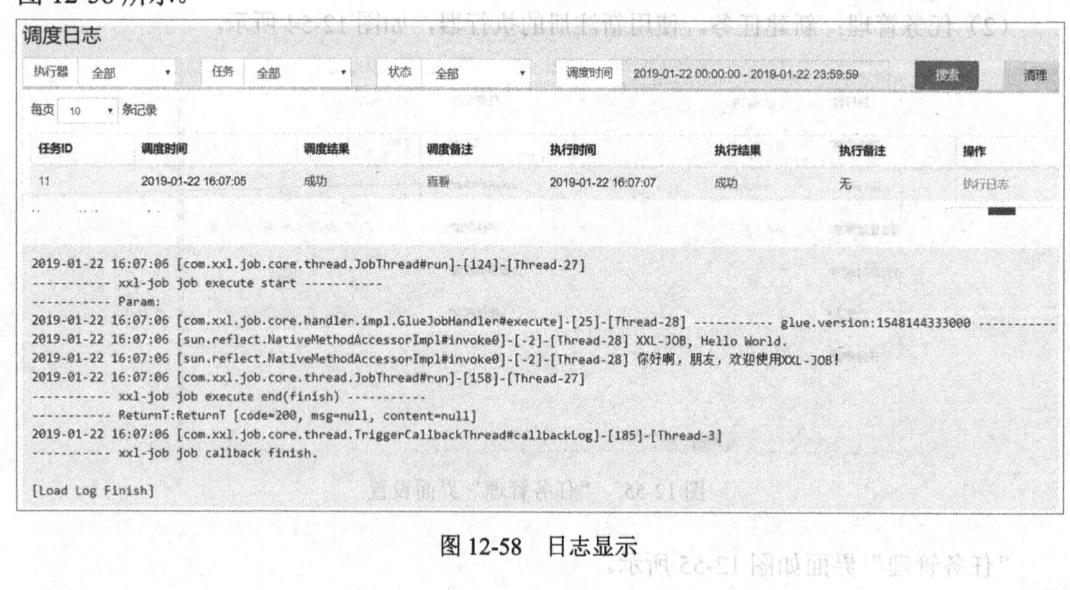

图 12-58 日志显示

此时进入“运行报表”界面就可以查看统计的任务概况了，如图 12-59 所示。

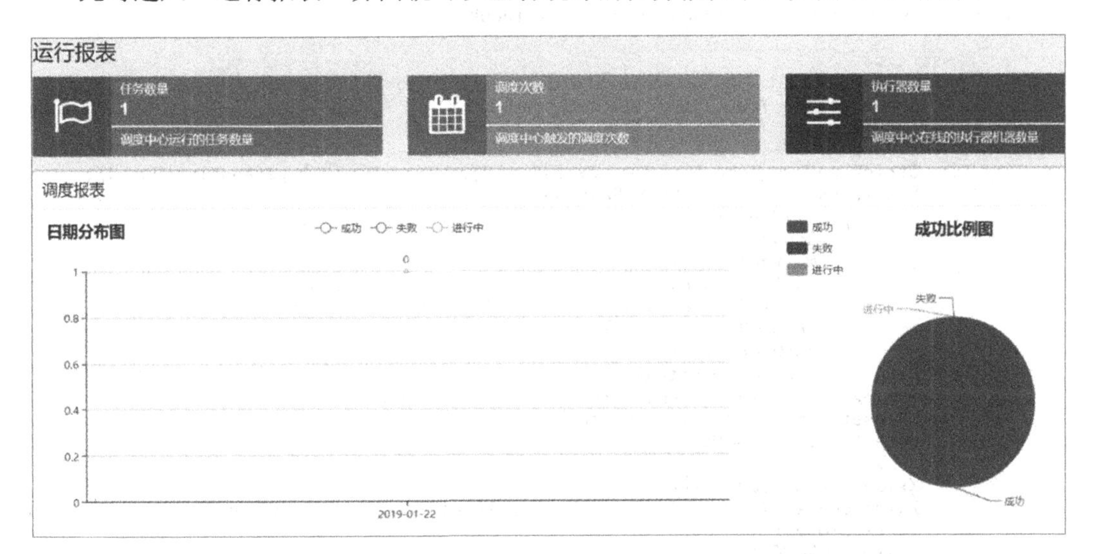

图 12-59　任务运行统计

基本应用就是根据业务需求建立新的任务，修改调度脚本即可，之后可以查看调度日志，其对于任务的批处理运行形式提供了相对较多的选择。

12.4.4　高级使用和使用建议

XXL-Job 是一个调度任务管理的平台，本节着重介绍任务调度的使用。许雪里的 XXL-Job 使用文档说明中并没有提及建议的调度方式和相对完善的自定义使用调度方式，实际上这才是应用第一步需要重点关注的。

1. BEAN 模式开发

XXL-Job 支持 Java 自定义开发的功能，即 XXL-Job 使用文档中的 BEAN 模式开发。

在 executor-samples 的选定项目中（这里使用的是 Spring Boot），进入 com.xxl.job.executor.service.jobhandler 文件夹，新建一个任务文件。对于 BEAN 模式，业界较多采用一个任务一个 JobHandler 的形式，这种形式有利也有弊。本节创建一个和实际生产环境相对比较匹配的例子，即使用 Spark 连接 Hive 查询数据，并将条数打印出来。

自定义 BEAN 的代码如图 12-60 所示。

```
@JobHandler(value="hiveJobHandler")
@Component
public class HiveSparkJobHandler extends IJobHandler{

    @Override
    public ReturnT<String> execute(String param) throws Exception {
        XxlJobLogger.log("欢迎来到HiveSparkJob");
        XxlJobLogger.log("传递的参数-->param:"+param);
        String databaseFrom="dev_cslo_personas";
        String warehouseLocation = new File("spark-warehouse").getAbsolutePath();
        SparkSession spark = SparkSession
                .builder()
                .appName("test")
                .master("local")
                .config("spark.sql.warehouse.dir", warehouseLocation)
                .config("hive.metastore.use.SSL", "false")
                .enableHiveSupport()
                .getOrCreate();
        Date timebegin=new Date();
        String sql="select * from "+databaseFrom+".t_user limit 30";
        Dataset<Row> df = spark.sql(sql);
        Date timeEnd=new Date();
        df.show();
        XxlJobLogger.log("数量:"+df.count());
        XxlJobLogger.log("时间:"+(timeEnd.getTime()-timebegin.getTime()));
        spark.close();
        return SUCCESS;
    }
}
```

图 12-60 自定义 BEAN 的代码

代码解读如下：

① 使用 BEAN 模式，必须继承 com.xxl.job.core.handle.I JobHandler 接口，实现 execute 方法，调度的业务逻辑就是在 execute 方法中框架会通过该接口回调该方法执行任务。

② @Component 注解是 Spring 的注解，允许 Spring 容器将 Handler 扫描为 BEAN 的实例，必须有。

③ @JobHandler 注解对应调度中心的 JobHandler 属性，与 spring.xml 中的 ID 的作用类似，是必须使用的选项。

④ 在 Spark 中 show() \System.io 等会在控制台进行控制输出，但在 XXL-Job 平台，只有 XxlJobLogger.log 执行日志打印，在日志输出文件中只有通过该方法才能看到输出内容。

⑤ Spark 调度任务需要将集群的 hdfs-site.xml、hive-site.xml、core-site.xml 放在 xxl-Job-executor-sample-springboot 下的 resources 文件夹下。

⑥ 这种方式需要将依赖的 jar 包放入 xxl-Job-executor-sample-springboot 的 Maven 文件中。

⑦ 对于 Master，建议使用集群的地址，示例中使用的是 local 模式。

⑧ 最后返回 SUCCESS，这和 1.x 版本不太一样。

执行器项目配置结构如图 12-61 所示。

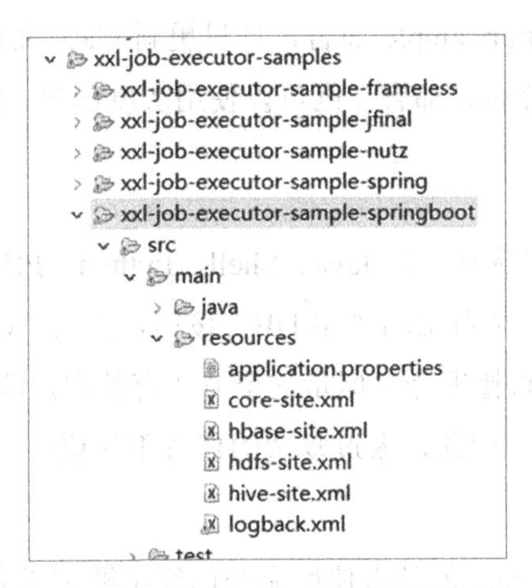

图 12-61　执行器项目配置结构

在任务管理界面创建任务，任务配置如图 12-62 所示。

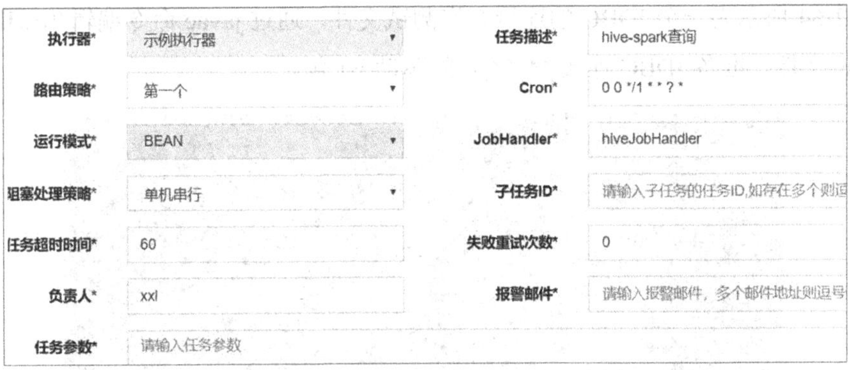

执行器*	示例执行器	任务描述*	hive-spark查询
路由策略*	第一个	Cron*	0 0 */1 * * ? *
运行模式*	BEAN	JobHandler*	hiveJobHandler
阻塞处理策略*	单机串行	子任务ID*	请输入子任务的任务ID,如存在多个则逗
任务超时时间*	60	失败重试次数*	0
负责人*	xxl	报警邮件*	请输入报警邮件，多个邮件地址则逗号
任务参数*	请输入任务参数		

图 12-62　任务配置

点击“执行”按钮，查看执行日志，如图 12-63 所示。

```
2019-01-23 10:47:05 [com.xxl.job.core.thread.JobThread#run]-[124]-[Thread-27]
----------- xxl-job job execute start -----------
----------- Param:啊啊啊
2019-01-23 10:47:05 [com.xxl.job.executor.service.jobhandler.HiveSparkJobHandler#execute]-[32]-[Thread-28] 欢迎来到HiveSparkJob
2019-01-23 10:47:05 [com.xxl.job.executor.service.jobhandler.HiveSparkJobHandler#execute]-[33]-[Thread-28] 传递的参数-->param:啊啊啊
2019-01-23 10:47:19 [com.xxl.job.executor.service.jobhandler.HiveSparkJobHandler#execute]-[51]-[Thread-28] 数量:30
2019-01-23 10:47:19 [com.xxl.job.executor.service.jobhandler.HiveSparkJobHandler#execute]-[52]-[Thread-28] 时间:3785
2019-01-23 10:47:19 [com.xxl.job.core.thread.JobThread#run]-[158]-[Thread-27]
----------- xxl-job job execute end(finish) -----------
----------- ReturnT:ReturnT [code=200, msg=null, content=null]
2019-01-23 10:47:19 [com.xxl.job.core.thread.TriggerCallbackThread#callbackLog]-[185]-[Thread-3]
----------- xxl-job job callback finish.

[Rolling Log Finish]
```

图 12-63　日志输出

输出符合预期，这一阶段的开发就算完成了。不过在部署时需要注意，因为这种方式需要开发代码，对于 executor-sample 而言，项目更新 class 文件需要重启项目，admin 项目不需要动，若使用的是分布式部署，则可以使用灰度部署上线的方式。

2. GLUE 模式开发

GLUE 有六种模式可以选择，即 Java、Shell、Python、PHP、nodejs、powershell，创建任务基本信息后，会有一个可用的“GLUE”按钮，点击“GLUE”按钮进入 GLUE 的编辑界面，可以在 Web 段直接编译，但是这个方式有弊端，即如果依赖的 jar 包不存在，那么该 class 将无法被编译。因此，太过复杂的任务不建议使用 GLUE（Java），可以考虑使用 GLUE（Shell）。

对大多开发者而言，Linux 的基本使用命令已经足够完成应用项目的部署运行了，这和使用 Linux 的 crontab 命令一样。将自定义开发的跑批任务单独提出来，编译 class 文件，准备好依赖的 jar 包。只要在 Linux 的任意目录能够执行成功，调度就没有问题。

图 12-64 所示为一个 JDBC 的连接查询测试文件，通过 javac 命令编辑 TestJDBC，以获取 class 文件，准备 JDBC 连接 MySQL 的驱动 jar 包。

```
[root@server42 script]# less TestJDBC.java
import java.sql.Connection;
import java.sql.DriverManager;
import java.sql.ResultSet;
import java.sql.Statement;

public class TestJDBC {
        static Connection conn=null;
        public static void main(String[] args) throws Exception{
                Connection con=getConnection();
                getTable(con);
                con.close();
        }
        public static void getTable(Connection con)throws Exception {
                String sql="show tables";
                Statement stm=con.createStatement();
                ResultSet rst=stm.executeQuery(sql);
                while(rst.next()) {
                        String name=rst.getString(1);
                        System.out.println(name);
                }
                rst.close();
                stm.close();
        }
        public static Connection getConnection() throws Exception{
                if(conn==null || conn.isClosed()) {
                        Class.forName("com.mysql.jdbc.Driver");
```

图 12-64　代码展示

运行脚本，如图 12-65 所示。

```
[root@server42 script]# less jdbc.sh
#!/bin/bash
cd /root/lsmp/script/
java -classpath  .:/root/lsmp/lib/mysql-connector-java-6.0.6.jar  TestJDBC
jdbc.sh (END)
```

图 12-65　运行脚本

建立任务，任务配置如图 12-66 所示。

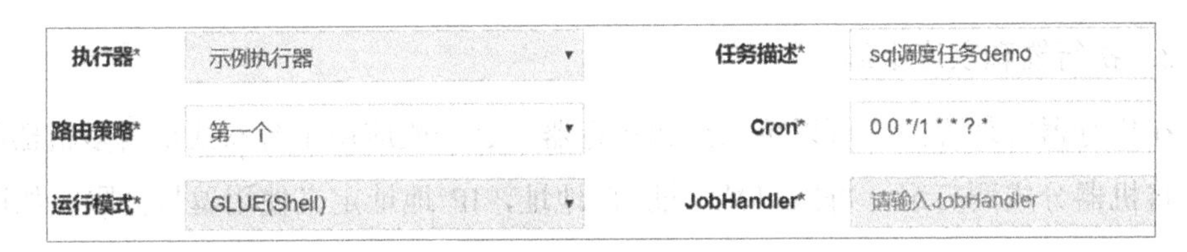

图 12-66　任务配置

修改 GLUE 的 Shell 脚本并执行，如图 12-67 所示。

```
#!/bin/bash
echo "xxl-job: hello shell"
sh /root/lsmp/script/jdbc.sh >> /root/lsmp/log/jdbc.log
echo "Good bye!"
time=`date +%Y%m%d%H%M%S`
echo "执行完毕=============================>"+$time
exit 0
```

图 12-67　修改 GLUE 的 Shell 脚本

输出日志如图 12-68 所示。

```
2019-01-23 13:00:00 [com.xxl.job.core.thread.JobThread#run]-[124]-[Thread-57]
----------- xxl-job job execute start -----------
----------- Param:
2019-01-23 13:00:00 [com.xxl.job.core.handler.impl.ScriptJobHandler#execute]-[81]-[Thread-58] ----------- script file:/data/applogs/xxl-job/jobhandler/gluesource/13_1548155756000.sh ---
xxl-job: hello shell
Loading class `com.mysql.jdbc.Driver'. This is deprecated. The new driver class is `com.mysql.cj.jdbc.Driver'. The driver is automatically registered via the SPI and manual loading of tl
Good bye!
执行完毕=============================>+20190123130001
2019-01-23 13:00:01 [com.xxl.job.core.thread.JobThread#run]-[158]-[Thread-57]
----------- xxl-job job execute end(finish) -----------
----------- ReturnT:ReturnT [code=200, msg=null, content=null]
2019-01-23 13:00:01 [com.xxl.job.core.thread.TriggerCallbackThread#callbackLog]-[185]-[Thread-3]
----------- xxl-job job callback finish.

[Load Log Finish]
```

图 12-68　输出日志

脚本输出如图 12-69 所示。

```
XXL_JOB_QRTZ_TRIGGERS
XXL_JOB_QRTZ_TRIGGER_GROUP
XXL_JOB_QRTZ_TRIGGER_INFO
XXL_JOB_QRTZ_TRIGGER_LOG
XXL_JOB_QRTZ_TRIGGER_LOGGLUE
XXL_JOB_QRTZ_TRIGGER_REGISTRY
XXL_JOB_QRTZ_BLOB_TRIGGERS
XXL_JOB_QRTZ_CALENDARS
XXL_JOB_QRTZ_CRON_TRIGGERS
XXL_JOB_QRTZ_FIRED_TRIGGERS
XXL_JOB_QRTZ_JOB_DETAILS
XXL_JOB_QRTZ_LOCKS
```

图 12-69　脚本输出

上面两种开发方式，第一种方式直接使用 API，开发相对方便一些，但是和项目平台的耦合度相对较高，平台部署较麻烦。第二种方式不依赖平台开发，但是需要准备依赖的 jar 包，使用 Shell 调度的方式执行，部署期间不需要重启任何服务，开发任务和运行平台弱耦合。那么哪种方式好呢？两者各有优劣，选用哪种开发方式取决于使用者，目前两种方式都有人使用，不过使用第一种方式的人较多。

3. 执行器和灰度上线

在执行器管理界面，可以手动添加执行器，这一般应用于分布式部署多机器的情况，建议将机器分成两三组，每组定义一批 IP 地址，IP 地址定义使用逗号分隔，如图 12-70 所示。

执行器列表 新增执行器

排序	AppName	名称	注册方式	OnLine 机器地址	操作
1	xxl-job-executor-sample	示例执行器	自动注册	192.168.8.97:9999	编辑 删除
2	cslo-executor-group1	执行器组1	手动录入	192.168.8.97，192.168.8.101，192.168....	编辑 删除

图 12-70 执行器视图

任务执行结束后，将会以 Failover 的模式进行回调调度中心，发送执行结果，这样做可避免回调的单点风险。AppName 是每个执行器集群的唯一性标识，执行器会周期性地以 AppName 为对象进行自动注册。通过 AppName 配置可自动发现注册成功的执行器，供任务调度使用。如果使用的是集群模式，那么在建立任务的时候，将路由策略设置为 Failover，这样每次在调度中心发送调度的请求时，会按顺序对执行器发出心跳检测，选定第一个检测为存活状态的执行器并发送调度请求。调度成功后可以在日志监控界面查看调度备注。

执行器集群在部署的时候，任务配置中如果选择的是分片广播，那么一次任务调度将会广播触发对应集群中所有执行器执行一次任务，同时传递分片参数，可以根据分片参数开发分片任务。分片广播支持动态扩容执行器集群动态增加分片数量，协同处理业务，在进行大数据量业务操作时可以显著提高任务处理能力和速度。

目前，调度中心和业务解耦，部署一次后很长时间内不需要维护。但是，如果使用 BEAN 模式任务，作业上线和变更需要重启执行器，为了避免重启执行器导致的任务中断，可以采用灰度上线的方式，具体步骤如下：

① 将执行器改为手动注册，下线一半机器列表（A 组），线上运行另一半机器列表（B 组）。

② 等待 A 组机器任务运行结束并编译上线，执行器地址替换为 A 组。

③ 等待 B 组机器任务运行结束并编译上线，执行器地址替换为 A 组+B 组，操作结束。

4. 任务依赖

在 XXL-Job 每个任务都有一个任务 ID，同时每个任务支持设置子任务 ID，当前任务执行完毕后会根据设置的子任务 ID 匹配子任务，并触发一次子任务的执行，即父任务是前置任务，子任务是后续任务。

如果子任务被触发，那么可以在日志界面看到父任务的日志，在“执行备注”列有子任务的信息；否则表示没有子任务执行，如图 12-71 所示。

图 12-71　关联任务提示显示

5. 执行器 API 服务

目前支持的 API 服务有：

① 心跳检测，调度中心使用。

② 忙碌检测，调度中心使用。

③ 触发任务执行，调度中心使用，本地任务开发时，可以使用该 API 服务模拟触发任务。

④ 获取 Rolling Log，调度中心使用。

⑤ 终止服务，调度中心使用。

API 服务的位置：com.xxl.job.core.biz.ExecutorBiz

API 服务请求参考代码：com.xxl.job.executor.ExecutorBizTest

第 13 章　调度系统选择

什么是调度系统呢？这里的调度系统特指大数据调度系统，即作业调度。在平时工作时，有的脚本或执行单元需要在特定的时间启动，有的甚至需要在符合某些条件后才执行。在这种情况下，只靠人工很难实现这些任务调度，因此无论是 Linux 还是 Java，都提供了一些定时任务的配置，如 crontab、Quartz 等，但是这种配置管理起来比较麻烦，甚至需要侵入执行机的系统，这带来了很大的安全隐患。

为了应对这种情况，市面上出现了大量的作业调度系统。虽然这些系统各有侧重，但其目标都是将所需执行的作业（脚本、接口调用、命令等）按照期望的时间、依赖关系执行，并提供管理功能。有的作业依赖时间启动，有的作业依赖其他作业启动，将这些流程放在系统中进行维护，这个系统就是作业调度系统。

13.1　常用调度系统及对比

下面介绍几种常用的调度系统。

13.1.1　Oozie 简介

Oozie 是一个分布式大数据调度框架，被称为大数据四大协作框架之一。Oozie 中有两个重要的概念，即工作流和调度。工作流就是将一系列作业按照一定流程进行编译，使其按照自己的意愿去工作。类似于 Java 后端调度框架 Quartz，Oozie 也是一个调度框架，它能够依据时间与数据对作业进行调度。

Oozie 是一个基于工作流引擎的开源框架，由 Cloudera 公司贡献给 Apache，能够提供对 Hadoop MapReduce 和 Pig Job 的任务调度和协调，需要部署到 Java Servlet 容器中运行。

Oozie 工作流提供了很多功能的节点，如分支、并发、汇合等。

Oozie 一般定义了控制流节点（Control Flow Node）和动作节点（Action Node），其中控制流节点定义了流程的开始和结束，以及控制流程的执行路径（Execution Path），如 decision、fork、join 等；动作节点包括 MapReduce-Job、Hadoop 文件系统、Pig 等 Oozie 子流程。

Oozie 是一个可扩展的、灵活的、分布式系统。

实际上在处理数据时不可能只包含一个 MapReduce 操作，一般都是多个 MapReduce 操作，中间还可能包含多个 Java 或 HDFS，甚至 Shell 操作，利用 Oozie 可以完成这些任务的执行。

Oozie 不仅可以用来配置多个 MapReduce 工作流，还可以用来完成各种程序夹杂在一起的工作流，如执行一个 MapReduce1，接着执行一个 Java 脚本，再执行一个 Shell 脚本，接着执行一个 Hive 脚本，然后执行一个 Pig 脚本，最后执行一个 MapReduce2。在使用 Oozie 时，若前一个任务执行失败，后一个任务将不会被调度。

Oozie 主要由三大功能模块构成：

- workflow（工作流）：定义 Job 任务执行。
- Coordinator：定时触发 workflow，周期性执行 workflow。
- Bundle Job：绑定多个 Coordinator，一起提交或触发所有 Coordinator。

一个 Oozie 的 Job 一般由以下文件组成：

- job.properties：记录了 Job 的属性。
- workflow.xml：使用 HPDL 定义任务的流程和分支。
- class 文件：用来执行具体任务。

具备了以上条件，即可运行 Oozie 的调度任务。

13.1.2　Azkaban 简介

Azkaban 是由 LinkedIn 开源的使用 Java 语言开发的任务调度框架，用于在一个工作流内以特定的顺序运行一组工作和流程。Azkaban 使用 Job 配置文件建立任务之间的依赖关系，并提供一个易于使用的 Web 界面，用于维护和跟踪工作流。

Azkaban 有如下优点：

- 提供功能清晰且简单易用的 Web 界面。
- 提供 Job 配置文件，快速建立任务和任务之间的依赖关系。
- 提供模块化和可插拔的插件机制，原生支持 command、Java、Hive、Pig、Hadoop。
- 基于 Java 语言开发，代码结构清晰，易于二次开发。

Azkaban 三个关键组件的作用如下。

- Relational Database：存储元数据，如项目名称、项目描述、项目权限、任务状态、SLA 规则等。
- AzkabanWebServer：项目管理、权限授权、任务调度、监控 Executor。
- AzkabanExecutorServer：作业流执行的服务器。

Azkaban 主要解决的业务场景如下：

- 对日志等原始数据进行 ETL。
- 将 ETL 后的数据存储起来。
- 对数据进行分析。
- 任务完成或失败后通知相关人员。

当要进行大量离线计算任务的调度时可以使用 Azkaban。Azkaban 可以自动化完成日志的 ETL 及自动分析任务的创建和监控，实现无人值守，这对于规模庞大的大数据集群管理尤为重要。

13.1.3 Airflow 简介

Airflow 是一个编排、调度和监控工作流的平台，由 Airbnb 开源，用 Python 语言编写，自带 Web UI 和调度，现在在 Apache Software Foundation 孵化。Airflow 将工作流编排为 Task 组成的 DAG，调度器在一组 Worker 上按照指定的依赖关系执行任务。同时，Airflow 提供了丰富的命令行工具和简单易用的用户界面，以便用户查看和操作，除此之外，Airflow 还提供了监控和报警系统。

Airflow 中有两个基本概念，即 DAG 和 Task。

DAG 将所有需要运行的 Task 按照依赖关系组织起来，描述的是所有 Task 的执行顺序。DAG 是多个 Task 的集合，定义在一个 Python 文件中，包含了 Task 之间的依赖关系，如 Task A 在 Task B 之后执行，Task C 可以单独执行等。

Airflow 具有如下特点。

- 分布式任务调度：允许一个工作流的 Task 在多个 Worker 上同时执行。
- 可构建任务依赖：具有丰富的 CLI 和用户界面，允许用户可视化依赖关系、进度、日志、相关代码，以及白天完成各种任务的时间。
- 模块化、可扩展且高度可扩展。
- Task 原子性：工作流上每个 Task 都是原子可重试的，一个工作流某个环节的 Task 失败可自动或手动进行重试，不必从头开始任务。

13.1.4 调度系统对比

常用的三种调度系统对比如表 13-1 所示。

表 13-1 常用的三种调度系统对比

项 目	Airflow	Azkaban	Oozie
所有者	Apache（以前是 Airbnb）	LinkedIn	Apache
社区	很活跃	一般活跃	活跃
历史	7 年	10 年	11 年
主要目的	通用批处理	Hadoop 作业调度	Hadoop 作业调度
流程定义	Python	自定义 DSL	xml
是否支持单节点	是	是	是
是否有快速演示设置	有	有	没有
是否支持 HA	是	是	是
是否有单点故障	有（单一调度程序）	有（单个 Web 和调度程序组合节点）	没有
HA 额外要求	负载均衡器+数据库	数据库	负载均衡器（Web 节点）+ 数据库 + ZooKeeper
Cron Job	是	是	是
Rest API Trigger	是	是	是
可扩展性	取决于执行程序设置	好	很好

在以上调度系统中，Azkaban 可能是最容易实现开箱即用的，其 Web UI 非常直观且易于使用，调度和 REST API 实现的很好。但是作为通用编排引擎，Azkaban 的功能不太丰富，不能通过外部资源触发工作，也不支持工作等待模式，虽然可以通过 Java 代码/脚本实现比较繁忙的工作，但这会导致资源利用率下降。

Airflow 奉行“Configuration as code”，采用 Python 语言描述工作流、判断触发条件等，使得编写工作流就像写脚本；能调试工作流，更好地判别是否有错误；能更快捷地在线上进行功能扩展。Airflow 充分利用了 Python 灵巧轻便的特点，相比之下 Oozie 显得笨重太多。

Airflow 的优点在于是用 Python 语言编写的，Python 作为胶水语言，可以对接各类数据库、大数据平台，二次开发也很方便，遇到问题可以查看源码，可扩展性好；其缺点是文档比较少。

13.2 Airflow 基本架构设计

Airflow 是由 Airbnb 开源的一款工具，从该项目的 GitHub 地址可获取源码和示例文件。

13.2.1 设计原则

Airflow 的设计原则如下。

- 动态：Airflow 配置为代码（Python），允许动态生成管道，因此允许编写动态实例化的管道代码。
- 自定义：轻松定义自己的 Operator，执行程序并扩展库，适合环境的抽象级别。
- 优雅：精益而明确，使用强大的 Jinja 模板引擎将参数化脚本内置于 Airflow 的核心。
- 可扩展：具有模块化体系结构，并使用消息队列来协调任意数量的 Worker。

查阅相关资料可知国内大部分 Airflow 使用者将 Airflow 作为代替 crontab 的一个高级定时任务管理工具，基于 Airflow 的调度管理特性，其擅长进行高级定时管理。但是 Airflow 的核心价值应该在于，它是一个有向非循环的组织结构，在有一些比较复杂的后台工作任务需要进行自动化地处理时，Airflow 是一个非常好用的任务工作流编排和管理工具。

13.2.2 Airflow 的服务构成

一个正常运行的 Airflow 系统一般由以下几个服务构成。

1. WebServer

Airflow 提供了一个可视化的 Web 界面。启动 WebServer 后，就可以在 Web 界面上查看定义好的 DAG 并监控及改变运行状况，也可以在 Web 界面中对一些变量进行配置。其本质是 Python+flask+Jinja 2，简单易学。

2. Scheduler

整个 Airflow 的调度由 Scheduler 负责发起，Scheduler 每隔一段时间就会检查所有定义完成的 DAG 和定义在其中的作业，如果有符合运行条件的作业，Scheduler 就会发起相应的作业任务以供 Worker 接收。

3. Executor

Executor 有 SequentialExecutor、LocalExecutor、CeleryExecutor 三个执行器。

SequentialExecutor 为顺序执行器，默认使用 SQLite 作为知识库，因此任务之间不支持并发执行，常用于测试环境，无须进行额外配置。

LocalExecutor 为本地执行器，不能使用 SQLite 作为知识库，可以使用 MySQL、PostgreSQL、DB2、Oracle 等各种主流数据库，任务之间支持并发执行，常用于生产环境，需要配置数据库连接 URL。

CeleryExecutor 为 Celery 执行器，需要安装 Celery（基于消息队列的分布式异步任务调度工具），需要额外启动工作节点。可通过 CeleryExecutor 将作业运行在远程节点上。

4. Worker

一般来说用 Worker 执行具体的作业。Worker 可以部署在多台机器上，并可以分别设置接收的队列。当接收的队列中有作业任务时，Worker 就会接收这个作业任务，并开始执行。Airflow 会自动在每个部署 Worker 的机器上同时部署一个 Serve Log 服务，这样就可以在 Web 界面上方便地浏览分散在不同机器上的作业日志了。

5. Operator

Operator，即运行者。如上所述，DAG 由 Task 组成，一个 Task 可能是一个函数，也可能是一个 Linux 命令行调用，还可能是一个 SQL 任务或一个 HTTP 请求等，这些特定的 Task 任务类型，需要一个特定的执行者来运行。例如：

- BashOperator 执行 Linux 命令行调用。
- PythonOperator 执行 Python 函数。
- MySQLOperator 向 MySQL 数据库运行指定的 SQL 任务。
- SimpleHttpOperator 发起指定的 HTTP 请求（如通过调用 Web 服务执行特定任务）。

6. Flower

Flower 提供了一个可视化界面以监控所有 Worker 的运行状况，这个服务并不是必要的。

7. 元数据库

原生的 Airflow 的存储数据库是 SQLite，通常配置为 MySQL 或 PostgreSQL 等关系数据库。

13.2.3 依赖关系的解决

Airflow 是 data pipeline 调度和监控工作流的平台，由于具有优秀的设计，可用于应对复杂的依赖问题。

调度系统常常要考虑的依赖问题有如下几种。

- 时间依赖：何时执行任务。
- 环境依赖：执行任务所需环境，如 Python 版本。
- 任务关系依赖：任务间的父子依赖。
- 资源依赖：当资源达到一定瓶颈时，任务处于等待状态。
- 权限依赖：谁能执行任务。

Airflow 解决这些问题的方式如下。

- 时间依赖：类似 crontab，支持直接使用 Python 的 datetime。
- 环境依赖：在 SequentialExecutor、LocalExecutor 下不需要考虑这个问题（单机），在 CeleryExecutor 下可以使用不同的用户启动 Worker，不同的 Worker 监听不同的 Queue。同一 Worker 下的执行环境是一致的。
- 任务关系依赖：Airflow 的核心概念是 DAG，DAG 由一个或多个 Task 组成，多个 Task 之间的依赖关系可以很好地用 DAG 表示。
- 资源依赖：任意一个 Task 指定一个抽象的 Pool（类似 TDW 应用组），每个 Pool 可以指定一个 Slot 数。每当一个 Task 启动时，就占用一个 Slot 数。当 Slot 数被占满时，其余 Task 将处于等待状态。
- 权限依赖：Web 服务器的鉴权；CeleryExecutor 下可以使用不同的用户启动 Worker。

13.2.4 工作原理

任务调度过程如图 13-1 所示。

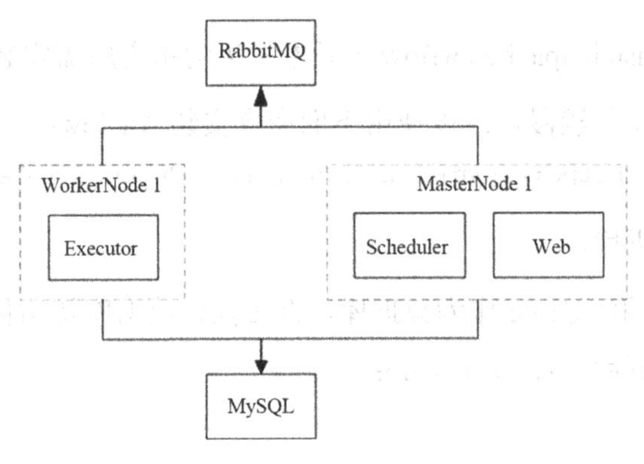

图13-1 任务调度过程

Scheduler读取DAG配置文件，将需要执行的Job信息发给RabbitMQ，并且在MySQL中注册Job信息。

RabbitMQ中有很多Channel，Scheduler的Job会根据需要执行的环境发到相应的Channel里面。

Executor消费RabbitMQ相应的Channel进行执行，执行结果更新到MySQL中，并将Log暴露到Executor的某个HTTP端口上调用，并存入MySQL中。

Web读取MySQL中Job的信息，展示Job的执行结果，并从MySQL中获取Log的URL，展示Log。

Web上发现执行错误的Job可以点击重试，将Job直接发送给RabbitMQ，并改变MySQL中Job的状态。

13.3 Airflow任务调度系统的安装配置及使用

接下来介绍Airflow的安装、配置和使用。

13.3.1 安装

安装Airflow比较简单，包括以下四个步骤。

（1）安装python-pip：

```
yum install -y python-pip
```

（2）安装Airflow：

```
pip install apache-airflow
```

可以使用 pip install apache-airflow==版本号语句指定所需安装的 Airflow 版本。

如果上面命令安装较慢，可以使用下面命令安装 Airflow：

```
pip install -i https://pypi.tuna.tsinghua.edu.cn/simple airflow
```

（3）初始化数据库。

Airflow 默认使用 SQLite 作为数据库，直接执行数据库初始化命令后，会在环境变量路径下新建一个数据库文件 airflow.db：

```
airflow initdb
```

（4）启动 airflow webserver：

```
airflow webserver
```

默认端口为 8080。

13.3.2 配置

1. 配置 MySQL

配置 MySQL 以启用 LocalExecutor 和 CeleryExecutor。

（1）安装 MySQL 数据库支持：

```
yum install mysql mysql-server pip install airflow[mysql]
```

（2）设置 MySQL root 用户的密码：

```
mysql -uroot #
```

（3）以 root 身份登录 MySQL，默认无密码 ：

```
mysql> SET PASSWORD=PASSWORD("passwd");
mysql> FLUSH PRIVILEGES; # 注意 SQL 语句末尾的分号
```

（4）新建用户和数据库：

```
# 新建名字为<airflow>的数据库
mysql> CREATE DATABASE airflow;
# 新建用户“airflow”，密码为“airflow”，该用户对 airflow 数据库有完全操作权限
mysql> GRANT all privileges on airflow.* TO airflow@'localhost' IDENTIFIED BY
airflow; mysql> FLUSH PRIVILEGES;
```

（5）修改 Airflow 配置文件支持 MySQL。

airflow.cfg 文件通常在~/airflow 目录下。

（6）更改数据库链接：

```
sql_alchemy_conn = mysql://airflow:airflow@localhost/airflow
```

对应字段解释如下：

```
dialect+driver://username:password@host:port/database
```

（7）初始化数据库：

```
airflow initdb
```

初始化数据库成功后，可进入 MySQL 查看新生成的数据表。

```
mysql> SHOW TABLES; +--------------------+ | Tables_in_airflow | +-----------
--------+ | alembic_version | | chart | | connection | | dag | | dag_pickle | |
dag_run | | import_error | | job | | known_event | | known_event_type | | log |
| sla_miss | | slot_pool | | task_instance | | users | | variable | | xcom | +-
-------------------+ 17 rows in set (0.00 sec)
```

2. 配置 LocalExecutor

作为测试使用，此步可以跳过，最后的生产环境用的是 CeleryExecutor；若 CeleryExecutor 配置不方便，也可使用 LocalExecutor。

前面数据库已经配置好了，如果想使用 LocalExecutor 只需修改 Airflow 配置文件就可以了。airflow.cfg 文件通常在~/airflow 目录下，打开该文件，更改 executor 为 executor = LocalExecutor，即可完成配置。

把文后 TASK 部分的 dag 文件复制到~/airflow/dags 目录下，顺次执行如下命令：

```
airflow initdb  //之前执行过，这里可不用执行

airflow webserver --debug &

airflow scheduler
```

然后进入网址 http://127.0.0.1:8080 就可以实时侦测任务动态了。

3. 配置 CeleryExecutor 作为任务执行器

（1）安装 Erlang 和 RabbitMQ：

```
wget https://packages.erlang-solutions.com/erlang/esl-erlang/
FLAVOUR_1_general/esl-erlang_18.3-1~centos~6_amd64.rpm
yum install esl-erlang_18.3-1~centos~6_amd64.rpm
wget https://github.com/jasonmcintosh/esl-erlang-compat/releases/download/
1.1.1/esl-erlang-compat-18.1-1.noarch.rpm
yum install esl-erlang-compat-18.1-1.noarch.rpm
wget http://www.rabbitmq.com/releases/rabbitmq-server/v3.6.1/rabbitmq-
server-3.6.1-1.noarch.rpm
yum install rabbitmq-server-3.6.1-1.noarch.rpm
```

（2）配置 RabbitMQ 的步骤如下：

使用 rabbitmqctl status 语句检查 RabbitMQ 是否可正常启动。

设置开机启动：

```
chkconfig rabbitmq-server on
```

开启服务：

```
service rabbitmq-server start
```

停止服务：

```
service rabbitmq-server stop
```

重启服务：

```
service rabbitmq-server restart
```

（3）添加用户并且配置权限：

```
rabbitmqctl add_user [user name] [user password] : rabbitmqctl asd_user odin
123456
rabbitmqctl set_user_tag odin administrator #这里可以添加不同的角色，也可以添加多个角色
rabbitmqctl add_vhost airflow             #添加一个名称空间，又称虚拟主机 airflow
rabbitmqctl set_permissions -p airflow odin ".*" ".*" ".*"
```

（4）登录 RabbitMQ。

RabbitMQ 服务端口如下：

客户端通信端口为 5672；

Web UI 访问端口为 15672；

服务器间通信端口为 25672；

Erlang 发现端口为 4369。

（5）配置 airflow.cfg：

```
broker_url = amqp://guest:guest@{RABBITMQ_HOST}:5672/
celery_result_backend=db+mysql://{USERNAME}:{PASSWORD}@{MYSQL_HOST}:3306/air
flow
executor = CeleryExecutor
default_queue = airflow
```

（6）重新启动 Airflow：

```
airflow webserver -p8080
airflow worker
airflow flower
```

执行 airflow flower 启动 Celery 的 flower UI，可以在网页端访问 localhost:5555 端口查看任务执行情况。

13.3.3 使用

Airflow 提供了一个基于 Web 的用户界面，用户通过该界面可以可视化依赖关系、监控进度、触发任务等操作。

部署好 Airflow 之后，连入内网，输入 URL http://[airflow 所在的 IP 地址]:8080/admin/ 进入 Airflow Web 界面，如图 13-2 所示。

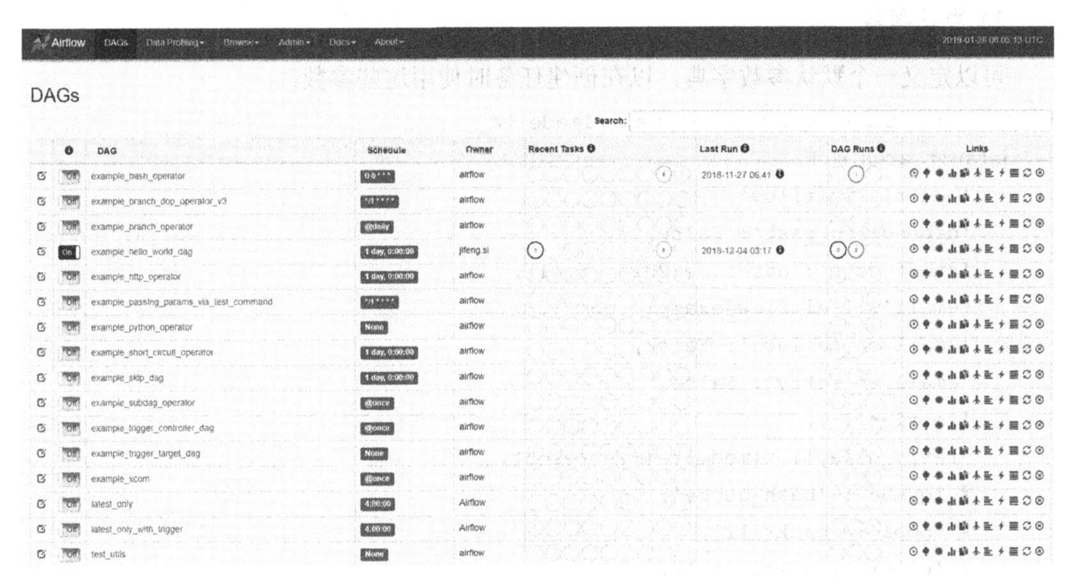

图 13-2 Airflow Web 界面

完成 DAG 文件开发测试的步骤如下:

① 编写任务脚本（.py）文件。

② 测试任务脚本。

③ Web UI 自查。

Airflow 采用 Python 语言定义 DAG，通常一个.py 文件就是一个 DAG。

在部署后，Web 界面会出现 Airflow 内置的示例 DAG，通过学习这些 DAG 的源码可掌握 Operator、调度、任务依赖等知识，快速入门 Airflow DAG 开发。

在/data/airflow/dags 目录下，增加任何新的 DAG 文件后都需要重启 Airflow 的 WebServer 才能在 Web 界面上显示。

13.4 Airflow 自定义 DAG 的使用

下面介绍一个完整 DAG 的使用路线。

1）导入模块

一个 Airflow 工作流是一个定义 Airflow DAG 的 Python 脚本，从引入模块开始。

```
# 导入 DAG
from airflow import DAG
# 导入 BashOperator
from airflow.operators.bash_operator import BashOperator
```

2）默认参数

可以定义一个默认参数字典，以在创建任务时使用这些参数：

```
from datetime import datetime, timedelta
default_args = {
    'owner': 'airflow',
    'depends_on_past': False,
    'start_date': datetime(2018, 6, 1),
    'email': ['airflow@example.com'],
    'email_on_failure': False,
    'email_on_retry': False,
    'retries': 1,
    'retry_delay': timedelta(minutes=5),
    # 'queue': 'bash_queue',
    # 'pool': 'backfill',
    # 'priority_weight': 10,
    # 'end_date': datetime(2016, 1, 1),
}
```

关于基本参数和它们的作用可参考文档：py:class:airflow.models.BaseOperator。

注意，你可以很容易地定义不同的参数集，这些参数集将服务于不同的目的。例如，在生产环境和开发环境之间进行不同的设置。

3）实例化一个 DAG

需要一个 DAG 对象来嵌套任务。在这里，传递一个字符串，该字符串定义了 dag_id，将 dag_id 作为 DAG 的唯一标识符。传递定义的默认参数字典，并为 DAG 定义一个调度间隔 schedule_interval 为 1 天：

```
dag = DAG(
    'tutorial', default_args=default_args, schedule_interval=timedelta(1))
```

4）任务

任务在实例化运算符对象时生成。从操作符实例化的对象称为构造函数。第一个参数 task_id 充当任务的唯一标识符。

```
t1 = BashOperator(
    task_id='print_date',
    bash_command='date',
    dag=dag)
t2 = BashOperator(
    task_id='sleep',
    bash_command='sleep 5',
    retries=3,
    dag=dag)
```

注意，将操作符特定的参数（bash_command）和从 BashOperator 继承的所有操作符（retries）共有的参数传递给操作符的构造函数比为每个构造函数调用传递每个参数更简单。另外，在第二个任务中，retries 参数重新被赋值为 3。

任务的优先级规则如下：

- 显式传递默认参数；
- default_args 中已经设置好的参数；
- 操作的默认值。

一个任务必须包括或继承参数 task_id 和 owner，否则将引发 Airflow 异常。

5）Jinja 模板

Airflow 采用 Jinja 模板进行内置参数和宏的配置。Airflow 提供了让工作流开发者定义他们自己的参数、宏和模板的接口。

本章仅涉及在 Airflow 中使用模板可以做什么，本节的目标是知道这个特性的存在、熟悉双花括号，并指向最常见的模板变量{{ ds }}（日期戳）。

```
templated_command = """
    {% for i in range(5) %}
        echo "{{ ds }}"
        echo "{{ macros.ds_add(ds, 7) }}"
        echo "{{ params.my_param }}"
    {% endfor %}
"""
```

```
t3 = BashOperator(
    task_id='templated',
    bash_command=templated_command,
    params={'my_param': 'Parameter I passed in'},
    dag=dag)
```

templated_command 代码{%……%}中的代码逻辑引用如{{ ds }}的参数，调用如{{ macros.ds_add(ds, 7) }}的函数，并引用用户定义参数{{ params.my_param }}。

BaseOperator 中的 params 接口允许将参数和/或对象的字典传递给模板。（请花时间了解参数 my_param 是如何将其传递到模板的。）

将文件传递给 bash_command 参数，如 bash_command ='templated_command.sh'，其中文件位置是相对于包含工作流文件的目录（本例中为 tutorial.py）。这可能出于多种原因，如分离脚本的逻辑和管道代码，允许在用不同语言编写的文件中突出显示适当的代码，以及构造工作流时的一般灵活性。也可以将 template_searchpath 定义为指向 DAG 构造函数中的任何文件夹位置。

使用相同的 DAG 构造函数就可以定义 user_defined_macros，它允许指定自己的变量。例如，将 dict(foo='bar')传递给 user_defined_macros，允许在模板中使用{{ foo }}。此外，指定 user_defined_filters 允许注册自己的过滤器。例如，将 dict(hello=lambda name：'Hello %s' % name)传递给 user_defined_filters，允许在模板中使用{{ 'World'| hello }}。更多有关自定义过滤器的信息请参阅 Jinja 文档。

6）设置依赖

有两个不相互依赖的简单任务，以下是定义它们之间的依赖关系的几种方法：

```
t2.set_upstream(t1)
# This means that t2 will depend on t1# running successfully to run# It is equivalent to# t1.set_downstream(t2)

t3.set_upstream(t1)
# all of this is equivalent to# dag.set_dependency('print_date', 'sleep')# dag.set_dependency('print_date', 'templated')
```

注意，在执行脚本时，当 Airflow 在 DAG 中找到循环或当依赖项被引用不止一次时，会引发异常。

7）概括

到目前为止，已有一个基本的 DAG，此时的代码如下：

```
"""
Code that goes along with the Airflow located at:
```

```
http://airflow.readthedocs.org/en/latest/tutorial.html
"""from   airflow   import   DAGfrom   airflow.operators.bash_operator   import
BashOperatorfrom datetime import datetime, timedelta

default_args = {
    'owner': 'airflow',
    'depends_on_past': False,
    'start_date': datetime(2018, 6, 1),
    'email': ['airflow@example.com'],
    'email_on_failure': False,
    'email_on_retry': False,
    'retries': 1,
    'retry_delay': timedelta(minutes=5),
    # 'queue': 'bash_queue',
    # 'pool': 'backfill',
    # 'priority_weight': 10,
    # 'end_date': datetime(2019, 1, 1),
}

dag = DAG(
    'tutorial', default_args=default_args, schedule_interval=timedelta(1))
# t1, t2 and t3 are examples of tasks created by instantiating operators
t1 = BashOperator(
    task_id='print_date',
    bash_command='date',
    dag=dag)

t2 = BashOperator(
    task_id='sleep',
    bash_command='sleep 5',
    retries=3,
    dag=dag)

templated_command = """
    {% for i in range(5) %}
        echo "{{ ds }}"
        echo "{{ macros.ds_add(ds, 7)}}"
        echo "{{ params.my_param }}"
    {% endfor %}
"""
```

```
t3 = BashOperator(
    task_id='templated',
    bash_command=templated_command,
    params={'my_param': 'Parameter I passed in'},
    dag=dag)

t2.set_upstream(t1)
t3.set_upstream(t1)
```

8）测试

（1）执行脚本。

首先，确保工作流解析。假设是在 airflow.cfg 中引用的 dags 文件夹中的 tutorial.py 中保存了上一步的代码，则 DAG 的默认位置是~/airflow/dags。

```
python ~/airflow/dags/tutorial.py
```

若运行上述脚本没有引发异常，则表明没有任何严重的错误，Airflow 环境是健全的。

（2）命令行元数据验证。

运行如下命令进一步验证这个脚本：

```
# 打印活动的 DAG 清单
airflow list_dags
# 打印 "tutorial" dag_id 的任务清单
airflow list_tasks tutorial
# 打印示例 DAG 中任务的层次结构
airflow list_tasks tutorial --tree
```

（3）测试任务实例。

通过在特定日期运行任务实例来进行测试。在此上下文中指定日期的是 execution_date，它模拟在特定时间运行任务或 DAG 的调度程序：

```
# 命令结构
command subcommand dag_id task_id date
# 测试 print_date
airflow test tutorial print_date 2018-06-01
# 测试 sleep
airflow test tutorial sleep 2018-06-01
```

通过运行以下命令来查看此模板是如何呈现和执行的：

```
# 测试 templated
airflow test tutorial templated 2018-06-01
```

执行上述命令将显示事件的冗长日志，不停地运行 BASH 命令，并打印结果。

注意，airflow test 命令在本地运行任务实例，将它们的日志输出到 stdout，不需要依赖项，也不将状态（运行、成功、失败等）同步到数据库。它只允许测试单个任务实例。

第 14 章 数据安全管理

大数据平台安全伴随着大数据平台而生。大数据应用通过开源分布式计算和存储框架，来提供海量数据分布式存储和计算服务。新技术、新架构的应用使得传统的安全保护手段的缺点暴露出来。

14.1 HDFS 层面的访问权限及安全模式

接下来介绍 HDFS 的权限管理、安全模式的相关知识。

14.1.1 HDFS 权限管理

HDFS 实现了一个和 POSIX 系统类似的文件和目录的权限模型，即 HDFS 上的文件及文件目录的访问控制与操作系统的访问控制是一样的，支持 POSIX ACL（Access Control Lists）规范，通过 ACL 可以进行更加灵活的授权。

HDFS 中的每个文件及目录都有一个所有者（Owner）和一个组，文件或目录针对其所有者、同组的其他用户及所有其他用户有不同的权限。例如，当 Linux 系统用户 snaglp 使用 Hadoop 命令创建一个文件时，该文件和文件的目录在 HDFS 中的所有者就是 snaglp。针对文件或目录，权限类型如下。

- R：读权限，读取文件或列出目录内容时需要该权限。
- W：写权限，当写入、追加文件或新建、删除子文件或子目录时需要该权限。
- X：可执行权限，当访问子目录节点时，需要该权限。

HDFS 数据访问权限不是 HDFS 本身的特性，而是外部特性，在实际工作中，具有非常重要的作用，可以减少用户对数据的误操作，方便运维人员更好地进行管控。

14.1.2　HDFS 安全模式

1．安全模式定义

安全模式是 HDFS 的一种特殊状态，在这种状态下，文件系统只接受读数据请求，不接受删除、修改等变更请求。NameNode 在启动时，HDFS 先进入安全模式，即对于客户端来说 NameNode 的文件系统是只读的（只显示目录、文件内容等，不可进行写、删除、重命名等操作）。DataNode 在启动时会向 NameNode 汇报可用的 Block 等状态，当 Block 的副本数大于或等于最小副本数时，会被认为是安全的，当整个系统达到安全标准时，HDFS 自动退出安全模式。在检测到副本数不足的 Block 时，该 Block 会被复制，直到满足最小副本数，HDFS 中 Block 的位置并不是由 NameNode 维护的，而是以块列表形式存储在 DataNode 中的。

2．安全模式配置

与安全模式相关的主要配置在 hdfs-site.xml 文件中，主要有下面几个配置。

- dfs.namenode.replication.min：最小的文件 Block 副本数量，默认为 1。
- dfs.namenode.safemode.threshold-pct：副本数达到最小副本数要求的 Block 数与 HDFS 总 Block 数比值。只有实际比例超过该配置后，HDFS 才能离开安全模式（其他安全条件也需满足）。默认为 0.999f，即符合最小副本数要求的 Block 数与 HDFS 总 Block 数的比值超过 99.9%，并且满足其他安全条件才能离开安全模式。若该值小于或等于 0，则不会等待任何 Block 的副本数达到要求，HDFS 即可离开安全模式；若该值大于 1，则 HDFS 将永远处于安全模式。
- dfs.namenode.safemode.min.datanodes：离开安全模式的最小可用 DataNode 数量，默认为 0，即使所有 DataNode 都不可用，仍然可以离开安全模式。
- dfs.namenode.safemode.extension：若集群副本数到达最小副本数的 Block 数与 HDFS 总 Block 数的最小可用比值和可用 DataNode 数量都达到要求，且在 extension 配置的时间段后依然能满足要求，则离开安全模式。单位为毫秒，默认为 1，即当满足条件并且能够维持 1 毫秒时，离开安全模式。这个配置主要是对集群的稳定程度进行进一步确认，避免达到要求后又不符合安全标准。

综上所述，离开安全模式，需要满足以下条件：

- 达到最小副本数要求的 Block 占比满足要求。
- 可用的 DataNode 数满足配置的数量要求。
- 以上两个条件满足后维持的时间达到配置的要求。

安全模式相关操作命令：

- hadoop dfsadmin -safemode get——查看当前状态。
- hadoop dfsadmin -safemode enter——进入安全模式。
- hadoop dfsadmin -safemode leave——强制退出安全模式。
- hadoop dfsadmin -safemode wait——一直等到安全模式结束。

日志验证示例：

```
org.apache.hadoop.hdfs.StateChange:STATE* safe mode ON,in safe mode extension.The reported blocks 81 has reached the threshold 0.9990 of total blocks. The number of live datanodes 2 has reached the minimum number 0. In safe mode extension. Safe mode will be turned off automatically in 9 seconds.
```

14.1.3 ACL 概念介绍

一个 ACL 是由一系列 Access Entry 组成的。每条 Access Entry 由 Entry tag type、qualifier（optional）、权限三部分组成，定义了特定的类别可以对文件拥有的操作权限，简单来说，就是某个文件可以被授权不同的组中的用户访问。如果 ACL 与文件/目录模式权限位（File Mode Permission Bits）完全对应，则称其为最小 ACL（minimal ACL），最小 ACL 有三个 ACL 条目，即 owner、owning group 和 others。由于这三个条目与传统的 POSIX 权限模型完全对应，因此不需要指定用户名，称为无名条目。超过三个条目的 ACL 称为扩展 ACL。扩展 ACL 包含一个 mask 条目，以及给其他指定用户和组授权的条目，即有名 ACL 条目（Named Entry），与最小 ACL 中的无名条目相对应。因此利用 ACL 可以实现更加灵活的授权。

ACL 条目的类型如下。

- ACL_USER_OBJ：相当于 Linux 中 file_owner 的权限。
- ACL_USER：定义了额外的用户可以对此文件拥有的权限。
- ACL_GROUP_OBJ：相当于 Linux 中的组权限。
- ACL_GROUP：定义了额外的组可以对此文件拥有的权限。
- ACL_MASK：定义了 ACL_USER、ACL_GROUP_OBJ 和 ACL_GROUP 的最大权限。

- ACL_OTHER：相当于 Linux 中的 other 权限。

例如，用 getfacl 命令来查看一个定义好的 ACL 文件：

```
[root@zyq-server data]# getfacl test.txt
# file: test.txt
# owner: root
# group: family
user::rw-
user:zyq:rw-
group::rw-
group:lsmpuser:rw-
mask::rw-
other::---
```

（1）前面三行以#开头的代码行定义了文件名、文件所有者和文件的组。这些信息没有太大作用，可以通过–omit-header 省略。

（2）user::rw- 定义了 ACL_USER_OBJ，说明文件拥有者拥有读和写的权限。

（3）user:zyq:rw- 定义了 ACL_USER，说明用户 zyq 拥有对文件的读和写的权限。

（4）group::rw- 定义了 ACL_GROUP_OBJ，说明文件的组拥有读和写的权限。

（5）group: jackuser:rw- 定义了 ACL_GROUP，使得 jackuser 组拥有对文件的读和写权限。

（6）mask::rw- 定义了 ACL_MASK 的权限为读和写。

（7）other::- 定义了 ACL_OTHER 没有任何权限操作此文件。

由此可以看出 ACL 提供了可以定义特定用户和用户组的功能。

14.2　保障敏感数据的安全性

在互联网时代保障数据的安全是势在必行的，在大数据环境下，数据多以集群存储，量大而复杂是大数据的重要特征。在这种情况下，如何设计数据的安全性方案才能保证数据安全，同时保证集群负载小且对外透明度高呢？

集群安全保障——集群一般会部署 kerberos，这是集群安全性的一个必要前提，即使集群位于公司内网，若没部署 kerberos，则集群的安全性比较低。集群部署 Hadoop Sentry 可以进一步加强权限管理，可以实现对 Hive 表控制权限到列，也可以实现对 HDFS 文件进行具体权限控制。

敏感数据安全性——大多数据是日常用户行为数据，无须加密；少数数据可能是一些敏感数据，如用户身份证号、用户 ID 等，这些数据具备重要的商业价值，需要进行加密处理。在不影响集群性能的情况下，最简单有效的数据安全性方案就是对敏感数据字段进行加密存储。下面介绍两类常用的数据加密方案。

1. 数据散列处理

散列处理是指 Hash 类的处理，散列算法有 MD5、SHA-1、SHA-256 及更高位数的散列算法。散列算法的显著特征是雪崩效应，即原文稍有改变算出来的值就会完全不同。Hash 是一种摘要算法，针对不同的输入，同一种 Hash 算法输出的位数是固定的。Hash 存在碰撞的可能，在被用于数据加密时，Hash 碰撞会导致数据丢失，一个明文会覆盖另一个明文，所以在用 Hash 进行数据散列处理时，必须验证碰撞概率是否在可接受范围内。敏感字段可能因为业务需要在特定场景下还原，但 Hash 不可逆，所以采用散列处理方案时必须做好明密文映射表。若很清楚字段的结构，并且字段在可穷举范围内，则可以选择一个盐（Salt），然后穷举所有可能找到确定无碰撞的盐。对于无法穷举字段，只能验证碰撞概率是否在可接受范围内。

第一种方案：将散列算法发布成服务，对外提供明密文访问的 API，优势如下：

- 服务进行 Hash 运算，有碰撞则换盐，可避免碰撞产生。
- 密文请求的同时把映射表做完，不用单独运行服务做映射表，不会漏掉明文。
- 只用进行一次散列，可减少计算开销。

劣势如下：

- 每一行都需要请求，服务并发太大，需要缓存服务做得非常好。
- 服务单点，一旦宕机所有数据都将无法运行。
- 最重要的一点，安全和权限管理不好做，API 一旦泄露，即可通过明文碰撞出密文。

第二种方案：在 UDF 中进行散列处理，控制盐的权限，然后单独运行服务做映射表，一个字段对应一个盐，控制好盐的权限，如把盐存入 Hive 表中，借用 Hadoop Sentry 实现对表中的列的权限控制。在 UDF 中获取盐，然后实现加密，但是解密需要以映射表为依据，所以要专门运行服务做映射表，优势如下：

- 可以避免高并发，没有单点故障。
- 盐值可实现权限管理，安全性可以得到保障。

劣势如下：

- 可能存在散列碰撞，数据可能丢失，需验证碰撞概率是否在可接受范围内。

- 映射表需单独维护，所有数据必须在入库之前先运行，并进行去重等处理。
- 映射表的维护要随业务而变，只要有新的数据源接入，就要更改服务，极其麻烦。

以上是散列处理的两种具体方案，由于散列不可逆，因此若需要还原明文，该方案的代价将非常大。映射表的维护极其麻烦，且备份和安全性不好处理。如果企业不要求还原明文，那么第二种方案不失为一个好的方案。

2. AES 对称加密

AES 对称加密是一种对称加密算法，加密和解密使用同一种密钥。加密过程是向量的移位运算过程，其会对输入进行 16 字节的划分，然后进行移位运算；解密是加密的反向过程。

AES 对称加密有很多不同模式，不同模式的运算方式不一样，有的模式还需要初始化向量。其中 CFB 模式和 OFB 模式不会处理填充情况（当输入不满 16 字节时，是否填充为 16 字节），所以 AES 对称加密的输出长度与输入长度相关，与密钥长度无关。

当输入是 $16n$ 字节时，在没有填充的情况下，输出和输入长度相同。在有填充的情况下，输出为 $16(n+1)$。当输入不是 16 字节的整数倍，在 $16n$ 至 $16(n+1)$的区间内时，若没有填充，则输出和输入长度相同；若有填充，则输出长度是 $16(n+1)$。

在 JDK 中默认有 AES 128 位的加/解密 API，若需要更高位数的加/解密 API，则需要下载额外的 jar 包。一般情况下，128 位的加/解密 API 就够日常加密使用了。

14.3　应用层面的安全性保障

一个安全的 SaaS 应用应具备五个层面的安全性，分别是物理安全、网络安全、系统安全、应用安全和管理安全。每个层面拥有不同的控制策略，其组合在一起形成一个完整的 SaaS 安全方案。

1. 物理安全控制策略

建立硬件环境防范体系：服务商的系统硬件和运行环境是 SaaS 应用运行的基本要素，要保证存放 SaaS 服务器、通信设备等场地的安全，确保计算机的正常运行。

建立多层级备份机制：数据备份是防止系统操作错误或系统故障导致的数据丢失的手段。建立多层级备份机制可以确保在出现重大问题时，用户数据能够迅速恢复且不被第三方截获，保证运营服务系统的安全。

2. 网络安全控制策略

启用防火墙：作为不同网络或网络安全域之间信息的出入口，防火墙能根据网络系统的安全策略控制出入网络的信息流，且本身具有较强的抗攻击能力，能有效保证内部网络的安全。

启用入侵检测系统：入侵检测系统是防火墙之后的第二道安全闸门，能够有效防止黑客攻击，它在计算机网络上实时监控网络传输，分析来自网络外部和内部的入侵信号；可在系统受到危害前发出警告，实时对攻击做出反应，并提供补救措施。

实施网络监控：利用网络监控系统对网络设备的运行状况进行 7×24 小时的实时监控，可实现网络在出现故障的第一时间得到报警。

数据传输控制：SaaS 应用完全基于互联网，如可以采用安全超文本协议 HTTPS（Hypertext Transfer Protocol over Secure Socket Layer）。

联手网络通信运营商：通信运营商在网络方面有排他性优势，可以提供软件服务、服务器托管、网络接入一条龙服务，从而实现端到端的 SLA（Service Level Agreement）保障，打消客户在网络稳定性方面的顾虑。

3. 系统安全控制策略

系统加固：服务器的安全是 SaaS 厂商实力在用户眼中最直观的体现。可以通过在 SaaS 应用服务器前端部署负载均衡设备，来实现多台应用服务器之间的负载均衡和高可用性。

漏洞扫描修复：无论是操作系统、浏览器，还是其他应用软件都存在各种各样的容易被黑客利用的漏洞，因此应配置网站安全扫描平台，实时监测最新发现的漏洞和薄弱环节，并及时安装补丁修复程序。

病毒防护：制定多层次、全方位的防毒策略，如应用网络防病毒产品、关闭系统中不必要的应用程序，在使用移动硬盘、U 盘前做好扫描杀毒工作，从而建立网络病毒防护体系。

4. 应用安全控制策略

数据隔离：软件提供商为了保证系统的实施成本最低，在数据隔离方案方面通常选择共享数据库、共享数据模式的方式，因此必须采用数据隔离的方法来保证用户数据像使用单体数据库一样安全。

数据加密：SaaS 应用的数据库由运营商管理，运营商及数据库管理员并不值得完全信任。对于一些敏感数据，如公司的财务数据，可以考虑加密。

权限控制：可采用 ACL 界定访问权限及对数据进行操作，保证有效用户正常使用系统。

身份认证：多数中小型用户目前没有自己专门的身份认证中心，因此用户级控制策略的认证适合采用集中式认证，以防非法用户使用系统。

5. 管理安全控制策略

选择合适的 SaaS 服务提供商：企业应根据 SaaS 模式业务需求、预定目标，以及企业成本，慎重地选择供应商。相对于价格，安全性和服务保障更为重要。

完善安全管理制度：企业应按照计算机信息安全相关要求，遵循责、权、利相结合的原则，建立健全 SaaS 系统岗位责任制度、安全日志制度等，做到有章可循、有法可依。

人员安全管理：提高安全意识是保证 SaaS 服务安全的重要前提，应加强对系统维护人员和技术支持人员的安全教育和技术培训。信息安全管理的根本立足点是规范企业员工的行为，增强操作人员的安全管理意识，提高人员的诚信和道德水平，以及应急事件处理能力。

建立监督制度：SaaS 的用户可能对 SaaS 应用实施过程与标准不甚了解，可以采用第三方监理这种社会化、科学化、公平化和专业化的监督机制，来辅助实施与管理 SaaS 平台，确保 SaaS 应用模式更合理、有效地运行和发展。

安全性建设不是一朝一夕能完成的，需要投入大量的人力与物力，基于此，推荐采用云服务。云服务具备灵活的扩展性，能满足不断变化的业务需求，而且云服务提供商可以提供更好的安全性，无须企业自行搭建一套安全系统。云服务提供商具备更多可以利用的基础架构及运维资源，从安全性保障方面来讲更具优势。

第 15 章 大数据面临的挑战、发展趋势及典型案例

挑战和机遇并存，大数据的发展将从最初的膨胀阶段转入理性发展阶段、落地应用阶段。虽然大数据发展存在诸多挑战，但前景非常乐观。

15.1 大数据面临的问题与挑战

大数据具有颠覆许多传统行业潜力的能力；但是人们对大数据可能会带来的危害缺乏认识，且大数据平台在隐私保护、数据治理、人才储备等方面还有许多需要解决的问题。

15.1.1 大数据潜在的危害

在大数据时代，传统的随机抽样被所有数据的汇集取代，人们的思维决断模式可直接根据“是什么”来下结论，由于这样的结论剔除了个人情绪、心理动机、抽样精确性等因素的干扰，因此更精确、更有预见性。但是由于大数据过于依靠数据的汇集，一旦数据本身有问题，就将出现重大失误，即数据本身的问题导致的错误的预测和决策。

大数据的理论是“在稻草堆里找一根针”，那么在“所有稻草看上去都像针”时要怎么办呢？过多无法辨析真伪和价值的信息和过少的信息从本质上是一样的，这对于需要做出瞬间判断，一旦判断出错就很可能造成严重后果的情况而言是一种危害。大数据理论建立在海量数据都是事实的基础上。如果数据提供者造假会怎样呢？数据造假在大数据时代

带来的危害很大，因为数据提供者和数据搜集者的偏见无法控制。拥有最完善数据库、最先接受大数据理念的华尔街投行和欧美两大评级机构在重大问题上判断出错，揭示了大数据的局限性。

不仅如此，大数据造就了一个数据库无所不在的世界，数据监管部门面临前所未有的压力和责任：如何避免数据泄露对国家利益、公众利益、个人隐私造成的伤害？如何避免信息不对等对困难群体的利益构成的威胁？在能有效控制风险之前，也许让大数据继续待在“笼子”里更好一些。

大数据的经济价值已经被人们认可，大数据相关技术逐渐成熟，一旦完成数据的整合和监管，大数据爆发时代就会到来。现在要做的就是选好方向，为大数据爆发时代的到来做好准备。

从长远来看，无论是政府、互联网公司、IT 企业还是行业用户，只要以开放的心态、创新的勇气拥抱大数据，在大数据时代就能找到属于自己的机遇。

15.1.2　开放与隐私如何平衡

从个人隐私角度而言，用户在互联网中产生的数据具有累积性和关联性。单点信息可能不会暴露用户隐私，但如果利用大数据，关联性抽取和集成与某用户有关的多点信息并进行汇聚分析，那么用户隐私泄露的风险将大大增加，如人肉搜索。

从企业、政府等角度而言，大数据安全标准体系尚不完善，隐私保护技术和相关法律法规尚不健全，加之大数据所有权和使用权出现分离，这使得数据公开和隐私保护很难做到友好协调。数据的合法使用者在利用大数据技术收集、分析和挖掘有价值信息的同时，攻击者同样可以利用大数据技术最大限度地获取他们想要的信息，这无疑增加了企业和政府敏感信息泄露的风险。

从大数据基础技术角度而言，无论是被公认为大数据标准开源软件的 Hadoop，还是大数据依托的数据库基础 NoSQL，均存在数据安全隐患。Hadoop 在作为分布式系统架构对数据进行汇聚使数据泄露风险增加的同时，作为云平台也存在着云计算面临的访问控制问题，其派生的新数据也面临加密问题。NoSQL 将不同系统、不同应用和不同活动的数据关联，加大了隐私泄露风险，同时因为数据具有多元非结构化的特征，企业很难对其中的敏感信息进行定位和保护。

大数据规模大且集中的特点使其在网络空间中成为一个更易被“命中”的大目标，低成本、高收益的攻击效果对黑客而言是充满诱惑力的。

此外，黑客不仅可以利用大数据获取用户或其他组织机构的敏感信息，还可以对这些信息进行篡改、伪造，通过控制关键节点放大攻击效果，或控制大量傀儡机发起传统单点攻击不具备的高数量级僵尸网络攻击。更甚者利用大数据价值密度低的特征，将大数据作为 APT 攻击的载体，稀释 APT 攻击代码携带的安全分析工具所需的价值点，或误导安全厂商或安全分析工具进行安全监测的方向。若结合利用该手段与 0DAY 漏洞，则后果将不堪设想。

大数据时代出现了数据拥有权和使用权分离的现象，数据经常脱离数据拥有者的控制范围，这对数据需求合规性和用户授权合规性提出了新要求，该要求包括数据形态和转移方式的合规性。数据需求方为精准开展某业务要求数据拥有者提供原始敏感数据或未脱敏的统计类数据，这显然违背信息安全。即使数据需求遵循最小级原则，对数据的提供未超出合理范围，用户授权仍是数据服务的前提，包括转移数据使用的目的、范围、方式及授权信息的保存等。

在对信息安全提出合规性要求的同时，引入第三方的标准符合性审查服务很有必要。例如，针对数据提供者和接受者双方的审查，包括文档资料安全规范审查、技术辅助现场审查、在供方和需方之间进行扫描和数据检测、提供第三方公平的数据安全审查服务。

15.1.3 大数据人才的缺乏

大数据相关人才的缺乏将会成为影响大数据市场发展的重要因素。根据调研机构的预测，到 2027 年，全球大数据市场规模将达到 1090 亿美元。大数据相关职位需要的是综合掌控数学、统计学、数据分析、机器学习和自然语言处理等多方面知识的复合型人才。未来，大数据将出现约 100 万的人才缺口，在各个行业和领域，大数据中高端人才将变得炙手可热，涵盖大数据的工程师、规划师、分析师、架构师、应用师等多个细分领域和专业。因此社会、高校和企业需要共同努力培养大数据人才。企业可以与学校联合培养人才，或建立专门的数据科学家团队，或与专业的数据处理公司合作。

在大数据被热火朝天地讨论时，我们更需要冷静地思考如何扎实自己的技术。

15.2 大数据发展趋势

大数据产业或将成为战略性产业，各个国家将利用大数据提高国家的经济决策和社会服务能力。大企业大数据选项预示着大企业将成为大数据技术研发与应用最为活跃的群体；政府大数据选项则预示着一些拥有大数据的政府部门将采用大数据技术进行数据分析，使其产生经济效益。从产业拓展的角度看，大数据是继云计算、物联网之后的一个巨大的新产业领域，而且其蕴含的机会和挑战多于云计算和物联网。大数据产业（数据产业）具有很强的蜂巢效应，将大大推动各产业的合作。

15.2.1　大数据与电子商务

在打开淘宝或京东等购物平台时，顶部显示的一些商品都是近期搜索或浏览的商品，这其实是大数据服务器运行的结果。大数据服务器根据浏览记录或购买记录分析用户行为，挖掘用户喜好，进而为用户推荐相关产品。

电商通过分析用户行为信息，预测用户人群、用户感兴趣的品类等；金融行业通过分析舆情预测股票走势，从而量化投资组合；制造业通过分析设备使用信息预测产品的失效期，从而进行维护。

15.2.2　大数据与医疗

电影中经常会出现机器人帮人类治病的场景，实际上这已经不仅是想像中的场景了，很多医院已经利用机器人对患者进行诊疗甚至进行手术，这些机器人通过分析大数据获得各种症状的病因并在此基础上提供解决方案。2017 年 2 月 14 日科技巨头 IBM 推出了沃森健康系统，其中沃森肿瘤给出的诊疗方案与 MSKCC 顶级专家团队给出的诊疗方案的符合度高达 90%。虽然目前大数据在医疗方面的应用并不广泛，但是大数据医疗已经成为一种趋势。

大数据技术在医疗方面的应用将从体系搭建、机构运作、临床研发、诊断治疗、生活方式五方面为人们带来变革性的改善。由于我国医疗体系具有强监管性，大数据若要在医疗业实现其价值，需由国家制定一套自上而下的战略方针，引导医院、药企、民办资本、保险等机构企业构建项目，相互合作，最终实现从治疗到预防的就医习惯的改变，降低从个人到国家的医疗费用。

我国健康医疗大数据已进入初步利好阶段，国家作为政策引导方，已出台 50 余条“纲要”或“意见”，可穿戴设备、人工智能等技术的发展也为产品研发奠定了基础，头部资本已进入市场。各方需静待产品与市场需求相融合，共同探索具备商业化或临床价值的大数据产品。

一直以来，“号贩子”困扰着患者和医生。据了解，复旦大学附属肿瘤医院尝试利用人工智能来实现精准预约，进而实现“按需就诊”。2019年年初复旦大学附属肿瘤医院的精准预约已覆盖15种常见肿瘤疾病，疑难重症患者在人工智能帮助下，可找到合适的专家。医院方面表示，这一做法有效打击了“号贩子”现象，实现了患者和专家的精准匹配，让真正需要资深专家诊治的患者无须等候数周，即可得到救治。

在大数据的支持下，复旦大学附属肿瘤医院陆续上线了用药助手、肿瘤智能问答等功能，用药助手在2019年年初已具备42种常见肿瘤药品知识库，为复诊患者提供了肿瘤药品的智能查询及药师监管下的智能用药指导服务，提升了患者服药的依从性；肿瘤智能问答通过自然语言对话的方式向患者提供了精准科普、就医咨询等服务。

15.2.3 大数据与人工智能

大数据、人工智能脱胎于网络，又与网络的侧重点不同。网络强调的是设备和主体之间的连接，是信息社会的基础设施；大数据是由网络的连接和对世界的数字化形成的具有实体属性的数据资源。人工智能是在大数据的基础上通过反复训练进化而成的处理数据的智慧体系。我国拥有巨大的网民群体、网络基础设施体系、移动互联网用户群体、电子商务客户群体、电子金融和社交媒体用户群体等，这使得我国成为大数据规模和应用量巨大的国家，并由此产生了丰富的应用实践和人工智能衍生产品。

15.2.4 工业大数据云平台

这几年物联网概念遍地开花，穿戴设备、家庭智能设备的出现都标志的物联网的发展，物联网的英文为IoT，工业物联网的英文为IIoT，工业物联网就是物联网在工业行业的应用。工业物联网的发展不仅是产业层面的需求，也得到了国家政策上的支持。工业大数据云平台就是这样的环境下的产物，它顺应产业与时代的发展需求。未来几年将是工业大数据云平台发展最好的时机。

15.3 典型大数据平台案例

15.3.1 阿里云数加

阿里云数加提供了大量的大数据产品，包括大数据基础服务、数据分析及展现、数据应用、人工智能等产品与服务。这些产品均依托于阿里云生态，经过了在阿里内部的锤炼和业务验证，可以帮助组织迅速搭建自己的大数据应用及平台。

利用阿里云数加公众舆情分析时刻关注百姓舆论，可提升民生服务。

随着互联网的迅猛发展，新型信息传播方式不断涌现，舆情事件频发，加强政务公开、做好政务舆情收集与回应日益成为政府提升治理能力的内在要求。

阿里云数加大数据平台，包括以下几个主要服务。

- 大数据基础服务：大数据基础服务是阿里云大数据服务的基石，可解决数据的存取、打通问题。通过阿里云数加平台依据相同的数据标准对数据进行正确关联，可进行上层数据分析及应用。
- 数据分析及展现：通过数据分析及展现产品，用户可以实现通过数据主动发现业务问题，实现现有信息的预测分析和可视化，从而帮助用户更好地讲故事，帮助企业快速获得切实有效的业务见解。
- 数据应用：数据应用把用户、数据和算法巧妙地连接起来。阿里云数加平台提供的数据应用产品完全具备智能模块和学习功能。
- 人工智能：大数据真正的价值在于算法，算法决定行动，是机器学习的核心，机器学习是人工智能的核心。阿里云数加平台通过机器学习促成了声音、图像、视频识别等技术的发展。

15.3.2 华为 Fusion Insight 大数据平台

华为 Fusion Insight 大数据平台是根据行业客户需求进行优化的解决方案，为解决用户在具体场景下的问题，提供了许多技术能力。

- 统一 SQL。大数据技术中有很多能够利用 SQL 进行数据处理的组件，如 Hive、Spark SQL、ELK、MPPDB 等，当用户对这些组件进行业务开发时，需要对不同组件分别进行开发，很不方便。华为 Fusion Insight 大数据平台对外业务界面只提供一个 SQL 开发管理界面，统一了 SQL 的业务分发层，简化了业务开发。同时，华为 Fusion Insight 大数据平台还提供了 SQL on Hadoop 引擎 ELK，该引擎完全兼容 SQL 2003 标准，无须修改测试脚本就可以通过 TPC-DS 进行测试，性能超过开源产品 3 倍。通过使用统一 SQL 技术，某大型保险公司实现了用大数据平台替代传统数据仓库，在复杂计算业务场景下，其性能提升了 10 至 100 倍。

- 实时搜索。华为 Fusion Insight 大数据平台率先实现了对 Hadoop 平台与 MPPDB 数据仓库平台的统一全文检索，率先支持 SQL on Solr 接口，使业务开发效率至少提升了 5 倍；独创标签索引方案使搜索性能提升了 3 至 10 倍。实时搜索技术在平安城市和金融行业已经实现商用。在国内某省的平安城市项目中，百亿级规模数据集中查询实时搜索响应时间小于 3 秒。
- 实时决策。在日常生活中有很多业务是需要进行实时决策的，如使用银行卡交易过程中的风险控制。由于传统技术处理速度的限制，往往只能实现事后风控。也就是说在用户完成刷卡后，银行才能检查出该交易是否有风险，这对于银行和客户而言存在很大风险。华为 Fusion Insight 大数据平台具有实时决策特性，可以实现毫秒级复杂规则的风险检查，提供百万 TPS 的业务处理能力，让风险控制从事后变为事中，并确保端到端的交易可在 500 毫秒内完成，不影响交易用户的体验。
- 图分析技术。很多情况下需要进行用户的关系分析以进行风险控制和业务处理。VIP 客户的朋友符合 VIP 客户条件的概率更大，因此如果能够通过关系分析技术找到该 VIP 客户的朋友，再针对该 VIP 客户的朋友进行针对性营销，那么业务成功的可能性就会大大提高。但是，传统的数据库技术对于发现客户关系是很困难的，某公司曾经想在 2000 万客户中发现客户间的关系信息，用传统的数据库技术一直无法完成，但是用图分析技术可以很好地解决这一类问题。因为在图数据库中，用户是点，用户关系是边，发现用户关系就是发现点与点间需要几条边的问题。华为 Fusion Insight 大数据平台的分布式图数据库能够实现万亿顶点百亿边的实时查询，从而很快发现用户关系。在某项目中，华为 Fusion Insight 大数据平台帮助客户实现了 13.7 亿条关系图谱数据，3 层关系查询秒级响应，大大提高了业务响应的速度。
- 丰富的市场实践的产品。华为 Fusion Insight 大数据平台的客户包括中国石油、一汽集团、中国商飞、工商银行、招商银行、中国移动、西班牙电信等。2017 年的公开资料显示，华为公司在全球建成了 13 个开放实验室，在这里华为与各国 200 多个合作伙伴进行了大数据方案的联合创新，包括 SAP、埃森哲、IBM、宇信科技、中软国际等，共同推动了大数据技术在各行各业的应用。

15.3.3　三一重工 Witsight 工业大数据平台

从工业大数据到智能制造，工业大数据云平台将在万物互联的时代助力生产力的提高，为全球工业带来深刻变革，创新企业的研发、生产、运营、营销和管理方式。

三一重工的 Witsight 工业大数据云平台是国内工业大数据云平台的典型代表。通过三一重工可以一窥工业 AI 的应用现状，包括三一重工在内的工业 4.0 大数据云平台在工业 AI 中扮演了重要角色。